甲陽軍鑑

佐藤正英　校訂･訳

筑摩書房

目次

甲陽軍鑑

凡例

一、原文は、酒井憲二編著『甲陽軍鑑大成』（汲古書院）所収の土井本を底本とし、磯貝正義・服部治則校注『甲陽軍鑑』（人物往来社）所収の明暦本（『甲陽軍伝解』との異同を含む）を校合して整定した。

一、本書に収録したのは、口書から品第十四までの全文（ただし目録を省く）である。四分の一にも満たない量であるが、全篇中の白眉と目される「四君子犛牛巻」をはじめ、甲州法度や信繁家訓を含む。山本勘助をめぐる物語、川中島の合戦や長篠の合戦のいきさつにふれた逸話も見出され、『甲陽軍鑑』の魅力の一端にふれることができよう。

一、原文の校訂は以下の方針のもとに行なった。

1．仮名遣いは一部を除き歴史的仮名遣いに従った。また、通読の便のため適宜、ふりがな、濁点、読点、句点、カギ「　」、改行、段落をほどこし、本文を整理した。

2．漢文体の個所は書き下し文にした。

3．字体は現行の字体に統一をはかった。

4．目次や品ごとの見出しは、校訂者の一存で整理し直したところがある。

一、現代語訳は、原文に即することを心がけた。

原文の校訂者である酒井憲二・磯貝正義・服部治則の各氏の学恩に感謝いたします。

口書

一、この書物、仮名《かな》づかひよろづ無穿鑿《ぶせんさく》にて、物知りの御覧候《さふら》はゞひとつとしてよきことなくて、わらひごとになり申すべく候。子細《しさい》は、我等元来《ぐわんらい》百姓なれども、不慮《ふりよ》に十六歳の春召《め》し出《い》だされ、地下《ぢげ》を出で春日源五郎になり奉公申し、しかも油断なく御前に相《あ》ひ詰《つ》め候間、少しも学問仕《つかま》つるべき隙《ひま》なき故《ゆゑ》、文盲《もんまう》第一に候ひてかくのごとし。さりながら悪しきことをば捨てにあそばし、この理屈《りくつ》を取りて、当屋形《たうやかた》勝頼公より太郎信勝公まで上《かみ》から下にいたり諸侍《しよざむらひ》の作法になさるべき事。

一、長坂長閑老《ながさかちやうかんらう》、跡部大炊助《あとべおほゐのすけ》殿失念《しつねん》あるまじい。信玄公御代に公事沙汰《くじざた》によらず、万事穿鑿《せんさく》多く候《さふら》ひつれども、それを皆《みな》書きしるすことは際限なければ、その品々《しなじな》に不審《ふしん》たちてひとの合点《がてん》に及ばずして取々《とりどり》の沙汰《さた》なるを、御屋形《おんやかた》信玄公をはじめ奉り、その外《ほか》家老衆批《ひ》判《はん》ありて、大形理《おほかたり》のすみたることを一色二色《ひといろふたいろ》づゝ書きしるし候事。

一、この本仮名《かな》にていかゞなどゝありて、字に直《なほ》したまふこと必ず御無用になさるべし。

結句《けつく》唯今《ただいま》字のところをも仮名に書きて尤《もつと》もに候。但《ただ》し、それもほん本《ぼん》を一冊字に書きて置き、その外《ほか》に仮名の本を一冊書きて重《かさ》ねて置き給へ。そのほん本とは信玄公五十七箇条の御《ご》法度《はつと》書《がき》の事なり。

さてまた仮名の本を用ふる徳は、世間に学問よくして物よむひとは、百人の内に一、二人ならではなし。さるに付《つ》き、物知らぬひとも仮名をばよむものにて候間《さふらふあひだ》、雨中のつれ〴〵にも無学の老若《らうにやく》取りてよみ給ふやうにとの儀なり。

一、侍衆《さむらひしゆう》大小ともに学問よくして物知り給はんこと肝要《かんえう》なり。但《ただ》し、なに本にても一冊、多くして二冊・三冊よみて、その理《り》によく〳〵徹《てつ》してあらば、必ず多くは学問無用になさるべし。ことに詩・聯句《れんぐ》などまであそばすは、なほもつてひがごとなり。但し、また国を半国《はんこく》とも持ち給ふ大将は、学問きはめ、詩・聯句などあそばせば、文武二道と申して現世・未来までひとの誉句《ほめく》になり給ふなり。されどまた国持つ大将も、物の本部数《ぶかず》をよく談義なさるゝほどにて、それより武辺場数《ぶへんばかず》少なければ、国持ちをも少しぬるきやうに大《たい》略《りやく》は沙汰するものなり。そこのほどをよく分別《ふんべつ》なさるべき事。

一、学問の儀、右国持つ大将さへあまりはいかがと存ずるに、まして小身なるひとは、奉公を肝要《かんえう》にまもるひとの、学をよくとおぼさんには、無奉公に成りて家職《かしよく》を失なひ、不忠節の侍になる。子細は、無事の時座敷の上の奉公が敵に向ふ時の忠功なり。

何《いづれ》の道も家職を失なはんこと勿躰《もったい》なし。その家職とは、武士の家に生《むま》るゝひとは奉公なり。奉公に二つあり。一つは座敷の上にての奉公、一つには戦忠の奉公なり。出家は仏道修行の儀《ぎ》、家職なり。儒者は儒道の儀、家職なり。町人はあきなひのこと家職なり。百姓は耕作のこと、これ家職なり。右の外《ほか》も、諸細工人・諸芸能、その道々《みちみち》に我《わが》なりたる業《わざ》に心がくること尤《もっと》もなり。家職を大形《おほかた》にして止《や》めて余のことをいたし、精にいるゝは大ひがごとなり。その非儀《ひぎ》といふは、出家が学問をわきへなし、武辺を心がくる儀と、武士が奉公の武道をわきへなし、学問を第一に思ひ、あるいは乱舞《らんぶ》に好くこと、みなこれ家職を知らざる儀なり。

但し、侍百人の内に一、二人物知りのあるは是《これ》また大きによきことなり。子細《しさい》は、国持つ大身《たいしん》は物知りの出家を扶持し給ふが、二、三百騎の侍大将《さむらひだいしやう》、一手を三つ備へばかりにわけてとりまはす衆を持ちたる侍大将は、余慶《よけい》なくして物知りの出家を連るゝこと稀なれば、家中の侍に物知りのあるは、たとへば鞍二口《くらふたくち》の馬のごとく、さるによつて百人の内に一、二人の物知りたる侍、大きによきと申す儀《ぎ》はこの理《ことわり》なるをもつての事。

一、小身なるひとの、物を知りきはめ、詩・聯句までなさるゝとも、あまりおもてへ立てるべからず。子細は、誉めながらもなにとやらん足利僧《あしかがそう》のかへりて男になりたるやうにて、大略《たいりやく》見苦しく候。出家さへ紫野・妙心寺の禅僧を立つる衆は、物を知りても知らざるふりをして、不立文字《ふりふもんじ》とたて、坐具《ざぐ》辺専《へんもつぱ》らにして、禅話を肝要にする坊主は、出家といへどけはしく見え候事。

一、武士は寝てもさめても、あるいは食事の時も主君へ忠節・忠功を存ずべき事。

一、敵方にても一国を持ち給ふ侍は、なに大将・か大将と申さず、たゞ大将とばかり申すものなり。この大将をも口ぎたなくいふこと、弱将の下にて未練《みれん》のひとびとの作法なり。惣別《そうべつ》、一国の主《しゆう》をば、敵味方ともに、口にても書《かき》付けにも執《しつ》して申すこと是《ぜ》なり。子細は、日本国を集めても百人に足らず、六十六人の武士なり。さるほどに一国を持つ大将の中に、古来《こらい》からの侍をば家を尊び敬ふべし。しいでの国持つ侍をば、その人の智恵・冥加《みやうが》を感じて思へば、これまた口ぎたなふ申すは非《ひ》なり。敵を誹《そし》るは、必ず弓矢ちと弱き家にての作法なり。

弓矢の儀、勿論《もちろん》強き方勝つこと十が八つなれども、また弱き方の勝つこともこれあるは、運次第《しだい》なるをもつてなり。さるほどに弱き侍が強き武士に勝てば、必ずその強き敵の大将を口ぎたなふ申し誹るなり。たとへば町人が侍と斬りあふて勝てば、我が手柄《てがら》を申し、敵を誹る。子細は、つねに町人、武士には戦ふてなるまじいと存ずるに、不慮《ふりよ》をもつて勝ちつれば、武士も深きことはなきぞと誹る。また武士が町人と戦ひ、ちと手間《てま》を取りて勝つ時は、勝ちても町人を咎むるは、元来弱からんと思ひつるに、不思議に戦ふたりといふて誉むる。そのごとくに、大《おほ》合戦などありて、敵の大将を口ぎたなふいふて、種々《しゆじゆ》作りごとを申して誹るは、勝つまじき敵に不慮に勝ちたる儀と相心得候へば、他国のかんがへに乗ることいかゞに候間《さふらふあひだ》、勝頼公御家にて敵のことをあまり左道《さだう》に申すべからず。

信玄公の御代には法度《はつと》なけれども、諸侍をのづからこの理《り》に徹《てつ》して、敵方の儀作りごとをいはず。但し、昔も源氏・平家の戦に、平家より源氏を口ぎたなう誹《そし》りたがる。待賢門の夜《よ》軍《いくさ》に平家勝ちては、なほ源氏を「義朝が」といふて悪口する。その後源氏また平家に勝ちつるが、「清盛の」「小松殿・大臣殿《おほいどの》の」と申して、源氏方より「清盛が」などゝいふことさのみなきは、義経公敵の一門敦盛の御頸を見て涙をながし給ふ作法の故《ゆゑ》、源氏の侍尽《ことごと》く平家を悪口せず。かやうの善悪を分別なさるべき事。

一、御《ご》一家衆《いつけしゆう》・家老衆・出頭衆、惣《そう》じて大身衆、振舞《ふるまひ》の時必ず亭主おにを仕《つかま》つる尤《もつと》もなり。それはひとのためにてなし。第一その身のためなり。この儀を穿鑿《せんさく》なき衆は軽薄《けいはく》と心得らるべし。よく〳〵これをも分別なさるべき事。

この九箇条、右、書置きたる本《ほん》どもの口書なり。

はしがき

一、この書物は、仮名遣いには意を用いなかった。学問のある者が読むならば、間違いばかりで笑いぐさとなるであろう。わたしはもと農民であった。十六歳の春思いがけず信玄公に召し出され、春日源五郎と名乗り、地下人《じげにん》から奉公の身となり、怠ることなく御前に仕え、学問をする隙がなかったので、文字を知らず、このありさまである。しかし、仮名遣いの誤りは誤りとして、わたしが述べようとした道理を考え、当主勝頼公から嫡子の太郎信勝公の代にいたる上下の武士の作法の資としていただきたい。

一、長坂長閑老（釣閑斎光聖）、跡部勝資殿はお忘れではあるまい。先代信玄公の代には、訴訟だけでなく、万事について是非が明らかであったが、それらをすべて書きしるしていては際限がない。そこで、疑念があって納得がゆかず、ひとびとの意見がまちまちであったとき、信玄公をはじめ家老衆の判断によって是非が明らかになった問題のうち、その一、二ずつを書きしるすこととする。

一、この書物が仮名書きなのはどんなものか、などといって漢文に直すことは御無用である。漢文の部分を仮名に書き直すのはかまわない。ただし、そのときは原文の通りの本を一冊書いておき、仮名に直した本を書いてその上に重ねておくがよい。原文とは信玄公五十七箇条御法度のことをいう。

仮名書きの書物が有用であるのは、書物を読むひとびとのうち学問のある者は、百人中一人、二人もいない。学問のない者も仮名を読むので、雨の日のつれづれに無学の老若も、手にとって読むことができるであろう。

一、武士は、大身小身ともに学問をし、知識を得ることが肝要である。ただし、どのような書物を選ぶにせよ、一冊、多くとも二、三冊を読み、その道理に通達すれば足りる。多くの書物を読む必要はない。ことに漢詩・聯句まで学ぶ必要はない。ただし、半国なりとも領国を持つ武将は、学問を究《きわ》め、漢詩・聯句をも嗜むならば文武二道の武将としての名声を、生前はもちろん、死後までも得ることができよう。しかし、たとえ国持ちの武将であっても、読む書物の数ばかり多く、書物の数より武功の数が少なくては、大抵の場合、ひとびとは文弱な武将と評判するであろう。そのところをよく考えなくてはならない。

一、たとえ国持ちの武将であっても学問にあまり身を入れるのはどうかと思われるのに、まして奉公を第一とすべき小身の武士が、学問に身を入れたのでは、奉公が疎《おろそ》かになり、

家職を失い、不忠節な武士となる。平時における座敷での奉公が、そのまま合戦において

敵に対したときの忠功である。

どの道であれ、家職を疎かにするのはもってのほかである。武士の家に生まれた者の家

職は奉公である。奉公には、座敷での奉公と合戦での忠功の二つがある。僧は仏道修行、

儒者は儒道、町人は売買、農民は耕作が家職である。その他の細工や芸能に従う者も、そ

れぞれおのが生業とする道の修行に心がけるべきである。家職を怠けて他事に従い、他事

に精力をとられることはよろしくない。僧が学問をよそにして武道に身を入れ、あるいは

武士が奉公としての武道を脇にして、学問や能の舞に熱中するのは、家職をわきまえない

しわざである。

ただし、百人の武士のうちに一人、二人学問のある武士がいるのは大いによいことであ

る。大身である国持ちの武将は、学問のある僧を抱えているが、二、三百騎を持っている

だけの侍大将や、一手を三備えにわけてきりまわすほどの軍勢を持つ侍大将には、余裕が

なく学問のある僧を抱えることが稀であるから配下の武士の中に学問のある者がいると、

鞍を二口備えた馬のように重宝である。百人の武士のうちに、一人、二人の学問のある者

がいると大いによいのはこの理由からである。

一、小身の武士は、学問があり、漢詩・聯句の心得があっても、それをあまりおもてに

出してはならない。ひとびとは誉めはしようが、そういう武士は、還俗した足利の学僧にも似て、大抵の場合、見苦しい。僧であっても、大徳寺や妙心寺の禅僧のように、学問があってもないふりをし、不立文字をたて、坐禅一筋に修行し、禅の挙揚に励んでいる僧は、きびしくあなどりがたく見える。

一、武士は、寝ても醒めても、また食事のときにも、主君への忠節・忠功を心にかけていなければならない。

一、一国を持つほどの国持ちの武将に対しては、たとえ敵方であれ、あんな大将とかろくでもない大将とかよぶことなく、ただ大将とよぶべきである。敵方の武将を口ぎたなく誹《そし》るのは、弱い武将のもとの臆病な武士の作法である。総じて、一国の主に対しては、敵・味方を問わず、会話のときも書状の中でも、敬語を用いるべきである。日本国中を合わせても、国持ちの武将の数は百人にも足りない六十六人である。それゆえ、旧い家柄の国持ちの武将であれば、家柄を尊び敬い、新興の国持ちの武将であれば、智恵や神仏の加護の厚さを考えて口ぎたなく誹ってはならない。敵方を誹るのは必ず合戦に弱い家中の作法である。

合戦は、十の中八つはもちろん強い方が勝つが、運の如何によっては弱い方が勝つこともある。ところが弱い軍勢は、強い軍勢に勝つと、必ず敵方の大将を口ぎたなく誹る。たとえば、町人は、武士との斬り合いに勝つと、自分の武功を吹聴し、相手の悪口をいう。つねづね武士と戦ったのではとても勝ち味がないと思っていたのが、思いがけず勝ったので、武士といっても大したことはないなどと誹るのである。また武士が町人と斬り合い、勝負にやや手間がかかると、武士が勝っても町人の方を誉めるのは、本来弱いと思っていた町人が思いがけず善戦したというので誉めるのである。同様に、合戦のとき、敵方の大将を口ぎたなくいい、さまざまの偽りごとまでいい立てて誹るのは、本来勝ち味のない相手に思いがけず勝てたのだと思われ、他国の思わくにはまることになる。勝頼公の家中では敵方のことを不相応に誹ってはならない。

信玄公の代には法度もなかったが、武士たちはおのずからこの道理を体得して、敵方に対して作りごとを言い、誹るようなことはなかった。昔、源平の合戦において平氏の軍勢は源氏を口ぎたなく誹った。待賢門の夜戦に勝つと、平氏は「あの義朝めが」と口ぎたなく誹ったのである。その後、源氏が平氏に勝ったが、源氏の軍勢は「清盛殿」「小松殿、大臣殿」などとよび、「清盛めが」などと口ぎたなく誹ることはなかった。敵方の平敦盛の頸を見て涙を流した義経公の作法があってこそ、源氏の武士はだれも平氏を口ぎたなく誹ることがなかったのである。このことの善悪を分別なさらなくてはならない。

一、一門衆・家老衆・出頭衆など、総じて大身衆をもてなすときには、必ず亭主みずから毒見をすべきである。これはひとのためではない。なによりも当人自身のためである。このことをよく思慮しない者は軽薄な輩《やから》であると心得られよ。このこともよく分別なさらなくてはならない。

この九箇条は、以下に書き遺したことどものまえがきである。

品第一　分国中仕置五十七箇条の事

甲州法度の次第

(1)一、国中《こくちゆう》の地頭人《ぢとうにん》、子細を申さずして、恣《ほしひまま》に罪科の跡《あと》と称し、私《わたくし》に没収《もつしう》せしむるの条、甚だ自由の至《いたり》なり。若《も》し犯科人《はんかにん》、晴信被官の者たらば、地頭の綺《いらひ》あるべからず。田畠の事は、下知を加へて、別人に出すべし。年貢・諸役等、地頭へ速《すみや》かに弁償すべし。恩地《おんち》に至つては、書き載《の》するに及ばず。次に、在家《ざいけ》幷《ならび》に妻子・資財《しざい》の事は、定むる法の如く、職へ之を渡すべし。

(2)一、公事、沙汰場《さたのば》へ出づるの後、奉行人《ぶぎやうにん》の外、披露《ひろう》致すべからず。況《いはん》や落着の儀においてをや。若《も》し又、いまだ沙汰場へ出でざる以前は、奉行人の外たりと雖《いへど》も、之を禁ずるに及ばざるか。

(3)一、内儀を得ずして、他国へ音物《いんもつ》・書札《しよさつ》を遣《つかは》す事、一向停止《いつかうちやうじ》せしめ畢《をはん》ぬ。但《ただ》し、信州在国の人、謀略の為に、一国中通用の者は、是非なき次第なり。若《も》し境目《さかひめ》の人、日比《ひごろ》書状を通じ来《きた》らば、之を禁ずるに及ばざるか。

一(4)、他国へ縁者《えんじや》を結び、或は所領を取り、或は被官を出し、契約の条、甚だ以て違犯《いぼん》たる基《もとゐ》か。堅く之を禁ずべし。若し此の旨《むね》に背《そむ》く輩《ともがら》あらば、炳誡《へいかい》を加ふべきものなり。

一(5)、札狼藉《ふだらうぜき》田畠の事、年貢地においては、地頭の計《はからひ》たるべし。恩地に至つては、下知《げぢ》を以て、之を定むべし。但し、負物《おひもの》等の儀に就ては、分限に随《したが》ひて、其の沙汰あるべし。

一(6)、百姓、年貢を抑留《よくりう》するの事、罪科軽《かろ》からず。百姓地においては、地頭の覚悟に任《まか》せ、所務せしむべし。若し非分の儀あらば、検使《けんし》を以て、之を改むべし。

一(7)、名田の地、意趣なく取り放《はな》すの事、非法の至《いたり》なり。但し年貢等過分の無沙汰あり、剰《あまつさ》へ両年に至つては、是非に及ばず。

一(8)、山野《さんや》の地、打ち起すに就《つき》て、四至榜示《しばうじ》の境を論ずる者《もの》は、本跡《ほんせき》を糾明《きうめい》して、之を定むべし。若し又、旧境に依つて、分別に及ばざる者は、中分《ちゆうぶん》たるべし。此の上猶諍論《なほじやうろん》の族《やから》あらば、別人に付くるべし。

一(9)、地頭申す旨あつて、点札《てんさつ》を下《くだ》すの処、作毛《さくまう》を捨つるに至つては、翌年より彼《か》の田地、地頭の覚悟に任すべし。さりながら、作毛を刈《か》り取らずと雖も、年貢を弁済せしめば、別条あるべからず。兼ねて又、地頭非分においては、知行の内半分、召し上ぐべきものなり。

一、(10)各《おのおの》恩地の事、自然水旱《すいかん》の両損ありと雖も、替地《かへち》を望むべからず。其の分量に随ひ、奉公を致すべし。然りと雖も、忠勤を抽《ぬきん》づる輩《ともがら》においては、相当の地、之を充《あ》て給ふべし。

一、(11)恩地を抱《かか》へる人、天文拾年辛丑以前、十ケ年、地頭へ夫公事《ぶくじ》等、勤むることなくんば、之を改むるに及ばず。但し九年に及ばば、事の躰《てい》に随つて、下知を加ふべし。

一、(12)私領の名田の外《ほか》、恩地領、左右《さう》なくして沽却《こきやく》せしむる事、之を停止《ちやうじ》し畢《をは》んぬ。此の制の如しと雖も、拠《よんどころ》なくんば、子細を言上し、年期を定め、之を売買せしむべき事。

一、(13)百姓、夫《ぶ》を出す所、陣中において殺さるる族《やから》は、彼の主その砌《みぎり》三十日は、免許せしむべし。然して、前前の如く夫を出すべし。荷物失却の事は、之を改むるに及ばず。次に夫逐電《ぶちくてん》の上、本主人に届けずして、許容せしめば、縦《たとひ》数年を経《ふ》ると雖も、罪科を免《まぬ》がれ難し。

付《つけた》り、夫《ぶ》させる咎《とが》なく、主人殺害に及ばば、その地頭へ拾ケ年之間、右の夫、勤むべからず。

一、(14)親類・被官、私に誓約せしむるの条、逆心同前なり。但し、戦場の上においては、忠節を励まさんため、盟約致すか。

一、(15)譜代《ふだい》の被官、他人召し仕ふの時、本主見合せ、捕ゆるの事、停止《ちやうじ》し畢《をは》んぬ。意趣《いしゆ》を断《ことは》りて請《う》け取るべし。兼ねて又、主人聞伝へ、相届くるの処、当主領掌《りやうしやう》の上、逐電《ちくてん》せしめば、自余の者を以て、壱人之を弁《わきま》ふべし。奴婢《ぬひ》・雑人《ざふにん》の事は、其の沙汰なく、十ケ年を過ぎば、式目に任《まか》せ、之を改むべからず。

一、(16)奴婢逐電以後、自然路頭において見合せ、当主人に糺《ただ》さんと欲して、本主私宅へ召し連《つ》るる事、非法の至りか。先づ当主人方へ返し置くべし。但し境遠に依つて、その理《ことわり》遅延の事、五三日迄は、苦しかるべからざるか。

一、(17)喧嘩《けんか》の事、是非に及ばず、成敗《せいばい》を加ふべし。但し、取懸《とりかか》ると雖も、堪忍《かんにん》せしむるの輩《ともがら》においては、罪科に処すべからず。然れば贔屓《ひいき》・偏頗《へんぱ》を以て、合力《かふりよく》せしむる族《やから》は、理非を論ぜず、同罪たるべし。若し不慮に殺害《せつがい》・刃傷《にんじやう》を犯す者は、妻子・家内《けない》の事は、相違あるべからず。但し、犯科人、逐電せしめば、縦《たと》ひ不慮の儀たりと雖も、先づ妻子を当府に召し置き、子細を尋ぬべし。

一、(18)被官人の喧嘩并《なら》びに盗賊等の科《とが》、主人に懸《かか》るべからざるの事は勿論なり。然りと雖も、実否《じつぷ》を糺《ただ》さんと欲するの処に、件の主科《とが》なきの由、頻《しきり》に陳じ申し、相抱《あいかか》ゆるの半《なかば》、逐電せしめば、主人の所帯三ケ一、没収《もつしゆう》すべし。所帯なくんば、流罪に処すべきものなり。

一、(19)意趣なくして、寄親《よりおや》を嫌《きら》ふ事、自由の至《いたり》なり。然《しか》の如きの族《やから》においては、自今以後、理不尽《りふじん》の儀、定めて出で来らんか。但し寄親非分、際限なくんば、解状を以て訴訟すべし。

一、(20)乱舞・遊宴・野牧《のまき》・河狩《かはがり》等に耽《ふけ》り、武道を忘るべからず。天下戦国の上は、諸事を抛《なげう》つて、武具の用意、肝要たるべし。

一、(21)河流《かはながれ》の木幷びに橋の事、木においては、前前の如く、之を取るべし。橋に至つては、本所へ返し置くべきなり。

一、(22)浄土宗、日蓮党と、分国において、法論あるべからず。若し取り持つ人あらば、師《し》檀《だん》共に、罪科に処すべし。

一、(23)被官出仕《しゆつし》座席の事、一両人定め置くの上は、更に之を論ずべからず。惣別《そうべつ》、戦場にあらずして、意趣《いしゆ》を諍《あらそ》ふは、却つて比興《ひきよう》の次第なり。

一、(24)沙汰に出づる輩においては、裁許を待つべきの処、相論の半《なかば》理非を決せざるに狼藉《らうぜき》を致すの条、越度《おちど》なきにあらず。然《しか》れば、善悪に及ばず、論所を敵人《てきじん》に付くべし。

一、(25)童部《わらんべ》の口論、是非に及ばざるか。但し両方の親、制止《せいし》を加ふべきの処、却つて鬱憤《うつぷん》を致さば、其の父、世の為、誡《いまし》めずんばあるべからず。

一、(26)童部誤つて朋友《ほういう》等を殺害する者は、成敗に及ぶべからず。但し、十三以後の輩においては、其の咎《とが》を遁《のが》れ難し。

一、(27)本奏者《ほんそうしや》を閣《さしお》き、別人に就き、訴訟を企《くはた》て、又他の寄子《よりこ》を望むの条、奸監《かんかん》の至《いたり》なり。自今以後、停止《ちやうじ》すべし。此の旨、具《つぶさ》に以て、先条に載せ畢《をは》んぬ。

一、(28)自分の訴訟、直《ぢき》に披露《ひろう》致すべからず。寄子の訴訟に就て、奏者を致すべき事、勿論なり。然りと雖《いへど》も、時宜《じぎ》に依つて遠慮あるべきか。沙汰の日の事は、先条に載する如く、寄子・親類・縁家《えんか》等申す趣《おもむき》、一切禁遏《いっさいきんあつ》すべし。

一、(29)縦《たと》ひ其の職《しょく》に任すと雖も、分国諸法度の事は、違犯せしむべからず。細事たりと雖も、披露致さず、恣《ほしひまま》に執《と》り行ふ者は、早く彼の職を改易《かいえき》せしむべし。

一、(30)近習の輩《ともがら》、番所《ばんところ》において、縦《たと》ひ留守たりと雖も、世間の是非幷びに高声《たかごゑ》、之を停止せしむべし。

一、(31)他人養子の事、奏者に達し、遺跡印判《ゆいせきいんばん》を申し請《う》くべし。然うして後、父死去せしめば、縦《たと》ひ実子あると雖も、叙用《じょよう》に能《あた》はざれ。但し、継母に対し不孝たらば、悔《く》い還《か》へすべし。次に、恩地の外《ほか》、田畠・資財・雑具《ぞうぐ》等の儀、亡父の譲状《ゆづりじゃう》に任《まか》すべし。

一、(32)棟別法度《むねべつはっと》の事、既に日記を以て其の郷中へ相渡すの上は、或は逐電或は死去せしむと雖も、其の郷中において、速《すみや》かに弁済致すべし。其のため、新屋《しんおく》を改めざるなり。

一、(33)他郷へ家を移す人あらば、追つて棟役銭《むねやくせん》を執《と》るべき事。

一、(34)其の身或は家を捨て或は家を売り、国中徘徊《はいかい》せば、何方《いづかた》迄も追つて棟別銭を取るべし。然りと雖も、其身一銭の料簡《れうけん》なき者は、其の屋敷抱《かか》ゆる人、之を済《すま》すべし。但し、屋敷において二百疋の内は、其の分限に随つて、其の沙汰あるべし。自余は郷中一統せしめ、之を償《つぐな》ふべし。縦ひ他人の屋敷たりとも、同じく家屋敷相抱ゆるに付きては、是非に及ばざるの事。
一、(35)棟別侘言《むねべつわびごと》、一向停止し畢んぬ。併しながら、或は逐電、或は死去の者、数多《あまた》あるに就き、棟別銭一倍に及ばば、披露すべし。実否を糺《ただ》し、寛宥《くわんいう》の儀を以て、其の分限に随ひ、免許せしむべし。
一、(36)悪党成敗の家の事は、是非に及ばざる事。
一、(37)川流れ家の事、新屋を以て、其の償《つぐのひ》致すべし。新屋なくんば、郷中同心せしめ、弁済すべし。若《も》し流れの事、拾間に至らば、改むるに及ばざる也。
付《つけた》り、死去跡の事は、右に准ずべし。
一、(38)借銭法度の事、無沙汰人《ぶさたにん》の田地、諸方より相押《おさ》ゆるの事、先札《せんさつ》を以て、之を用ゆべし。但し、借状紛《しやくじやうまぎれ》なきに至つては、其の方へ落着《らくちやく》すべきの事。
一、(39)同じく田畠等、方々へ書入るゝ借状の事、先状を用ゆべし。然りと雖《いへど》も、謀書謀判に至つては、罪科に処すべし。
一、(40)親の負物《おひもの》、其の子相済すべき事、勿論なり。子の負物、親方へ之を懸くべからず。但し、親借状加筆せば、其の沙汰あるべし。若し又、早世に就き、親其の遺跡を抱《かか》ゆるに至つては、逆儀たりと雖も、子の負物、相済《すま》すべき事。
一、(41)負物人或は遁世と号し、或は逐電と号し、分国に徘徊《はいくわい》せしむる事、罪科軽からず。

然れば許容の族《やから》においては、彼の負物弁済すべし。但し、身を売る奴婢等の事は、先例に任《まか》すべし。

一(42)、悪銭の事、市中《いちぢゅう》に立《た》つの外《ほか》、之を撰《え》るべからず。

一(43)、恩地の借状《しゃくじゃう》に載《の》する事、披露なく請取《うけと》るべからず。其の上、印判に出《いだ》し、相定むべし。若し彼の所領の主、逐電せしめば、事の躰《てい》に随ひ、其の沙汰あるべし。年期を過ぎば、先例を挙げ、若し侘言《わびごと》に依つて、書き置くに就ては、恩役《おんやく》等相勤《つと》むべき事。

一(44)、逐電の人の田地、借銭の方《かた》に取る者は、年貢・夫公事《ぶくじ》以下、地頭へ速かに弁済すべきの事。

一(45)、穀米地、負物之を懸くべからず。但し、作人虚言を搆《かま》へば、縦ひ年月を経《ふ》ると雖も、罪科に処すべき事。

一(46)、負者人死去あらば、口入《こうじゅ》の者の名《な》・判《はん》を正し、其の方へ催促すべきの事。

一(47)、連判を以て借銭を致すに就ては、若し彼の人衆《にんじゅ》の内、逐電せしめば、縦ひ一人たりと雖も、之を弁償すべし。

一(48)、相当の質物の儀は、定むる如く、若し過分の質物、少分を以て之を取る者は、縦ひ兼約《けんやく》の期《ご》を過ぐると雖も、聊爾《れうじ》に沽却《こきやく》すべからず。利潤《りじゅん》の勘定、損毛なきに至つては、五三月相待ち、頻《しきり》に催促《さいそく》を加へ、其の上、猶無沙汰《なほぶさた》せしめば、証人を以て、之を売るべきなり。
一、(49)負物の分、年期《ねんき》を定め、田畠を渡す人は、土貢《どこう》分量を書き加へ、沽却《こきやく》せしめんと欲せば、買ふ人幷びに其の地頭主人へ相届《とど》くべし。其の儀なき上、或は折檻《せつかん》に依つて、主人之を取放《とりはな》ち、或は子細あつて、地頭之を改むる時、縦ひ買ふ人、負物人の借状を帯《たい》すと雖も、信用する能《あた》はず。

一、(50)米銭借用の事、一倍に至つては、頻《しきり》に催促を加ふべし。此の上、猶《なほ》難渋せしめば、過怠《くわたい》あるべし。自然地下人《ぢげにん》等借銭の処、不輩《ふはい》を軽んじて、負物人無沙汰せしめば、披露すべし。是亦《これまた》右同前。

一、(51)蔵主逐電に就ては、日記を以て相調《ととの》へ、銭不足に至つては、其の田地・屋敷取上ぐべし。但し、永代の借状、二伝《でん》においては、之を懸くべからず。年期地の事は、其の沙汰あるべし。年貢・夫公事《ぶくじ》等は、当地頭速かに勤むべき事。
付《つけた》り、負物《おひもの》人の借状、年期を経《へ》ば、負物之を懸くべからず。

一、(52)禰宜《ねぎ》幷びに山伏等の事は、主人を頼むべからず。若し此の旨に背《そむ》く者は、分国徘《はい》徊停止《くわいちやうじ》すべきなり。

一、(53)譜代の被官、主人に届けずして、権威に募《つの》り、子を他人の被官に出だし、剰《あまつさ》へ田畠悉《ことごと》く譲り与ふる事、自今以後、停止せしめ畢《をは》んぬ。但し、嫡子《ちやくし》を本主人に出だすに就ては自余の子の事、禁制に能《あた》はざるか。

一、(54)百姓年貢・夫公事《ぶくじ》以下、無沙汰《ぶさた》の時、質物《しちもつ》を執《と》り、其の理《ことわり》なく分散せしむる条、非拠《きよ》の至りなり。然うして、年月を定め、其の期過《ご》ぎば、禁止に及ばず。

一、(55)晴信、行儀其の外の法度以下において、旨趣《しいしゆ》相違の事あらば、貴賤を撰《えら》ばず、目安《めやす》を以て申すべし。時宜《じぎ》に依つて、其の覚悟すべきものなり。

右五十五箇条は、天文十六丁未《ひのとのひつじ》六月定め置き畢《をは》んぬ。追つて二箇条は、天文二十三甲寅《きのえのとら》五月之を定む。

一、(56)年期を定め、田畠十年を限り、敷《ふ》銭を以て、請取《うけとり》に合すべし。彼の主、貧困に依つて、資用なきにおいては、猶《なほ》拾年を加へ相待つべし。其の期過ぎば、買ふ人の心に任《まか》すべし。自余の年期の積《つもり》は右に准《じゆん》ずべし。

一、(57)百姓隠田《おんでん》あらば、数拾年を経《ふ》ると雖も、地頭の見聞《けんもん》に任せ、之を改むべし。然れば百姓申す旨《むね》あらば、対決に及び、猶以て分明《ふんみやう》ならずば、実検使《じつけんし》を遣《つかは》し、之を定むべし。若し地頭非分《ひぶん》あらば、其の過怠《くわたい》あるべし。

品第一　領国五十七箇条法度のこと

甲州法度の条々

一、(1) 領国内の地頭が、事情を明らかにしないまま、好き勝手に罪科の跡と称し、私意を以て所領や財物を没収することは勝手もはなはだしい。罪科を犯した者が信玄の家来であるならば、地頭は関与してはならない。田畠は裁決の上、別の者に与えよ。年貢や諸税はすみやかに地頭に弁償せよ。恩賞地については書き載せるまでもない。家屋や妻子・資財については、法に従い、役職の者に渡せ。

一、(2) 訴訟の内実は、裁決の場に出された後は、訴訟奉行人以外の者に明かしてはならない。まして落着して後はいうまでもない。裁決の場に出される前であれば、訴訟奉行人以外の者に明かすことを禁ずるには及ばない。

一、(3) 内諾を得ることなく、他の領国に贈り物をしたり、書状を送ることをすべて禁止する。ただし、信濃に在国する者で謀略のために一国の中を通行している者と書信を交わすことはやむをえない。また国境のひとがふだんから手紙をよこしているのであれば、禁ずるには及ばない。

一(4)、他の領国に対し、縁戚となったり、所領をとったり、あるいは家来の者を出すなどの契約を結ぶことは、許すべからざる罪科の基であり、堅く禁止する。この旨に背く者は厳罰に処する。

一(5)、証文が不備な田畠について、年貢を納めている地であれば地頭のはからいに任せよ。恩賞地であれば裁決によって確定せよ。ただし、借銭などについては事情に従って処置せよ。

一(6)、農民が年貢を滞納するのは罪科が重い。農民の所有地については、地頭の責任で納めさせよ。もし不正があれば、検使によって、改めさせよ。

一(7)、荒地を開発した名田を、正当な理由なしに手放させることは法に反することおびただしい。ただし、年貢などが過大に未納で、しかも二年に及んでいるときはいたしかたないであろう。

一(8)、山野の地を開拓するにあたって四方の境に杙を打つことをめぐって争う者があるときは、旧来の所有関係を問いただした上で定めよ。旧来の境では判定し難い場合は、五分ずつにせよ。それでもなお争う者があるならば別の者に与えよ。
一、(9)地頭の申し立てによって田地に杙を打ったとき、稲作を放棄する者が出たならば、翌年からその田地は地頭の責任に委ねよ。しかし稲を刈り取らなくとも年貢を納めるならば問題はない。また地頭は不正があるときは、所管地の半分を召し上げよ。
一、(10)恩賞地について、たとえ洪水や旱魃《かんばつ》による損害が出ても替地を望んではならない。収穫量を受け入れ、奉公せよ。ただし、忠勤を励む者には相応の田地を与えるであろう。
一、(11)恩賞地を所有する者で、天文十年(一五四一)以前から十年間、地頭に対し、夫役などを課していないときは、課すことはできない。ただし、九年以下であれば、事情にしたがって裁決を下せ。
一、(12)私領の名田以外の恩賞地は、むやみに売却することを禁ずる。ただし、やむをえないときは、事情を上奏し、期間をきめて売買せよ。
一、(13)農民が夫役の者を出したところ、その者が合戦場で殺されたときは、さし出し主は三十日間夫役を免除される。その後は以前と同様に夫役の者をさし出せ。荷物が失われたことに関しては問わない。次に、夫役の者が逃亡したにもかかわらず、責任者に届出ず、逃亡を容認するならば、たとえ数年を経た後でも罪科を免れない。
付けたり、夫役の者にそれほどの咎がないにもかかわらず主人が殺害したならば、地頭は十年間その夫役を免除される。

一[14]、親類同士あるいは家来と、私的な誓約を交わすことは、主君への反逆に等しい。ただし、合戦場においての誓約であれば、主君に忠節をつくすためであるとみとめる。

一[15]、譜代の家来を他人が召し使うとき、もとの主人が見つけて捕えることを禁止する。事情を説明した上で引き取るべきである。また、もとの主人がそのことを聞いて訴え出たところ、いまの主人が承知の上で家来を逃亡させたならば、他の者で償わなくてはならない。奴婢や卑しい身分の者の場合は、その沙汰がなく十年を過ぎたならば、貞永式目の規定通り、もとの主人に戻る必要はない。

一[16]、奴婢が逃亡して後、万一路上で見つけ、いまの主人に事情を糺すべく、もとの主人の邸につれていくことは法に反する。まずいまの主人のところに返しやるべきである。ただし、遠く離れている場合には、十五日間まで留めておいても差しつかえない。

一[17]、喧嘩については、善悪にかかわらず、双方を成敗せよ。ただし、ことが起っても、堪忍した者については罪科に処してはならない。しかし、ひいきや不公平な肩入れで助太刀する者は、理非を問わず、同罪である。もし思いがけず、殺傷沙汰になったのであれば、妻子や一族については問わない。だが、喧嘩の当事者を逃亡させたならば、たとえ不慮の出来事であったとしても、まず妻子を役儀の場に召し置き、事情を尋問せよ。

一、(18)家来の喧嘩や盗みなどの罪科が主人と関わらないのはもちろんである。しかし、事実を主人に糺そうとすると、無実であるとしきりに弁明し、家来を解雇しないまま逃亡させたならば、主人の家財を三分の一没収せよ。家財を持たなければ、流罪に処せ。

一、(19)正当な理由なく、寄親を嫌うことは勝手もはなはだしい。このような者は今後も必ず道理に反するふるまいをするであろう。ただし、寄親の非道理が目に余るときは、訴状で訴え出でよ。

一、(20)能舞・遊宴・野牧・川漁などに熱中し、合戦場での戦いを忘れてはならない。戦国の世であるから、武具の準備が肝要である。

一、(21)川流れの木および橋のこと。木は旧来の通り取ってよろしい。橋についてはもとの場所に返さなくてはならない。

一、(22)浄土宗の徒と日蓮宗の徒が領国内で法論を戦わすことを禁ずる。法論を世話する者があれば、出家・在家ともに罪科に処せ。

一、(23)家臣が伺候する際の座席のこと。老臣の定めに従い、あれこれと争ってはならない。総じて合戦場以外の場で意地を張りあうのは、かえって卑劣なありようである。

一、(24)訴訟する者は、裁決が下るまで待たなくてはならない。争論の最中で理非の定まらない間に乱暴をはたらくことは失態といわざるをえない。それ故、是非を問わず、当該の係争地を相手方の所有とせよ。

一、[25]子の言い争いは是非の裁定に及ばない。ただし、双方の親が制止すべきであるのに逆にわだかまりを抱くのであれば、家中に対する見せしめのために親に制裁を加えよ。

一、[26]友だちをあやまって殺害した子を成敗するには及ばない。ただし、十三歳以上であれば、罪科を遁れることはできない。

一、[27]本来の取次役をさしおいて別人を介して訴訟を企てることや、他のひとの寄子になることを望むことは、はなはだしくよこしまなありようであり、今後禁止する。このことは細かく前条（第十九条）に載せてある。

一、[28]自分の訴訟の内実をそのままひとに公表してはならない。また、寄子の訴訟を取次ぐべきであるのは当然である。しかし、時処の都合を考慮して控えるべきときもある。裁決の日には、前条（第二条）に載せたように、寄子・親類・縁者の申し立てはいっさい抑えよ。

一、[29]領国の諸法度は、たとえその職にある者に一任してあっても、違犯を許さない。些細なことでも私意により処断する者はただちにその職を解任せよ。

一、[30]近習衆は番所で、たとえ留守番のときでも世間話をしたり、大声でしゃべったりしてはならない。

一、[31]他家の養子について。取次の者に申し伝え、遺産にかかわる印判をもらいうけよ。その後、父が死去したならば、たとえほかに実子がいても配慮は無用である。ただし、養子が継母に対し不孝であれば、悔い返しが許される。恩賞地は別として、田畠・資財・道具などは亡父の譲状に従え。

一、[32]棟別銭について。郷村に記録文書が手渡されているかぎり、逃亡あるいは死去する者が出ても、当該郷村においてすみやかに弁済せよ。そのため新屋に対する徴収はない。

一、[33]他の郷村へ家屋を移す者がいれば、追って棟別銭を徴収せよ。

一、[34]自身や家屋を捨て、あるいは売却して領国内を流れ歩く者に対しては、どこまでも追いかけて棟別銭を徴収せよ。ただし本人が一銭も収められないときは、その家屋を所用している者が弁済せよ。なお家屋について二百疋までは所用者が能力に応じて納入せよ。残金は郷村全体で弁済せよ。たとえ他人名義であろうとも、その家屋の所用者が納入しなければならない。

一、[35]棟別銭の免除は一切ない。しかし逃亡あるいは死去の者が多数出て、棟別銭が二倍になった場合は申し出でよ。事実であるかいなかを明らかにした上で、宥免し、程度に応じて免除せよ。

一、[36]悪事をはたらき成敗された者の家屋は考慮外である。

一、(37)川流れの家屋について。新屋によって納付せよ。新屋が不能であれば、郷村全体で弁済せよ。水流れの家屋が十棟を越えたときは納入しなくてもよい。

付けたり、死亡後の家屋についても右に准ぜよ。

一、(38)借銭について。返済不能の者の田地を各方面のひとびとが差押えたときは、差押えの先後に従え。ただし、借銭の証文が明白であればその者に取得させよ。

一、(39)田畠などを質とする借銭の証文を各方面に差し出してある場合は、日付の先後に従え。ただし、偽書・偽判は罪科に処する。

一、(40)親の借財を子が返済すべきであるのは当然である。子の借財は、親に返済を求められない。ただし、借銭の証文に親が加判している場合はそのかぎりではない。また、もし子が早く死去し、親がその所領を所用する場合は、さかさまではあるが、その借財は親が返済しなくてはならない。

一、(41)借銭を抱えた者が、隠遁あるいは逃散《ちょうさん》と称して、領国内を流れ歩くことは重い罪科である。それを許容する者は、その借銭を弁済せよ。ただし、身を売る奴婢などについては先例に従え。

一、(42)市以外の場で鐚銭《びたせん》を撰んではならない。

一、(43)恩賞地を借銭の質とした証文を、公表することなく請けとってはならない。公表し、印判に従って定めよ。もし当該地の領主が逃亡しているときは、事情によって相応の処断がなされる。期限が過ぎていれば、先例に従い、もし但し書きなどがあれば、恩賞地に相応する役を勤めよ。

一、(44)逃亡者の田地を借銭の抵当として取得した者は、年貢、夫役以下を地頭へすみやかに弁済しなくてはならない。

一、(45)米穀を収納する地を借銭の抵当としてはならない。ただし、耕作人が虚偽を言いたてた場合は、たとえ年月が経過していても罪科に処せ。

一、(46)借銭のある者が死亡したときは、仲介者の名と判を確認し、仲介者に返却を催促せよ。

一、(47)二人以上の判で借銭し、連署者が逃亡したときは、たとえ一人になっても弁済させよ。

一、(48)借銭の質物は、定めの如く相応にせよ。もし少分の借銭に過分の質物を取った場合は、たとえ約束の期日が過ぎても軽々しく売却してはならない。利潤に損失を生じない場合は、十五月まで待ち、頻繁に催促し、それでもなお返済されないときに、証人を立てて売却せよ。

一、(49)借銭の抵当として、期日を定めて田畠を譲渡する者は、証文に田租の額を書き加え、売却するときは、買手および地頭に届出よ。その手続がないときは、所有者が切羽つまって手放したにせよ、あるいは子細があって地頭が取得したにせよ、買手が借銭者の証文を所持していても信用されない。

一、(50)米銭の借用が二倍を越えたならば、頻繁に催促せよ。それでもなお返却されないときは過怠の罪科に処する。万が一地下人から借銭し、下輩を軽視して返却を怠る者は公表させよ。この場合も右と同様に処断せよ。

一、(51)蔵主が逃亡したときは、一件書類と照合し、銭の不足分はその田地・屋敷を取上げよ。ただし、永代の借銭の証文が二代以前の場合はそのままとせよ。年期が定まっている地については、その通りに処置せよ。年貢や夫役などは当該の地頭がすみやかに貢進せよ。付けたり、借銭人の証文で年期の経っているものは借銭の取り立てを放棄せよ。

一、(52)禰宜や山伏は、主君を持ってはならない。この掟に背くものは領国内を流れ歩くことを禁ずる。

一、(53)譜代の家来が主人に告げず、自分勝手に子を他の主人に仕えさせ、さらに田畠をみなその子に譲り与えることは、今後禁止する。ただし、嫡子を本来の主人に仕えさせたのであれば、その他の子は禁制の対象ではない。

一、(54)農民が年貢を納めず、夫役を出さなかったとき、質を取るなど道理に反した処断によって農民を逃散に追いやるのは非道理の至りである。期日を定め、その期日が過ぎたときは致しかたないであろう。

一、(55)信玄の振舞そのほかについて法度の趣旨に反していることがあれば、貴賤を問わず陳状によって申し立てよ。事柄によっては道理に従うであろう。

右、五十五箇条は、天文十六年（一五四七）六月に定め置いた。追加の二箇条は天文二十三年（一五五四）五月に定めた。

一、(56)期日を定め、田畠については十年を限り、敷銭を合わせて買得せよ。買手が貧困で元手の銭がないときはさらに十年猶予せよ。十年を過ぎたときは買手の意思に委ねよ。田畠以外の財物についても期日の設定は右に准ぜよ。

一、(57)農民に隠し田があれば、数十年を経ていても、地頭の見聞に従って収用せよ。農民に申し分があれば対決を行ない、なお不分明であれば実検使を遣わして実否を定めよ。もし地頭に道理に反することがあれば、過怠の罪科に処せ。

品第二　典厩《てんきう》九十九箇条の事

天地の間に万物あり。万物の中に、霊長あり。此《これ》を名づけて人倫と曰《い》ふ。人倫に司業あり。五常なり、六芸《りくげい》なり。習はざるべからず。父能《よ》く伝へ、子能く記《しる》す。粤《ここ》に武田信繁、文あり、武あり、礼あり、義あり。其の世子《せいし》を諱《いみな》して長老と称す。敏《びん》にして学を好むこと、玉の盤《ばん》を走るが如く、錐《きり》の嚢《ふくろ》を脱《だつ》するが如し。孜々《しし》として倦《う》まず。誨《をしゆ》るに九十九件の品目を以てす。寔《まこと》に韋賢《いけん》満籯《えい》の諺《ことわり》、孟母断機の戒《いましめ》、豈《あに》遠からんや。学は啻《ただ》身を潤《うるお》すのみにあらず、国家を興隆し、子孫を栄茂するの本なり。本立つて道生《な》る則《ときん》ば、乾坤《けんこん》を掌握《しやうあく》に運《めぐら》し、古今を胸中に通《つう》ず。亦《また》道ならずや。吁《ああ》、巻を出でずして、天下を知る。其唯《それただ》此の一簡《かん》、大いなる哉《かな》、到れる哉《かな》。

維《この》時、永禄元年 戊午《つちのえうま》蕤賓《すいひん》中澣《かん》　龍山子謹んで誌《しる》す

次第不同

一、[1] 屋形様に対し奉り、尽未来《じんみらい》、逆意あるべからざる事。
『論語』に云《いは》く、造次にも必ず是《ここ》においてし、顚沛《てんぱい》にも必ず是においてす。
亦云く、君に事《つかふまつ》るに、能《よ》く其の身を致す。

一、[2] 戦場において、聊《いささか》も未練を為すべからざる事。
『呉子』に曰く、生《せい》を必ずするときは則ち死す。死を必ずするときは則ち生く。

一、[3] 油断なく行儀嗜《たしな》むべき事。
『史記』に云く、其の身正しきときは則ち令《れい》せざれども行《おこ》なはる。其の身正しからざるときは則ち令すと雖《いへど》も従はず。

一、[4] 武勇専ら嗜むべき事。
『三略』に云く、強将下には弱兵なし。

一、[5] 毎遍虚言《へんきよごん》すべからざる事。
「神託《しんたく》」に云く、正直は一旦の依怙《えこ》に非ずと雖も、終《つひ》には日月の憐《あはれみ》を蒙《かうむ》る。付けたり、但し武略の時は、時宜《じぎ》に依るべき歟《か》。

一、(6)『孫子』に曰く、実を避け、虚を撃《う》つ。

一、(7)父母に対し聊《いささか》も不孝すべからざる事。『論語』に曰く、父母に事《つかふまつ》るに、能《よ》く其の力を竭《つく》す。

一、(8)兄弟に対し聊《いささか》も疎略すべからざる事。『後漢書』に云く、兄弟は左右の手なり。

一、(9)身躰に相当せざる儀、一言も出語すべからざる事。『応機』に云く、人一言を出《いだ》して、其の長短を知る。

一、(10)諸人に対し少しも緩怠《かんたい》すべからざる事。付けたり、僧・童女・貧者に於て、弥《いよいよ》人に随ひて殷懃《いんぎん》にすべき事。『礼記《らいき》』に云く、人、礼あるときは則ち安し。礼なきときは則ち危し。

一、(11)弓馬の嗜《たしな》み肝要の事。『論語』に云く、異端を攻《をさむ》るは斯《これ》害ならくのみ。

一、(12)学文、油断すべからざる事。『論語』に云く、学んで思はざるときは則ち罔《ぼう》なり。思ひて学ばざるときは則ち殆《あやふ》し。

一、歌道嗜むべき事。歌に云く、数ならぬ心のとがになしはてじ　しらせてこそは身をもうらみめ

一、⑬諸礼、油断なく嗜むべき事。
『論語』に云く、孔子大廟《たいべう》に入つて事ごとに問ふ。
一、⑭風流過《すご》すべからざるの事。
『史記』に云く、酒極《きは》まるときは乱る、楽《たのしみ》極まるときは悲しむ。
『左伝』に云く、宴安《えんあん》は鴆毒《ちんどく》、思ふべからず。
一、⑮又語に云く、賢を賢とし色《いろ》に易《か》へよ。
尋《たづね》に預《あずか》る方《かた》に対して、疎略《そりやく》すべからざる事。
『論語』に云く、朋友と交《まじは》り言《かた》つて信ぜざらんや。
一、⑯毎事堪忍《かんにん》の二字、意《こころ》に懸《か》くべき事。
『史記』に云く、跨《かか》下の恥は小辱《じよく》なり。漢の功を成すは大功なり。
又云く、一朝の怒《いかり》に、其の身を失ふ。
一、⑰大細事共に御下知《げぢ》を違背《いはい》すべからざる事。
水は方円の器《うつはもの》に随ふ。
一、⑱知行并《なら》びに御合力《かふりよく》を望むべからざる事。
伝に云く、功なきの賞は不義の富《とみ》、禍《わざはひ》の媒《なかだち》なり。
一、⑲侘言《わびこと》・雑談《ざふたん》すべからざる事。

一、(20)語に云く、貧しふして諂《へつら》ふなく、富んで驕《おご》ることなかれ。
家中の郎従に対し、慈悲肝要の事。

一、(21)『三略』に云く、民を使ふこと四支の如くにす。
家来の者、冠落《くわんらく》の時は、縦《たと》ひ造作《ざうさ》入り候と雖も、一途《ひとみち》下知を加ふべき事。

一、(22)『軍讖《ぐんしん》』に云く、士《し》を思ふこと、渇《かつ》するが如くす。
忠節の臣忘るべからざる事。

一、(23)『三略』に云く、善悪同じふするときは、功臣倦《う》む。
人を障《ささ》ゆる者《もの》、許容すべからず。但し隠密《おんみつ》を以て、聞き届け、玩味尤《ぐわんみもつと》もの事。

一、(24)語に云く、直《なほ》きを挙げて、諸《もろもろの》枉《まがれる》を錯《お》くときは、民《たみ》服す。
異見の儀、違背《いはい》すべからざる事。

一、(25)古語に云く、良薬口に苦《にが》けれども、病《やまひ》に利あり。忠言耳に逆《さかへ》ども行に利あり。
亦『尚書』に云く、木、縄に縦《したが》ふときは正し。君、諫《いさめ》に従ふときは聖なり。
家来の者ども、無覚悟《ぶかくご》に非《あら》ずして、不便に就き、拠《よりどころ》なくは、一往合《わうかふ》力を加ふべき事。

一、(26)云く、一年の計《はかりごと》は五穀を種《う》うるに如《し》かず。十年の計は木を種うるに如かず。一期の計は人を立つるに如かず。
自面《じめん》の用所《ようしょ》を以て、裏御門《うらごもん》出入すべからざる事。

語に云く、父子席を同じうせず、男女席を同じうせず。

一、(27)朋友において隔心《きやくしん》せらるるの族《やから》、仁道《じんだう》嗜むべき事。

語に云く、食《しよく》終ふる隙《ひま》も仁に違《たが》はず。

一、(28)毎日出仕懈怠《けだい》すべからざる事。

語に云く、行《かう》余力あるときは以て文を学ぶ。

付けたり、出仕の時先づ人並《なみ》の所に在り、其の後《のち》奥へ参るべし。畢竟《ひつきやう》我が座敷に在るべき見合せ肝要の事。

一、(29)深き知音《ちいん》たりと雖も、人前において妄《みだり》に雑談《ざふたん》すべからざる事。

語に云く、三日相見《あひまみ》えずんば、旧時の看《かん》を為すことなかれ。況《いはん》や君子においてをや。

一、(30)参禅嗜むべき事。

語に云く、三思《し》一言《げん》、九思一行《かう》。

云く、参禅別に秘決《ひけつ》なし。只《ただ》生死の切なることを思へ。

一、(31)何時《なんとき》も帰宿《きしゆく》の時は、先《さき》へ使者を遣はすべし。自然留守の番衆《ばんしゆ》、行儀等油断の砌《みぎり》、折檻《せつかん》閣《さしお》き難し。亦、細事を以て糺明《きうめい》せば、際限なからんか。

云く、教へずして殺すを虐《ぎやく》と云ふ。

一、(32)屋形様、如何様《いかやう》の曲《きよく》なき御擬《あてがひ》候と雖も、述懐《じゆつくわい》すべからざる事。

云く、君、君たらずと雖も、臣以て臣たらずんばあるべからず。
亦云く、鹿を逐《お》ふ者山を見ず。
又云く、下《しも》として上《かみ》を計《はから》ふことなかれ。

一、[33]召使ふ者、折檻《せつかん》の事、小科の時誡《いまし》むべし。大科に及ぶときは、身躰の破滅疑《うたがひ》なきか。
太公が曰く、両葉《ふたば》にて去らざれば、将《まさ》に斧柯《ふか》を用ゐんとす。
付けたり、但し小科を以て節々折檻に及ばば、機に依つて退屈すべきか。
『呂氏《りよし》春秋』に云く、令苛《れいから》きときは、聴《き》かず。禁《いましめ》多きときは、行なはれず。

一、[34]褒美の事、大細に依らず。則《すなは》ち感ずべき事。
『三略』に云く、功《こう》を賞《しやう》するに時《とき》を踰《こ》えず。

一、[35]自他国の働《はたらき》・行《てだて》善悪共に、精《せい》に入《い》れ、具《つぶさ》に聞き届《とど》くべし。
云く、事古《いにしへ》を師《し》とせずんば、以て長久し難し。

一、[36]百姓に対し定むる所務の外《ほか》、非分を為すべからざる事。
『軍讖《ぐんしん》』に云く、上虐《かみぎやく》を行なふときは、下《しも》急刻す。賦斂《ふれん》数を重ふすれば、刑罰極《きはまり》なくして、民相残賊す。

一、[37]他家の人に対して家中の悪事、努努《ゆめゆめ》語るべからざる事。
云く、好事門を出でず、悪事千里を行く。

『碧巌《へきがん》』に云く、家醜外《かしうほか》に向ひて揚《あ》ぐることなかれ。

一、(38)人召し使ふ様、其の器量に依つて、用所申し付くべき事。

古語に云く、良匠《りやうしやう》は材《ざい》を捨てず、上将は士《し》を棄《す》てず。

一、(39)武具懈怠《けだい》なく誘《こしら》ふべき事。

語に云く、九層《きうそう》の台《うてな》も、累土《るいど》より起《おこ》る。

一、(40)出陣の砌《みぎり》、一日も大将の跡《あと》に残らざる事。

語に云く、鐘声を聞きては憂《うれ》へ、鼓声《こせい》を聞きては嘉《よろこ》ぶ。

一、(41)馬に精《せい》を入るべき事。

『論語』に云く、犬は以て守り禦《ふせ》ぎ、馬は以て労《らう》に代《かは》る。能く人に養《やしな》はるものなり。

一、(42)敵味方、打ち向ふ時、いまだ備《そな》へを定めざる所を撃《う》つべき事。

語に云く、能く敵に勝つ者は、形なきに勝つ。

亦云く、驀面《まくめん》の家風、擬儀《ぎぎ》を容《い》れず。

一、(43)軍《いくさ》の時、遠懸《とほがけ》すべからざる事。

『司馬法』に云く、奔《に》ぐるを逐《お》ふに、列《れつ》を踰《こ》えず。是《ここ》を以て軍旅《ぐんりよ》の固《かため》を乱さず、行列の政《まつりごと》を失はず、人馬の力を施《ほどこ》さず。

一、(44)勝軍《かちいくさ》に至つては足を立てず、押付《おしつけ》に乗るべし。但し敵の筒勢《どうぜい》崩れずんば、備へ持ち直すべき事。
『三略』に云く、戦《たたかひ》は風の発するが如くす。
一、(45)軍《いくさ》近付くときは、人衆荒く拵《あつか》ふべし。其《そ》の故は、士卒怒を移して挊《かせ》ぐ者なり。
『司馬法』に云く、威《い》少くして柔《やはら》かなるときは、水の弱きが如く、人押《お》して之を玩《もてあそ》ぶ。
威多くして剛なるときは、火の熱するが如く、人望んで之を畏《おそ》る。
一、(46)敵の多勢幷びに備《そな》へ其の外、人前において宜《よろ》しき様に談《かた》るべからざる事。
『三略』に云く、弁士をして敵の美を談説せしむることなかれ。
一、(47)諸卒《そつ》敵方に対して悪口を道《い》ふべからざる事。
語に云く、蛟蜂《しゅんぽう》を呵起《かき》すれば、奮迅《ふんじん》して龍《りよう》となる。
一、(48)縦ひ心安き親類・被官たりと雖も、柔弱の趣を見すべからざる事。
『三略』に云く、勇なきときは、吏士《りし》恐れず。
一、(49)余り進退に過ぎたる業為すべからざる事。
語に云く、多を好むことは終に成らず。不性《ふせい》何ぞ好むことを得ん。
亦云く、過ぎたるは猶《なほ》及ばざるがごとし。
一、(50)敵陣において不虚を撃つ時、本道を閣《さしお》き格外の道路を求めて、擬《あてが》ふべき事。
語に云く、明に桟道《さんだう》を修《しう》し、暗に陳倉《ちんさう》を渡《わた》る。

一、(51) 大方《おおかた》の儀、人尋ね候とも知らざるの趣、挨拶難なき事か。

語に云く、好事もなきにしかず。

一、(52) 家来の者、一旦誤り候と雖も、糺明《きうめい》して後覚悟《かくご》を直《なほ》すに就《つい》ては、夫《それ》に随ひて悔《く》い還《かへ》すべき事。

語に云く、勇潔以て進むには、其の潔《いさぎよ》きに与《くみ》し、往事《いんじ》を咎《とが》めず。

一、(53) 父覚悟《かくご》なき故《ゆえ》に成敗すと雖も、其の子別して忠功を抽《ぬきんづ》るにおいては、鬱《いきどほり》を散ずべきの事。

語に云く、犁牛《りぎう》の子は、騂《あか》ふして且《かつ》角あり。用ゐざらまく欲すと雖も、山川其《そ》れ舍諸《すてめや》。

一、(54) 人数《にんじゆ》を拵《あつか》ふ様子、和敵・破敵・随敵の分別肝要の事。

『三略』に云、敵に因《よ》つて転化す。

一、(55) 毎事争ふ儀、敵へて為すべからざる事。

語に云く、君子は争ふ所なし、必ずや射《ゆみい》るときにや。

一、(56) 善悪能く正すべき事。

『三略』に云、一善を廃するときは衆善襄《おとろ》ふ。一悪を賞するときは衆悪帰《き》す。

一、(57) 食物到来《たうらい》の時、眼前伺候《しこう》の衆に少しづつ配分すべき事。

『三略』に云く、昔日《そのかみ》良将兵を用ゆるに、簞醪《たんらう》を饋《おく》る者あれば、諸《これ》を河に投《とう》じて、士卒と流《ながれ》を同じくして飲ましむ。

一、(58)毎篇功作《へんこうさ》なくして、立身為しがたく候事。

云く、千里の行も一歩より始まる。

一、(59)貴人に対して、縦使《たとひ》千万の道理ありと雖も、理《ことわり》強く申すべからざる事。

云く、多言は身を害す。

一、(60)過《あやまち》を争ふべからず。自今以後 嗜《たしなみ》肝要の事。

語に云く、過ちては 則《すなはち》改むるに憚《はばか》ること勿《なか》れ。

亦云く、過ちて改めざる、是《これ》を過と謂ふ。

一、(61)深く思ひ立つ儀ありと雖も、余儀《よぎ》なき異見に就ては、その意に任すべき事。

語に云く、信《しん》をば義に近ふせよ。言復《ことふん》ずべし。

一、(62)貴賤《きせん》ともに老者を慢《あなど》るべからざる事。

古語に云く、老《おい》たるを敬ふこと父母の如し。

一、(63)動《はたらき》に出づる時、食物を夜中に服《ふく》し、陣屋《ぢんや》より唯今《ただいま》敵に合ふ様に出で立ち、打ち帰る

迄少しも油断すべからざる事。

云く、無為《ぶい》を城となし、油断を敵となす。

一、(64)無行義《ぶぎやうぎ》の人に近付くべからざるの事。

『史記』に云く、其の人を知らずんば、其の友を視よ。亦云く、人は唯賢《ただけん》に馴れよ。賤《いや》しきに触《ふ》るゝことなかれ。花中の鶯舌は、華《はな》やかならずして香《かうば》し。

一、(65)余りに人を疑心すべからざるの事。

『三略』に云く、三軍の禍《わざはひ》は狐疑《こぎ》に過ぎず。

一、(66)人の過《あやまち》を批判すべからざる事。

語に云く、好事をば他に与《あた》へよ。

一、(67)嫉妬《しっと》の咎《とが》、堅く申し付くべき事。

云く、堅《かた》めを緩《ゆる》ふするは賊を引く媒《なかだち》、面《おもて》に粉《ふん》を塗《ぬ》るは婬《いん》を引く媒《なかだち》なり。

一、(68)佞人《ねいじん》の心持つべからざる事。

『軍讖《ぐんしん》』に云く、佞人上《かみ》に在れば、一軍皆訟《みなうった》ふ。

一、(69)召《めし》の時、少しも遅参すべからざるの事。

語に云く、君命じて召すときは、駕《が》を俟《ま》たずして行く。

一、(70)武略其の外隠密《ほかおんみつ》の儀、他言《たごん》すべからざる事。

『易《えき》』に云く、其の機《き》密ならざるときは、成を害す。

『史記』に云く、事は密を以て成り、語は泄《もらす》を以て敗《やぶ》る。

一、(71) 夫丸《ぶまる》に情《なさけ》を加ふべき事。
『尚書《しやうしよ》』に云く、徳《とく》は惟《これ》善き政《まつりごと》なり。政は民を養ふに在り。

一、(72) 仏神信ずべき事。
云く、仏神に叶《かな》ふときは、時々力を添《そ》ふ。横心を以て人に勝つときは、露《あらは》れずして亡ぶ。

伝に云く、神は非礼を享《う》けず。

一、(73) 味方敗軍に及ばば、一入《ひとしお》挊《かせ》ぐべき事。
『穀梁伝《こくりやうでん》』に云く、善く陣する者は戦はず、善く戦ふ者は死せず。

一、(74) 酔狂《すいきやう》の族《やから》に取り合ふべからざる事。
『漢書《かんじよ》』に云く、丙吉丞相《へいきつじようしやう》たるとき、御史《ぎよし》酔ひて其の車を欧す。吉責《せ》めざるなり。

一、(75) 人の贔屓《ひいき》・偏頗《へんぱ》すべからざる事。
『孝経』に云く、天地は一物の為《ため》に其の時を枉《ま》げず。日月は一物の為に其の明を晦《くら》まさず。明王《めいわう》は一人の為に其の法を枉《ま》げず。

一、(76) 利剣《りけん》を用ゐて、聊《いささか》も鈍刀《どんたう》を帯《たい》すべからざる事。
云く、鈍刀骨を截《き》らず。

一、(77) 宿其の外歩行の時、前後左右に心を付け、油断すべからざる事。

『巨範《こはん》』に云く、事を慎《つつし》まざるは、敗れを取るの道なり。

一、(78)人の命を取る事、努努之《ゆめゆめこれ》あるべからざる事。

『三略』に云く、国を治め家を安《やす》んずるは人を得ればなり。国を亡ぼし家を破るは人を失《しつ》すればなり。

一、(79)隠居の時、其の子の力を仮《か》るべからざる事。

『碧巌《へきがん》』に云く、榔栗横《しつりつわう》に担《にな》つて人を顧《かへり》みず、直《ぢき》に千峰万峰に入り去る。

亦云く、是非を把《と》り、来《きた》つて我を弁《べん》ずることなかれ。浮世《ふせい》の穿鑿《せんさく》相関《あづか》らず。

一、(80)鷹逍遥《せうえう》の事、余りに耽《ふけ》るべからず。諸《もろもろ》の隙《ひま》を妨《さまた》げ、無奉公の基《もとゐ》なり。

語に云く、終日《ひねもす》紅塵《ぢん》に走り、自家の珍《ちん》を識《し》らず。

一、(81)見物の時、自他を忘れ、油断すべからざる事。

語に云く、鉤頭《こうとう》の意《こころ》を識取《しきしゆ》せよ。定盤星《ぢやうばん》を認むること莫《なか》れ。

一、(82)下人《げにん》に対し、寒熱風雨の時、憐愍《れんみん》すべき事。

語に云く、民を使ふに時を以てす。

一、(83)千人敵に向かはんより、百人の横入《よこい》れ、然るべきの事。

古語に云く、千人門を推《お》さんより、一人関を抜かんに如《し》かじ。

一、(84)吾師《われいくさ》に逢《あ》ふの模様《もやう》、雑談《ざふたん》すべからざる事。

挙すれば差互《しやご》す。

一、(85)亦古語に云く、毫釐《がうり》も差《たがひ》あれば、天地懸《はるか》に隔《へだ》つ。

一、(86)兵法利方《りかた》の秘術《ひじゆつ》等少々知らずと雖も、知り候様に持ち成して、苦しからざる心持数多《あまた》之《これ》ある事。

古語に云く、聞く時九鼎《てい》重し。見て後一毫軽し。

一、(87)下々の批判能々《よくよく》聞き届け、縦《たと》ひ如何様《いかやう》に腹立候とも、堪忍《かんにん》あり、隠密《おんみつ》を以て、工夫《くふう》すべき事。

云く、刁刀《てうたう》相似たり。魯魚参差《ろぎよしんしや》たり。

一、(88)御帰陣の砌《みぎり》、片時《へんじ》も御先へ帰るべからざる事。

語に云く、終りを慎《つつ》しむこと猶《なほ》始めのごとし。

一、(89)惣別《そうべつ》、如何様《いかやう》の御懇切《こんせつ》候とも、御裏向《うらむき》へ節々立ち出づべからざる事。

語に云く、朱に近づくものは赤く、墨に近づくものは黒し。

一、(90)人前において、食物幷びに売買の雑談《ざふたん》為すべからざる事。

云く、金は火を以て試み、人は言《ことば》を以て試む。

一、縦《たと》ひ知音《ちいん》の人たりと雖も、用所《ようしよ》を頼む儀、思慮すべき事。

古語に云く、他の一盃の酒を貪《むさぼ》つて、満船の魚を失却《しつきやく》す。

一、(91)其の徒党を立つべからざる事。

一、(92)語に云く、君子は周《しう》して比《ひ》せず、小人は比して周せず。縦ひ真個《しんこ》の交りたりと雖も、婬乱《いんらん》の雑談為すべからず。若《も》し人申し懸《か》けば、目に立たざる様に其の座を立つべき事。

一、(93)人前において妄《みだり》に背語《はいご》すべからざる事。語に云く、自己の心を用ひ尽《つく》して、他人の口を笑破《せうは》す。

一、(94)手跡《しゆせき》嗜むべき事。『戦国策』に云く、其の善をば賞すべし。其の悪をば語るべからず。

一、(95)内外の償《つぐのひ》、一方は自力《じりき》を以て成し、一方は知行を以て調《ととの》ふべし。両方ともに知行を以て賄《まかな》はば、必ず不足たるべき事。云く、三代の遺直翰墨《ゆいちよくかんぼく》に過ぎたるはなし。

一、(96)縦ひ多勢たりと雖も、備へ薄《うす》くば撃《う》つべし。亦《また》少衆たりと雖も、備へ厚《あつ》くば、思慮すべきの事。云く、善《よ》く行ふ者は、双足《さうそく》を挙げず。亦云く、春色に高下なし。花枝自《おのづか》ら短長。兵書に云く、堂々《たうたう》たる陣を伐《う》つことなかれ。正々たる旗《はた》を遮《さへぎ》ることなかれ。之《これ》を伐つこと、卒然《そつぜん》の如し。卒然は常山の蛇《じゃ》なり。首《かしら》を伐つときは尾至る。尾を伐つときは首至る。中を伐つときは首尾ともに至る。之《これ》を伐つに法あり。

一、(97)儀兵に非ずして、異躰《いてい》の形を以て、起《き》居動静《きょどうじゃう》すべからざる事。

語に云く、君子重からざるときは威《い》あらず。

一、(98)毎事油断すべからざる事。

『論語』に云く、吾日《われひ》に三たび吾が身を省《かへり》みる。

付けたり、縦ひ夫婦一所に在りと雖も、聊《いささ》かも刀を忘るべからざる事。

云く、殺人刀《せつにんとう》、活人剣《かつにんけん》。

亦、風呂において、顔幷びに両手の垢《あか》、人に執《と》らすべからざるの事。

亦、不断《ふだん》、挑灯《ちゃうちん》を燃《とぼ》すべからざる事。

一、(99)毎事、退屈《たいくつ》すべからざる事。

『孟子《もうじ》』に曰く、孜々《しし》として倦《う》まざる者は舜《しゅん》の徒《と》なり。

以上九十九箇条

多《た》言漫《げんみだり》に他人の耳に喧《かまびす》し、寧《むし》ろ往生《わうせい》の書にあらずといふことなし。

二五十は豈亦《あにまた》二五七ならんや。この六つの字信玄家秘書《ひしょ》、口伝《くでん》あり。

永禄元年戊午《つちのえうま》卯月吉日

武田左《さ》馬助《まのすけ》

長老江《ちやうらうかう》

信繁《のぶしげ》 在判

品第二　信繁九十九箇条のこと

天地の間に万物があり、万物のなかに霊長があって名付けてひとという。ひとにはなすべきわざがある。仁・義・礼・智・信の五常であり、礼・楽・射・御（馬術）・書・数（数学）の六芸である。これらは、習い学ばなくてはならず、父は伝え、子は覚える。武田信繁は、文・武に秀で、礼・義を兼ね備えた武将であり、嫡子信豊（幼名長老）は聡明で学問を好むこと、玉が盤面を転がるように俊敏で、錐が袋を突き破るように激しく鋭く、努めて怠らず、倦むことをしらない。父の教示する九十九箇条の誡めは、民間の賢人の多さを彷彿させ、孟子の母の断機の訓えを想起させる。

学問は自身に利福をもたらすにとどまらず、国家興隆、子孫繁昌の基本である。基本が定まってこそ道が成就する。天地を掌中に収め、古今を明らかに知ることが道である。ああ、書物を読破することなく、ただこの九十九箇条を書き載せた一紙によって天下を知りうる。なんと広大で周到なことよ。

時は永禄元年（一五五八）五月中旬　龍山光新謹んで誌す

順序不同

一、(1)主君に対し、未来永劫にわたって、謀叛を起こそうとする心を抱いてはならない。『論語』に「にわかにあわただしいときも、まさかのときも、仁を行なう」、また「主君に仕えることに身を尽くす」とある。

一、(2)合戦場において少しでも卑怯未練なふるまいをしてはならない。『呉子』に「生きようとあがけば死し、死を不可避であると受けとめれば生を得る」とある。

一、(3)油断することなく、つねに行儀をつつしめ。『史記』に「みずからの行ないが正しいときは、命令しなくても行なわれるが、正しくないときは、命令しても従う者はない」とある。

一、(4)武勇に心がけよ。『三略』に「強い大将の下に弱い武士はいない」とある。

一、(5)どんなときも嘘をついてはならない。

神託に「正直であるならば、当座の加護が得られなくても、ついには天地日月の憐みを受けるであろう」とある。

付けたり、ただし武略のときは、状況に従うべきである。『孫子』に「敵勢の強く充実しているところを避けて、弱く虚であるところを攻めよ」とある。

一、⑥父母に対し少しでも不孝な行ないがあってはならない。『論語』に「父母に仕えるのに、力を尽くせ」とある。

一、⑦兄弟に対し少しでも疎略があってはならない。『後漢書』に、「兄弟は左右の手のようなものである」とある。

一、⑧自己の力量を越えていることは、一言も口にしてはならない。『応機』に、「ひとはその一言で、長所短所が知れる」とある。

一、⑨諸人に対して少しでも不作法をしてはならない。付けたり、僧・童女・貧者にはなおのことそれぞれに応じて丁寧に対せ。『礼記』に「礼を守っているときは安穏であるが、礼に従わないときは危機に陥る」とある。

一、⑩弓術・馬術に励め。

『論語』に「本来にはずれた道に励むのは害をもたらすだけである」とある。

一、(11)学問を怠けるな。
『論語』に「学んでも考えないときは明らかでない。考えても学ばないときは危険である」とある。

一、(12)歌道を嗜め。
歌に、「数ならぬ心のとがになしはてじ　しらせてこそは身をもうらみめ（恋の苦しさを卑しい己れの心の罪とはすまい。思いを対手に打ち明けて後に我が身の愚かさを恨むとしよう）」とある。

一、(13)もろもろの儀礼を怠りなく実修せよ。
『論語』に「孔子は魯の周公の廟に入ったとき、その儀礼を一つ一つ問い尋ねた」とある。

一、(14)風雅・芸能に深入りしてはならない。
『史記』に「酒は度を過ごすと乱れ、楽しみは極まると悲しみとなる」とある。

『春秋左氏伝』に「無為に遊び暮らすことは死をもたらす猛毒であり、願ってはならない」とある。

また『論語』に「賢いひとを賢いとし、賢いことを女色を好むよりも望め」とある。

一、⑮ものを尋ねた対手に疎略に応対してはならない。
『論語』に「朋友と交わって言葉に偽りがあってはならない」とある。

一、⑯何事にも堪忍の二字を心にとめておけ。
『史記』に「韓信が若いときに股をくぐらされたのは小さな恥にすぎず、後に漢の高祖の臣となっての功績の大きさには及ぶ者がいない」とある。

また『論語』に「一時の怒りに駆られてその身を失う」とある。

一、⑰大事・小事を問わず、主君の命令に背いてはならない。
古言に「水は方円の器に随う」とある。

一、⑱主君にむかって知行地や米銭を望んではならない。
『春秋左氏伝』に「武功なくして賞を受けるのは不義の富であり、禍いの基となる」とある。

一、⑲愚痴をこぼしたり、とりとめのないおしゃべりはやめよ。
『論語』に「貧窮であるからといって諂《へつら》うことなく、富裕であっても驕ってはならない」とある。

一、⑳家中の郎従に対し、慈悲をもって対せ。
『三略』に「民を使役するに際し、我が手足を用うるときのようになせ」とある。

一、(21)家来が病気になったとき、たとえ手間ひまがかかろうとも、よくよく指図を与えよ。『軍讖』に「家来の身を案ずること、渇いて水を欲するごとくせよ」とある。

一、(22)忠節な家来を忘れてはならない。

一、(23)『三略』に「善悪のはたらきを同じに扱えば、功ある臣はやる気をなくす」とある。

他者を中傷する者を許容してはならない。ただし、内密に事情を聞き届け、事実をたしかめることは道理に叶っている。

『論語』に「廉直なひとをひきたて、邪悪なひとをしりぞけるとき、民は心服する」とある。

一、(24)諫言には逆らってはならない。

『孔子家語』に「良薬は口に苦いが病いを癒す。忠言は耳に痛いが行ないを正す」とある。

また『書経』に「材木は墨縄に従えばまっすぐになる。主君は諫言に従えば聖人になる」とある。

一、(25)家来の者が、心構えはあるものの思うようにならず困窮しているならば、とりあえず米銭を与えよ。

『管子』に「一年の計画には五穀を植えるがよい。十年の計画には木を植えるがよい。

一生の計画にはひとを養い育てることが最良である」とある。

一、[26] 私の用事で、主君の屋敷の裏御門に出入するな。

『論語』に「父子、男女は席を同じくしてはならない」とある。

一、[27] 友人にうちとけられなくても仁を心がけよ。

『論語』に「食事のときも仁から心を離さない」とある。

一、[28] 毎日の伺候を怠るな。

『論語』に「行ないに余裕があるならば、文を学べ」とある。

付けたり、伺候のときは、まず同輩の居所に行き、その後奥に参上せよ。つまるところ、自分の居るべき場所を見定めることが大切である。

『三国志呉志』に「三日顔を合わせなかったならば、以前と同じであると見做《みな》してはならない。君子であればなおのことである」とある。

一、[29] 深く知りあった親密な仲であっても人前でみだりにとりとめのない雑談をしてはならない。

『論語』に「三たび思慮して一言を発し、九たび思慮して一つの行ないをなせ」とある。

一、[30] 坐禅に心がけよ。

古言に「坐禅に秘訣はない。死が身近に迫っていることを思え」とある。

一、[31] なんどきでも帰宅の際は前もって使者を遣わせ。万一留守の者の行儀に油断があるならば叱責せざるをえないであろう。些細なことを問い糺《ただ》していては際限がない。

『論語』に「教えることをせずに殺すのは虐殺である」とある。

一、[32] 主君がどのように理不尽な扱いをしようとも不服不満を口にしてはならない。

『孝経』に「主君が主君として失格であっても、家臣は家臣にふさわしくあらねばならない」とある。

また『虚堂録』に「利欲に目がくらんだ者は周囲の状況に気がつかない」とある。

『淮《え》南子《なんじ》』には「下位に在りながら上に立つ者の意思をあれこれと臆測してはならない」とある。

一、[33] 召し使う者の処罰について、小さな悪事のうちに叱責せよ。大きな悪事を犯すようになれば主人の身の破滅をもたらすことになる。

太公望は「二葉のうちに摘み取らなければ、大木になって斧を用いざるをえなくなる」という。

付けたり、ただし、小さな悪事をことごとに咎めだてするならば、ひとによってはやる気をなくすであろう。

『呂氏春秋』に「命令が苛酷すぎれば聞き入れられず、禁令が多すぎると守られない」とある。

一、(34)褒美について。大事・小事を問わず直ちに褒めそやし、物品を与えよ。『三略』に「功を賞するときは、その時を過さず直ちに褒めよ」とある。

一、(35)自国・他国の情勢や動向をめぐっては、ことの善悪にかかわらず、力を尽して、こと細かに情報を入手せよ。『書経』に「万事について昔の在りようを範としなければ、長く続くことは難しい」とある。

一、(36)農民に対し、定められた夫役以外の、道理に反する役務を課してはならない。『軍讖』に「上に立つ者が残虐であれば、下の者は苛烈になる。租税が重く、課役が度重なれば、刑罰は増え、民は互いに盗みをはたらくようになる」とある。

一、(37)他の家中の者に対し、みずからの家中の悪事を決して語ってはならない。『伝燈録』に「善いことは知られないが、悪事はすぐに千里の遠方にまで伝わる」とある。

一、(38)人を召し使うにあたっては、当人の才能・能力に応じて用事をいいつけよ。『碧巌録』に「家中の醜事を外に向って語ってはならない」とある。

一、(39)『帝範』に「すぐれた大工は材木を捨てず、すぐれた大将は家臣を捨てない」とある。

一、武具を怠りなく準備し、整えておけ。

一、(40)『孝経』に「九層建ての高殿も、基礎は土を盛り積む作業からはじまる」とある。

一、出陣にあたっては、一日たりとも大将に遅れないこと。

古言に「平時を告げる鐘の声を聞いて気落ちし、合戦を告げる鼓の音を聞いて勇み立つ」とある。

一、(41)馬は心して手入れをしておけ。

『論語』に「犬は番をし、防禦することにより、馬はひとに代って労役に従うことによってひとに養われる」とある。

一、(42)敵勢に相対したとき、備えが固まっていないところを攻めよ。

古言に「よく敵に勝つ者は状況に即応することによって勝つ」とある。

また「脇目もふらずまっしぐらに進む気風で、ためらうことがない」とある。

一、(43)合戦のとき、敵勢を深追いしてはならない。

『司馬法』に「逃げる敵を追うときも隊列を先後させず、陣立ての堅めを乱すことなく行列の整えを守り、人馬の力を費さないようにする」とある。

一、(44)勝ちいくさになったときは、手綱をひかず、そのまま一気に馬を駆けさせよ。ただし、敵方の同勢が崩れていない時は、備えを立て直せ。

一、(45)『三略』に「合戦は風の発するようにすみやかに行動せよ」とある。戦いが近づいたときは、士卒を手荒く扱え。士卒は憤りを敵にぶつけて奮戦するからである。

一、(46)『司馬法』に「冒し難い威厳が小さく柔弱であれば、ひとは水をもてあそぶようにほしいままに接する。威が大きく剛強であれば、ひとは熱い火に対したときのように、距離を置いて畏れる」とある。

敵方が多勢であるとか、備えなどがよろしいようであるなどと、人前で語ってはならない。

一、(47)『三略』に「弁舌たくみな者に敵方の美点を説かせてはならない」とある。諸卒は敵方に対し、悪口をいってはならない。

一、(48)『三略』に「蜂をつついて怒らせれば、竜のように激しく突き進んでくる」とある。たとえ懇意な親類や家来であっても、柔弱な様子を見せてはならない。

一、(49)『三略』に「剛勇さがないときは下の者は恐れない」とある。好むところをあまりに心のままになしてはならない。古言に「多くを好むならば終になにごともものにならない。凡常な者がどうして好むことを成就できようか」とある。

一、(50)敵陣に対して不意打ちをかけるときは本道を避け、脇道をえらんでしかけよ。

『論語』に「行き過ぎは足らず及ばないことと似ている」とある。

一、(51)たいていのことは、ひとから尋ねられたとき、知らないと応答するのが無難であろう。

古言に「昼に桟道を修理し、夜に陳倉を渡る」とある。

一、(52)家来の者が一度誤りを犯しても、事情を問い糺し、その後心を改めるならば、それに従って宥恕せよ。

『碧巌録』に「好事であっても無いほうがましである」とある。

一、(53)父は心がけが悪く成敗したとしても、その子がとりわけ忠節を励み、ひいでているならば、怒りを忘れよ。

古言に「勇んで熱心にことにあたるならば、そのいさぎよさをみとめ、過去のことは問わない」とある。

一、(54)軍勢の数をととのえるときは、和議すべき敵か、撃破すべき敵か、征服すべき敵かの別を考慮することが肝要である。

『論語』に「まだらな毛の牛は祭祀の用に適さないが、その子牛が赤毛で角も立派であれば、用いないでおこうとしても、山川の神が見捨ててはおかない」とある。

一、(55)『三略』に「敵の様態に即応して戦いかたを転ずる」とある。

一、(56)なにごとについても争ってはならない。『論語』に「君子は争わない。射礼のときは争うけれども」とある。

一、(57)善悪をよく分別せよ。『三略』に「一つの善事を廃するならば数多くの善事が衰退する。一つの悪事を賞するならば数多くの悪事がむらがり起こる」とある。

一、(58)食べ物がよそから贈られたときは、眼前に伺候しているひとびとに少しずつ分けよ。『三略』に「かつてすぐれた武将は士卒を率いて戦うに際し、一瓶のにごり酒が贈られれば、それを河に投じ、士卒とともに飲んだ」とある。

一、(59)すべてのことに功績がなければ立身は難しい。『老子』に「千里の道も一歩より始まる」とある。

一、(60)たとえ自分にどれほど道理があっても、貴人に対して理屈をたてにとっていいはってはならない。『孔子家語』に「多言は身を損う」とある。

一、自分の過ちについてさからってはならない。今後過ちを犯さないようにつとめることが肝要である。

『論語』に「過ちを犯したならば、ただちに改めよ」とある。
また「過ちを犯しても改めないことこそが過ちである」とある。

一、(61) 心中深く思い定めていたことであっても、どうしようもない意見にぶつかったならば、その意見に従え。『論語』に、「ひととの信は、義に近いときに履《ふ》み行なえ」とある。

一、(62) 貴賤を問わず、年老いた者をあなどってはならない。古言に「年老いた者を敬うこと、父母に対するごとくせよ」とある。

一、(63) 合戦場に出るときは夜中に食事をし、陣屋を発つときから直ちに敵と遭遇する態勢で出立し、帰陣するまで少しも油断してはならない。古言に「平穏無為を構えとし、油断を仇敵と見做す」とある。

一、(64) 行儀の悪いひとと近付きになってはならない。『史記』に「そのひとを知ろうとするなら、友人をみよ」とある。
また「賢人に馴れ親しみ、人柄の卑しい者に近付くな。梅花のなかの鶯の声は、きらびやかではないが、花の香がする」とある。

一、(65) 他人に対してあまりに疑心を抱いてはならない。『三略』に「軍中の禍いは、疑い深く決断に欠けることである」とある。

一、(66) 他人の過ちをあれこれとあげつらってはならない。
古言に「他人には友誼をつくせ」とある。

一、(67) 嫉妬は非難さるべきことであり、堅く禁ずる。
古言に「堅めをおろそかにするのは賊をよびこむ誘因であり、顔を塗りたてるのは色欲を起こさせる誘因である」とある。

一、(68) 口先がうまく、ねじけた心根をもつな。
『軍讖』に「へつらう者が上に立つと士卒のなかは訴えごとばかりになる」とある。

一、(69) 主君に召し出されたとき、少しも遅参してはならない。
『論語』に「主君が召すときは、乗り物の準備を待たずに向かう」とある。

一、(70) 武略をはじめ内密にされていることをむやみに口外してはならない。
『易経』に「大事の秘密が保たれないときは成就をさまたげる」とある。
『史記』に「ことは秘密が守られて成就し、謀《はかりごと》は漏れると失敗する」とある。

一、(71) 夫役に従う者に情けの言葉をかけよ。
『書経』に「徳とは善政を施すことであり、為政とは民の生活を守ることである」とある。

一、(72) 神や仏を信じよ。

古言に「仏の心に合致するならば、仏はそのときどきに加護するであろう。邪悪な心でひとに勝つときは、邪悪さが露顕しないうちに亡びるであろう」とある。また伝に「神は礼儀を欠いた希求を受け容れない」とある。

一、(73)味方が敗け戦さになったときは、いっそう奮戦せよ。『春秋穀梁伝』に「よい陣立てをする者はむやみに戦おうとせず、よく戦う者はむやみに戦死しない」とある。

一、(74)酒乱の者に取りあってはならない。『漢書』に「丙吉が大臣の位に就いたとき馭者が酒に酔って丙吉の車を殴打したが、丙吉は何も咎めなかった」とある。

一、(75)ひとをえこひいきしたり、不公平に扱ってはならない。『孝経』に「天地は一つの事物のために運行を乱さず、日月は一つの事物のためにその明るさを暗くせず、賢明な君主は一人の者のために法をまげることはない」とある。

一、(76)よく斬れる刀を用いて、決して鈍刀を帯びてはならない。古言に「鈍刀では骨まで斬ることができない」とある。

一、(77)宿泊するときや宿の外を歩くときは、前後左右に気を配り、油断してはならない。『巨範』に「事にあたって用心が足りないと失敗する因となる」とある。

一、[78]ひとの命を奪うことは決してあってはならない。
『三略』に「国を治め家を安泰にするのはすぐれたひとを得ることにより、国を滅ぼし家を衰亡させるのはすぐれたひとを失うことによる」とある。

一、[79]隠遁したならば子の力をかりてはならない。
『碧巌録』に「柱杖を肩に担いで、振り返りもせず、そのまま奥山に姿を隠した」とある。

また「わたしのことを是非善悪によってあれこれと論議してくれるな。世俗の論議には関わりのないことだ」とある。

一、[80]鷹狩にあまり熱中してはならない。時間を費し、奉公を怠る因となるからである。
古言に「一日中俗世をかけめぐって、本来の自己を見失っている」とある。

一、[81]見物のとき、夢中になって自他の別を失い、油断してはならない。
『碧巌録』に「ことの本質を捉えよ。目先のあれこれにとらわれるな」とある。

一、[82]下人に対し、寒暑風雨の際に、憐みをかけよ。
『論語』に「民を使役するのは農閑期とせよ」とある。

一、[83]千人で敵の正面に向かうより、百人で側面から攻めるがよい。
古言に「千人で門を押し開けようとするのは、一人でかんぬきをはずすのに及ばない」とある。

一、(84)自分が戦場で戦ったさまを世間話として語ってはならない。

古言に「言葉にすると事実から乖離する」とある。

また「僅かな違いが後には天地の隔りとなる」とある。

一、(85)武芸において敵に勝つ理をめぐる極意や秘伝については、あまり知らなくても知っているかのように振舞ってもよい場合が多い。

古言に「話に聞いたときは九個の鼎のように重かったが、実際に出逢ってみると一本の細い毛よりも軽かった」とある。

一、(86)下々の者の批判にはよく耳を傾け、たとえどれほど腹が立っても怒りをおさえて、内密に修養を重ねよ。

古言に「刁と刀、魯と魚は、字が似ていて混同されやすい」とある。

一、(87)主君が帰陣するとき、少しも先に帰ってはならない。

古言に「物事の終りに気を付け、始めと同じように間違いのないようにせよ」とある。

一、(88)総じてどれほどねんごろにしていただいても奥方のところへたびたび出入りしてはならない。

古言に「朱に近づく者は赤くなり、墨に近づく者は黒色に染まる」とある。

一、(89) 多くのひとのいる前で、食べ物や売り買いの世間話をするな。古言に「金の善し悪しは火を用いて見分けられ、ひとの価値はその言葉によって知れる」とある。

一、(90) たとえ親しい友人であっても用事を頼むことはよく考えてせよ。古言に「ひとに一盃の酒を欲深く望んだために、満船の魚を失う」とある。

一、(91) ことをもくろみ、仲間を作ってはならない。『論語』に「君子は広く交わっておもねらないが、小人はおもねって広い交わりがない」とある。

一、(92) たとえ心を許した交わりであっても、みだらな色欲にかかわる世間話をするな。もし話しかけられたならば、目立たないようにその座を離れよ。古言に「心を尽して、ひとの言葉を笑いとばす」とある。

一、(93) 多くのひとびとのいる前でむやみに他人の悪口をいうな。『戦国策』に「他人の善事を賞めよ。悪事を語るな」とある。

一、(94) 書を心がけよ。古言に「夏・殷・周の三代の事跡も筆墨に帰着する」とある。

一、(95) 内外の費用は、一部は自分の所有地から、また一部は知行地から支出せよ。すべてを知行地に依存するならば必ず足らなくなる事態に陥るであろう。

古言に「善行は両足を挙げてはなせない」とある。

一、[96] また「春の景色はどこも変りがないが、花の枝にはおのずから長短がある」とある。

たとえ敵方が多勢であっても備えが薄かったならば攻めよ。少勢であっても備えが厚いならばよく考えよ。

『孫子』に「勢いが盛んで整った敵陣を攻めてはならない。旗が正しく整っている敵勢の行手を遮ろうとしてはならない。このような敵を討つには常山の蛇のように速かであれ。常山の蛇は、首を撃てば尾で向い、尾を撃てば首が向い、胴中を撃てば首と尾で向ってくる。常山の蛇を撃つにはやり方がある」とある。

一、[97] 敵方を欺く合戦でないならば、異様な姿形でふるまい、行動すべきではない。

『論語』に「君子は重々しくなければ威厳がない」とある。

一、[98] 何事にも油断してはならない。

『論語』に「わたしは日に三回わが身を省みる」とある。

付けたり、たとえ夫婦だけでいるときも、決して身から刀を離してはならない。

古言に「ひとを殺すも刀、ひとを活かすも刀」とある。

また、風呂に入ったとき、顔や両手の垢を他人に流させてはならない。

また、むやみに提灯をつけるな。

(99)一、何事にも気力をなくし怠ってはならない。『孟子』に「聖人の道をつとめ励んで怠ることのない者は舜の徒である」とある。

以上九十九箇条

むやみな多言は、ひとの耳にはやかましいばかりであるが、遺言とでもいうべきであろう。

二と五は掛ければ十となり、二と五は加えれば七となる。この六文字の奥意は信玄家の秘伝であり、詳しくは口伝がある。

永禄元年（一五五八）　四月吉日

武田左馬助信繁

在判

武田信豊（幼名長老）へ

品第三　信虎《のぶとら》公を追出《ついしゅつ》の事

一、甲州の源府君武田信虎公、秘蔵の鹿毛《かげ》の馬、たけ八寸八分にして、そのかんかたち、喩へば大昔頼朝公の生食《いけずき》・摺墨《するすみ》にも、さのみおとるまじき馬と近国までも申しならはす名馬なれば、鬼鹿毛と名付《なづ》くる。嫡子勝千代殿所望なされ候処を、信虎公殊《こと》の外《ほか》の悪大将にてましませば、子息とても秘蔵の馬などを相違無く進《しん》ぜらるべき御覚悟にて更になし。但しまた、嫡子の所望を「いや」と御申しなさることもならず。先づ初めの御返事には、「勝千代殿にてかの馬は似合ず候。来年十四歳にて元服あるべく候間、その節武田重代《ぢゅうだい》の義広《よしひろ》の太刀《たち》、左文字《さもじ》の刀《かたな》・脇指《わきざし》、二十七代までの御旗《はた》・楯《たて》なしともに奉るべき」よし御返事に候。

勝千代殿また重《かさ》ねての御訴訟には、「楯なしはそのかみ新羅《しんら》三郎の御具足、御旗は猶《なほ》もつて八幡太郎義家の御旗なり。太刀・刀・脇指は御重代なれば、それは御家督をも下さるゝ時分にこそ頂戴つかまつるべきに、来年元服候とても傍《かたは》らに部屋住《へやずみ》の躰《てい》にてはいかで請取り申すべきや。馬の儀は、只今より乗り習ひ候ひて、一両年の間にいづ方《かた》へも御出陣においては、御跡備《あとぞな》へをもくろめ申すべき覚悟にて所望申すところに、右の通りの御意どもさらに相心得申さず候」と仰せ越され候へば、信虎公、たゞ大方ならぬ狂気人《きやうきじん》にてましませば、大きに怒つて大声上げて仰せらるゝは、「家督を譲らんも某《それがし》の存分を誰かは存じ候べき。代々の家に伝はる物どもを譲り候はんと申すに、いやならば次郎を我等の惣領《そうりやう》に仕《つか》つり、親の下知《げぢ》につかざるひとをば追出《ついしゆつ》してくれ候べし。その時諸国を流浪《るらう》いたし、我等へ手を下ぐるともなか〳〵承引《しよういん》申すまじき」とて、備前兼光の三尺三寸を抜きはづし、御使の衆を御主殿《しゆでん》さして斬りはしらかし給ふ。しかれども禅宗曹洞宗の知識春巴《しゆんは》と申す和尚御仲直《なほ》し給ふにより、大事は少しもなかりけり。

その後互に御心ほどけず、やゝともすれば勝千代殿に信虎公塩をつけまゐらせられ候間、家中の衆大小ともに皆勝千代殿をあなどりがほにぞ見えにける。勝千代殿この色を見付け給ひ、猶《なほ》もつてうつけたるふりをして、馬を乗りては落ちて背中に土をつけ、汚れながら信虎公の御前に御座候。物を書けども悪しく書き、水をあびては深きところに入りてひとに取りあげられ、石・材木の大物《だいもつ》を引けども、舎弟の次郎殿は二度引き給へば、勝千代殿は一度なり。「何もかも弟に劣りたるひとにて候」とて、信虎公の御誹《そし》り候によつて、上下皆勝千代殿を誹り申すとこそ聞えける。されども駿河今川義元公御肝煎《きもいり》にて、勝千代殿十六歳の三月吉日に御元服ありて、信濃守大膳太夫《だいぜんのだいぶ》晴信と、忝《かたじけ》なくも禁中より勅使として転法輪《てんぽうりん》三条殿甲府へ御下り給ふ。則ち勅命をもつて三条殿姫君を晴信へとて、その年の七月御輿入《こしいれ》候なり。

また同年の霜月《しもつき》晴信公初陣《うひぢん》にて候。その敵は海野口《うんのくち》とて信濃の内に城あり。これへ信虎公発向なされ、取りつめられ候処に、城の内に人数《にんじゆ》多し。また平賀源心法師が加勢に来《きたつ》て籠《こも》り居り候。就中《なかんづく》大雪降りてなか〳〵城の落つべきやうさらになし。甲府の衆打ち寄り談合《だんかふ》申され候は、「城の内に三千ほど人数御座候由申し候へば、がぜめにはいかゞにて候。また御味方の人数も七、八千にはよも過ぎ候まじ。今日ははや極月《ごくげつ》二十六日なれば年もつまり候条、先づ御国へ御帰陣《かひぢん》なされ、来春のことに思し召したゝるべく候。敵も大雪と申し、節季と申し、跡《あと》をしたふことゆめ〳〵思ひもよらず候」と申し上げ候へば、信虎公御合点《がつてん》、「さらば明日早々《さうさう》引きとるべき」とて相さだめらるゝところに、晴信公御出ありて、「さらばしんがりを仰せ付けられ候へ」と御望み候。信虎公聞こし召し、大きに笑ひ、「武田の家の名折《なをり》を申さるゝものかな。「敵つくまじき」と功者《かうしや》ども申し候に、たとへ某《それがし》「しんがり」と申し付け候とも、「次郎に仰せ付けられ候へ」なんどゝ申してこそは惣領《そうりやう》ともいふべきに、次郎ならばなか〳〵かやうのことは望むまじき」とて、御叱りなされ候へば、晴信公しきりに御望み候ひてしんがりを申し請けられ候。「その儀ならば跡に引き候へ」

とて、信虎公は二十七日の暁《あかつき》打つ立ち、御馬を入れられ候。晴信公は東道《ひがしみち》三十里ほど跡に残り、いかにも用心したる躰《てい》にてやう〳〵三百ばかりの人数を下知し、その夜は「めしを一人にて三人前ばかりこしらへ、はやく打ち立たん支度をして、単皮《たび》・行縢《はゞき》・物具《ものゝぐ》をもそのまゝ着ごみにし、馬に物をよく飼ふて、鞍《くら》をも置きづめにし、寒天なれば、明日《あくるひ》打ち立つ時分は上戸《じやうご》・下戸《げこ》によらず酒をすごし、夜の七つ時分にならば、罷《まか》り出づべき分別仕《つかま》つり候へ」と自身触れられ候。内衆《うちしゆ》も晴信公の深き御分別をば存ぜず、「まことに父信虎公の御誹りなさるゝも御尤《もつと》もなり。この寒天に何として敵跡をしたひつき申すべきや」とて、下々《したじた》にて皆つぶやき申す。

さて七つの時分に打ち立ちて、甲府へは行かず跡へ帰り、もとの巻きたる城へ取り懸け、二十八日の暁その勢三百ばかりにて、何の造作《ぞうさ》もなく城を乗りとり給ふ。城の内には平賀源心ばかり、己《おのれ》が内の者もはや二十七日に帰し、源心は一日心をのべ、「寒天なれば二十八日の昼立にいたすべき」とてゆる〳〵として居る。地の侍どもゝ年取《としとり》用意に皆里へ下り候て、城にはかち武者七、八十あり。

さて源心をはじめ番の者ども五、六十討《うち》殺し、「高名も無用、平賀源心が首ばかりこれへ持てまゐれ」とて晴信公の御前に御置き候て、ねごやを焼払《やきはらひ》、こゝかしこに油断したる侍ども一処《しよ》にて二十、三十づゝ討つて捨つる。よそよりの加勢の者は、「在郷《ざいがう》に居てこの程の休息一日いたし、帰らん」と申して罷りあり候。この者どもは猶もつて取り合はず逃げて行く。敵のなかに剛《かう》の者どもも数多《あまた》ありといへども、はや城をとられ候。その上晴信公一頭《かしら》とは知らず、「信虎公の返して働き給ふ」と存知《ぞんぢ》、一万に及ぶ人数が押込《おしこみ》たらんには、何の働きもなるまじきとて「女子《めこ》をつれてにぐるを本にせよ」といふて、山の洞《ほら》・谷《たに》に落ちて死ぬるもあり。「なか〱晴信公の御手柄古今稀にあるべし」とよその家中までも申しならはしたり。

さてまた件《くだん》の平賀源心法師は大剛強《がうきやう》の兵《つはもの》にて、すでに力も「七十人力」と申しならはし候。定めて十人力もこれあるべし。四尺三寸許《ばかり》の刀を常に所持仕る大人にて、数多のあらけなき働《はたら》きの兵《つはもの》にて候。これを晴信公、初陣に一かしらにて討ちとり給ふ。これ信玄公の十六の御年なり。それをも信虎公御申し候は、「その城にそのまゝ居て、使を越し候はで、捨てゝきたるは臆病《おくびやう》なり」と誹《そし》り給ひ候故、内衆十人のうち八人は誉めずして、「時の仕合はせなり。その上加勢の者も皆散《ち》り、地の侍どもゝ年取用意に在所へ下《お》り、城は空き城なり」といふもあり、浅からざる御働きと感ずる者は少なし。信虎公への軽薄に、舎弟の次郎殿を誉むるとて、心によしと思へども、口にては誹る者ばかりなり。弟の次郎殿、後は典厩信繁《てんきうのぶしげ》と申すひとなり。

さても晴信公奇特《きどく》なる名人にてましますぞ。さやうのことをなされ候へども、おごる色もなく、猶《なほ》もつてうつけたる躰《てい》をして、時々《よりより》駿河の今川義元公へたよりまゐらせられ、「次郎殿を惣領《そうりやう》に立て、我等を庶子《そし》に仕るべし」と信虎公の御申し候。この段は偏《ひと》へに義元公の御前《まへ》に御座候」とてさま〴〵頼みなされ候により、義元公もまた欲をおこし、「信虎公はわが舅《しうと》といひ、我等より先からの剛《かう》のひとなれば、甲州一国にても我が手下《てじた》になるひとにてさらになし。あの晴信を取り立て候はゞ、まさしき我等が旗下《はたじた》にきはまり候間、さやう候はゞ子息氏真《うぢさね》の代までも全く旗下に仕つるべし」とおぼしめし、晴信公と御組み候て、信虎公を駿府へよび御申しなされ、跡にて晴信公おぼしめすまゝに謀叛をなされすまし給ふこと、偏へに今川義元公の御分別故かくのごとくに候。

これとてもまた信玄公の御工夫《くふう》浅からず候。信虎公、「次郎殿を惣領になさるべき」との儀、千万の御手ちがひにて候故、そのかみ新羅三郎公の御憎みを受け給ひて、あのごとくに御牢人《らうにん》かと存じ奉り候。「前車《ぜんしや》のくつがへすを見て後車《こうしや》のいましめ」と申しならはし候へば、必ず勝頼様へ悪しき御分別なされざるやうに御申上げ尤もに候。

さてまた信玄公初陣《うひぢん》の御覚えなる故に、平賀源心をば石地蔵《ぢざう》にいはひ、今にいたるまで大門峠《だいもんたうげ》にかの地蔵立て置かれ候。刀はつねに御弓の番所《ばんどころ》に源心が太刀とて御座候。武士はたゞ剛強《がうきやう》なるばかりにても勝ちはなきものにて候。勝ちがなければ名は取られぬものにて候。信玄公のなされ置かるゝことどもを手本にあそばし候はで、たゞ勝ちたがり、御名を取りたがりあそばし候により、このたび長篠《ながしの》にても勝利を失ひ、家老の衆みな討たせなさるゝこと、勝頼公は若く御座候。方々の分別のちがひ候故なり。我等相果て候はゞこの書物を御披見《ひけん》候べし。

右、御父子のこと、信虎公四十五歳にて御牢人なり。信玄公十八歳の御時なり。件《くだん》のごとし。

高坂弾正

天正三乙亥年六月吉日

長坂長閑老

跡部大炊助殿

参《まゐる》

品第三　信虎公追放のこと

一、甲斐の国主源氏姓武田信虎公は、鹿毛の馬を秘蔵していた。丈は四尺八寸八分で、たてがみと姿形が、昔の源頼朝の名馬である生食や摺墨にもさして劣らないと近隣の領国でも評判の名馬で、鬼鹿毛とよばれていた。嫡子の勝千代（信玄）殿が所望されたところ、信虎公は非常な悪武将であったので、子息であるにもかかわらず、秘蔵の名馬を直ちにそのまま与える心積もりが少しもなかった。とはいえ嫡子の所望を無下に退けることもできない。はじめの返事には「勝千代殿にはあの馬はつりあわない。来年十四歳になり元服するであろうから、その折、武田家に先祖代々伝わる郷義弘作の太刀、左文字源慶作の刀、脇差、武田家二十七代まで伝来の旗、楯無しの鎧を贈ろう」といわれた。

勝千代殿は重ねて願いでて、「楯無しの鎧は、その昔武田家の祖である新羅《しんら》三郎（源義光）が着用なされた鎧であり、旗はその父八幡太郎源義家が用いられた旗です。また太刀・刀・脇差は先祖伝来の品々ですから、家督を下さるる折にいただくべきですが、来年十四歳になり、元服しても部屋住みの身ではどうして受けとることができましょう。馬ならば、今から乗り習い、一、二年の間にどちらへ出陣されても、後備えを固める心づもりで所望しましたのに、右のような御返事では到底承服できません」と申し上げると、信虎公は一通りでない向こう見ずの気性の武将であったから、怒りくるって大声をあげ、「家督を譲ることについてのわたしの考えがだれにわかるというのか。先祖伝来の品々を譲ろうといっているのに、いやだというなら、次郎（信繁）を後継ぎにして、わたしのいうことに従わない奴は追放してやろう。諸国を流離する身となって、手をついてあやまってきても決して許さないぞ」といい、備前兼光の三尺三寸の刀を抜いて斬りかかり、使いの者たちを勝千代殿の居館まで追い走らせた。しかし曹洞宗の春巴という僧が間に立って二人の仲を直したので大事には至らなかった。

その後互いに心が融けず、ともすると信虎公が勝千代殿を辛いめに遭わせるので、家中の者たちは大身・小身ともにみな勝千代殿を軽侮しがちであった。勝千代殿は、この気配に気付き、一層間の抜けたふるまいをして、馬に乗り損ね、背中に土を着けた汚れた格好のまま信虎公のもとに参上したり、字を書けば悪筆、水に入れば深いところまでいって救いあげられたり、大きな石や材木を弟の次郎殿が二度引くところを一度引くだけというさまであった。「何もかも弟に劣った奴だ」と信虎公にけなされたので、家臣も上下ともに勝千代殿をけなしたのである。けれども駿河の今川義元公の仲介で、勝千代殿十六歳の三月吉日に元服し、信濃守大膳大夫晴信となり、畏れ多くも宮廷から勅使として三条公頼殿が甲府に下向され、勅命によって公頼殿の姫君がその年の七月晴信公に御輿入れになった。同じ天文五年（一五三六）十一月、晴信公は初陣なされた。敵方は信濃の海野口の城に籠っていた。信虎公が軍勢を出し、きびしく攻めつけたが、城の内には敵勢が多く、その上源心法師（平賀成頼）が加勢にきて籠っていた。しかも大雪が降ってめったなことでは城は落ちそうになかった。甲州勢は寄り集まって話し合い、「城内には三千人ほどの軍勢がいるとのことだから、無理押しに攻めたてるのはどんなものか。味方の軍勢も七、八千人を越えてはいない。今日はもはや十二月二十六日で、年の瀬も迫っている。まず甲府へ帰陣し、来春また軍勢を出されてはどうであろう。敵方も、大雪であり、年の暮れでもあり、跡を追ってくることは考えられません」と申し上げると信虎公も納得して、「それなら明日急いで軍勢を引くとしよう」と定めたが、そこに晴信公が進みでて、「それでは最後尾の備えをお言いつけ下さい」と望まれた。聞いた信虎公は大笑いして、「武田家の名折れになるようなことを言い出す奴だ。「敵が跡を追ってくることはないであろう」と老功の武士がいうのであるから、たとえわたしが「最後尾につけ」と命令しても、「それは次郎に命じて下さい」といってこそ武田家の嫡子にふさわしいであろうのになんということだ。次郎なら決してこのようなことを望まないであろう」と叱ったが、晴信公はくりかえし望んで最後尾の備えを受けもった。「それならば最後に退け」と命令して、信虎公は十二月二十七日の暁に出立し、軍勢を引きあげた。晴信公は東道三十里ほど後に残り、できるかぎり用心した様子でわずか三百人ほどの軍勢を指揮し、その夜は「飯を一人に三人前ずつ用意し、早朝に出立する支度をして、足袋・むかばき・具足を着込んだままにし、馬に飼葉を十分に与え、鞍を置いたままとせよ。寒空であるから明朝出立の頃には、上戸・下戸を問わず酒を多めに飲んで、七つ（午前四時）になったら出立する心構えでいよ」と自身で命令を下した。身近な家来たちも晴信公の深い知謀を知らず、「父信虎公がけなされるのも道理だ。この寒空にどうして敵勢が跡を追ってこようか」と下々の衆はみな小声でぶつぶついっていた。

七つ頃出立したが、甲府へ向かわず、後方に戻って、攻めあぐんでいた城に攻めかかり、二十八日の暁、三百人ほどの軍勢で、やすやすと城を攻略した。城内は源心だけであった。源心は身内の武士たちも二十七日に帰らせ、一日くつろぎ、「寒空だから二十八日の昼に出立しよう」といってのんびりしていた。近在の武士たちも年末年始の準備にみな里に帰っていて、城内には馬をもたない徒立《かちだ》ちの武士が七、八十人残っているだけであった。源心をはじめ留守番の武士五、六十人を討ち殺し、「武功は無用である。源心の首だけを持ってくるように」といい、源心の首を晴信公の前に置いて、城下の町家に火をかけ、あちこちで油断していた武士たちをまとめて二、三十人ずつ討ち捨てた。他所からの加勢の武士は、「田舎で一日を過ごしてこのほどの疲れをいやして故郷へ帰ろう」といっていた。この者たちはなおのこと相手をせずに逃げていく。敵勢のなかには剛勇な武士も多勢いたが、もはや城は乗取られたし、その上晴信公一人とは知らず、「信虎公が引き返して攻めてきた」と思い、一万人にも達する軍勢が押し入ってきたのだから手の打ちようはない、「女、子どもを連れて逃げるのを第一にせよ」と叫びつつ山の洞穴や谷に落ちて死ぬ者もいる。晴信公の武功は大変なもので、古今にも稀であると他の家中でもいい伝えている。

源心は大剛強の武士で、「七十人力にも及ぶ」といわれていた。間違いなく十人力はあったであろう。いつも四尺三寸ほどの刀を所持していた大男で、数多くの荒々しい武功の武士であった。この武士を晴信公は初陣において一人で討ちとったのである。晴信公十六歳のときであった。そのことをも信虎公は、「海野口の城にそのままとどまって使者をよこすこともせず、城を捨ててきたとは臆病だ」とけなしたので、身近な家来十人のうち八人は誉めず、「めぐりあわせがよかったのだ。その上加勢の武士もおらず、近在の武士も年末年始の準備に在所に帰っていて、空き城だったのだ」という者もあって、なみなみならない武功であると感服する者は少なかった。信虎公への追従《ついしょう》に弟の次郎殿を誉めようとして、内心すぐれているとは思っていても、口を開けば晴信公をけなす者ばかりであった。弟の次郎殿は、後に典厩信繁といった方である。

それにしても晴信公は非常にすぐれた方であった。これほどの武功をたてられても驕《おご》りたかぶる気配がなく、いっそう愚鈍なふるまいをして、おりおり駿河の今川義元公へ書信を送り、「次郎殿を嫡子とし、わたくしを庶子にしようと信虎公は申しております。このことについてはひたすら義元公のお計らいをお願い致します」といろいろに頼まれたので、義元公も欲を出し、「信虎公は舅でもあり、わたしより先輩の剛強の武将であるから、甲斐一国を領するだけとはいえわたしの手下になるような武将ではない。晴信を取り立てておけば、確実にわたしの配下となるであろうし、息子の氏真の代までも配下として仕えるであろう」と思案し、晴信公と組んで信虎公を駿河へ呼び出し、その後で晴信公が思い通りに謀反を成し遂げたのは、全く義元公の思案によっている。

この出来事についても信玄公の思慮の深さは並大抵ではなかった。信虎公が次郎殿を嫡子に据えようとしたことは全くの誤りであったから、武田家の祖である新羅三郎の怒りをかって、あのように流離の身になったのだと思われる。「前車が転覆するのを見たならば後車の戒めとせよ」といいならわされていることでもあり、当主勝頼公には無分別を決して起こさないように申し上げてほしい。

信玄公は初陣の備忘のために、源心を石地蔵に祀り、石地蔵は今も大門峠に立て置かれている。刀は、源心所持の太刀として弓番所に飾られてある。武士はただ剛強なだけでも勝ちはない。勝ちがなければすぐれた武士という名声はとれない。勝頼公は信玄公のなされおいたことを手本になさらず、ひたすら勝ちたがり、名声をとりたがったので、このたび長篠の合戦でも勝利を失い、家老衆をみな討死させてしまった。勝頼公はまだ若い。あなたがたの思慮が浅薄であるからである。わたしが死んだらこの書物を開いて読んでほしい。

なお御父子のことであるが、信虎公は四十五歳で追放され、流離の身となった。信玄公十八歳のときの出来事である。

天正三年(一五七五)六月吉日　　高坂弾正忠昌信記す

長坂長閑老　跡部勝資殿へ

品第四　晴信公三十一歳にて発心《ほつしん》ありて信玄になり給ふ事

一、天文二十年辛亥《かのとゐ》に武田信濃守大膳太夫晴信公発心なされ、法性院機山信玄《ほつしやうゐんきざんしんげん》公と申す。その意趣は、第一に、武田は新羅三郎公より信玄公まで二十七代にて、しかも代々弓矢を取つてその誉《ほまれ》あるをもつての故か、公方《くばう》様御代官として御動座の折々両度に至りて御陣所に直しおき給ふにつき、武田殿居住のところは今にいたつて御所と申しても苦しからず。しかれば晴信公代に家を破りては、跡二十六代へ対し晴信公面目なき次第なり。「つら〳〵世間の躰《てい》をみるに、久しき家ども皆破れ、やう〳〵はや武田の家など破るゝ時刻にめぐりきたる」と思《おぼ》し食《め》してこそ、信玄公御諚《ぢやう》に、「昔平清盛はその身命を惜しみて発心なり。我は前代へのために」とてかくのごとし。

第二には、晴信公の本卦《ほんけ》豊《ほう》なりといふ。豊の卦にあたり、「日中より後かけみちある」といふことばこれあり。「人間は六十定命《ぢやうみやう》なれば、昼より後はまた後の三十が昼以後ならん」と仰せられ、かけみちには「かしらを剃りてかけみち」とのことなり。

第三には、「我が住処遠国《おんごく》にてきんりん様へ奉公申し上ぐべきやうこれなければ、位をすゝむべきこと奏聞申しがたし。出家になりては大僧正までにも罷りなるべきこと、訴訟申し上げよき」とて、三箇条の旨趣をもつて法躰《ほったい》あり。院号は法性院、道《だう》号は機山、諱《いみな》は信玄、兵徳号は徳栄軒と申す。三十一歳の春薙染《ちせん》にて法性院機山信玄となり給ふは、右三箇条とは申せども、御父を追出《ついしゅつ》なされ候間、信虎公への礼儀と奥意《おくい》は聞え候。

さてまた、信玄の玄の字は、大唐にては臨済義玄の玄なり。日本にては関山恵玄《くわんざんゑげん》の玄の字を付けまゐらせられ候。これは都妙心寺《めうしんじ》派の岐秀《ぎしう》和尚つけ給ふ。則ちこの和尚の下にて『碧巌《へきがん》』七の巻まで参禅なされ候。岐秀御異見には、「罷参《はさん》は必ず御無用たるべし。悟道発明ありて隠遁の心など出来《いでき》候へばいかゞ」と仰せらるゝ故、罷参はなされず候。また、信玄公御諚《ごぢやう》に、「ひとは運尽くれば何もいらず、しかれども運尽きたると見つけ候はゞ、政《まつりごと》をもって一、二代は苦しくなきこともこれあるべし。子細は、盲目《まうもく》が谷へ落ちたることさのみなし。これは落つべきと覚悟いたすにより落ちず。また目の明きたる者は、自然落つることも度々《どど》においてこれあるぞ。これはまた落つまじきと油断いたすにより落ち候ぞ」と仰せられ、「父の御罰《ばつ》あたりなば」と後代までの名を大事におぼしめし、発心なり。ことさら永禄九年丙寅《ひのえとら》の正月元日より七年の間は、一入《ひとしほ》清僧のごとくに護摩灌頂《ごまくわんぢやう》をなされ候て後は、毘沙門堂《びしやもんだう》を御立てあり。大僧正になり給ふ故、顕密《けんみつ》を専らになされ、天台宗には善海法印、万蔵院、西楽《さいらく》院、妙音《めうおん》院、正覚《しやうがく》院、真言には加賀美の円性崇敬《えんしやうそうきやう》あり、毘沙門堂においてつねに行なひ御座ありて、その間に論儀《ろんぎ》折々御聴聞《ちやうもん》なり。

信玄公菩提の宗旨は、禅宗妙心寺関山派にてまします故、快川和尚・春国和尚・説山《せつざん》和尚・速伝和尚、若き僧には鉄蓍《てつし》・鉄山・南化・高山、この衆よき長老なり。右のうち鉄山は駿河臨済寺に住宅なり。速伝和尚は信濃にて寺を遣はされ、鉄蓍和尚も信州諏訪にて寺を遣はされ、南化長老は恵林《えりんじ》寺後住なり。右の通り関山派にて御座ありといへども、また曹洞宗をも馳走《ちそう》なされて、甲州にも大泉寺に甲天和尚の住なり。栄昌《えいしやう》院に大益和尚、その外洞家《とうか》の寺数多これあり。時宗一蓮寺にて歌の会、邪路と名付けて連歌もあそばされ候。一向宗も懇《ねんごろ》まし〳〵て、長遠寺はすでに御伽の衆の内に罷りなる。

何宗とても悪しくはなされず候。なかにも、快川和尚は大通智勝国師と申す。さすがに信玄公臨済家の仏法御参得《さんとく》故か、「一切の様子臨済八境界《はつきやうがい》のごとくなり」と各々禅宗知識衆申され候。八境界といふは、抑《よく》・揚《やう》、褒《ほう》・貶《へん》、擒《きん》・縦《じゆう》、与《よ》・奪《だつ》これなり。まことに信玄公一代なされ候ことを、あら〳〵書きしるし候へば、定つて定りなし、定りなうして定り御座候ぞ。

ある時、信玄公宣《のたま》ふは、「すでに日本国において、千人の学者を集めて会場《えぢやう》といふこと今までさのみきかず。天下を支配仕つる三善《みよし》（好）修理大夫《しゆりのだいぶ》ところにてもその沙汰なきは、我が朝の名折りなり。某《それがし》母のために千人の江湖《がうこ》を置かせまゐらせて、会場の法の法堂《ほふだう》の檀那にいやしくも信玄が罷りなるべき」とて、小宮山丹後守に仰せ付けられ、曹洞宗大益といふ僧の江湖首《がしら》にて、北高和尚と申す知識に信州岩村田にて千人の江湖ありて会場の執り行なひ、凡《およ》そ日本国中にては例稀《ためしまれ》ならずといふことなし。

さてまた甲州にて関山派の寺多しと申せども、先づ恵林寺・長禅寺なり。信玄公御若き時分は、都五山の惟高和尚恵林寺に御座候。この恵林寺は夢窓国師の開山なり。山門の左右に桜を二本植ゑ、両袖と名付け、「この桜のある間は恵林寺も長久ならん」と夢窓国師の御申し置きなり。

上条法城寺《かみでうはふじやうじ》には洛外嵯峨《さが》の策諺《さくげん》和尚御座候。この法城寺は、甲斐国どつと昔は湖《みずうみ》なりと聞く。上条地蔵菩薩の御誓ひにて、南の山を切りて一国の水尽《ことごと》く富士川へ落つるにより、甲州国中平地《ひらち》となりて今かくのごとくなり。さるによりて上条地蔵堂とは申せども、寺号をば法城寺と申す。此の文字は水去土成《みずさりてつちとなる》といふことわりなり。法城寺破れば、甲州は衰微なり。末代までも甲州持《も》つ将は、この寺上条法城寺を建立《こんりふ》あるべし。

この寺に策諺和尚五年の間住みなされ候。その時分は信玄公いまだ御宗旨定りなし。あるとき信玄公、惟高・策諺両和尚へ尋ね給ふは、「我が家そのかみは天台宗ときく。この二、三代已前より禅宗曹洞宗なり。我等はまた存ずる子細候間、済家《ざいけ》の参徒に罷りなるべき」と仰せられ候へば、両和尚答へて、「それは尤もしかるべく候。しかしながら我等門派の五山は、京・鎌倉ともに仏法破滅故、学問は門中にて仕つり、未来のために参学をば大徳寺、妙心寺へ立入り申す」由仰せられ候。信玄公聞こし召し、「大徳寺、妙心寺、仏法いづれ勝劣《しようれつ》ぞ」と御尋ねあれば、両和尚御返事には、「仏法に上下はこれなく候へども、妙心寺は道《だう》、学《がく》ともに御座候。ことさら仏法ちとけはしく候。ただし大徳寺は不立文字《ふりふもんじ》をたて候。一入道《ひとしほだう》がつよき故か、妙心寺の衆も我が派中の参禅果《はた》して後、紫野大徳寺の参禅五十則ほど仕つるげに候。いかにも大徳寺は、参がこまかなるよし承る。ただし入室、説禅など仕つりたる躰《てい》たらくはけはしきこと、妙心寺関山派の様子いさぎよく候間、太守《たいしゆ》の御用ひには妙心寺派御尤もたるべき」と惟高・策諺両和尚の教へまゐらせられ候は、甲州に長禅寺とて妙心寺派の寺あるによりこれを幸《さいは》ひとあるのことなり。

さて惟高・策諺は上洛まします。その後信玄公より美濃国遠山の妙覚山大円寺希菴和尚を甲州へ呼び御申しなされ候へども、この和尚は短気なる長老にて御下りこれなし。さるにつき快川和尚をよび下し給ひ、恵林寺に直しまゐらせられ、常法堂に学問僧七十人あまりあり。学問僧を教宗にては所化《しよけ》と申す。洞家《とうけ》にては江湖《がうこ》僧と云ひ、関山派にては衆寮衆《しゆれうしゆ》と申され候。甲州のうちに関山派の寺多く候間、衆寮衆二百人ばかりほど御座候。駿河・信濃・上野《かうづけ》へかけては四百余りもこれあるべし。

また快川の御下にては、南化《なんか》・淳岩《じゅんがん》・状元《じゃうげん》・普天《ふてん》・末宗《まつしゅう》、一学なり。長禅寺にては高《かう》山《ざん》・鉄觜《てつし》・大綱《たいかう》・睦菴《ぼくあん》・玉堂《ぎょくだう》・嶺南《れいなん》、信州天桂の御下にては鉄山・大輝・大岳《たいがく》などゝ申す長老なり。ただしこれは天桂のしたにて学問なされ、法は駿河臨済寺東谷《とうこく》和尚の御弟子なりと承り及び候。御出家のことにて無案内に候間、違却《いきやく》なることもこれあるべし。荒々《あらあら》承り及び書き申し候。

虎哉《こさい》・湛堂《たんだう》・物外《もつがい》などゝ申す長老も、甲州にて信玄公の御時学問なされ、すぐれたる衆なり。かやうの僧達、学問の時分毘沙門堂にて、武田御先祖の忌日《きにち》には鉢を行なひ、その後入室《にっしつ》、説禅《せつぜん》と申す法問一月に両度づゝ御座候。師家《しけ》は、快川・春国、信州より速伝も御座候。右の学者の中にて、鉄觜・鉄山・南化・高山と申してなかにも四人勝《すぐ》れたる長老なり。また押し出して禅末宗《ぜんまつしゅう》と申す僧も御座候。

太郎武王信勝《たけわうのぶかつ》公へ物教へまゐらせらるゝ鑑首座《かんしゅそ》は、一段あらき法門を申され候て、智勝国師へも度々《どど》むつかしき問答を申し置かるゝ故、この僧は気が逸物《いちもつ》なりとて、後には「太郎信勝へ鑑首座物を教へ候へ」と信玄公御意をもつて、鑑首座は御曹司《ざうし》の師匠《ししやう》なり。この時にも信玄公御諚の通り感じ奉る。「幼き者は物を習ふ坊主、または守《も》りなど肝要なり。子細は、生れつきて利発なることはあまりあるまじきぞ。幼少より添ふたるひとのごとくになり候。就中《なかんづく》声の変る時分がひとの善悪なり。この時よき者に添へたればよき者になり、声の変る時分悪しき者に添へたれば悪しくなるぞ。必ず町人・職人などに十四、五の時分添ふたる者は一代欲得の意地ありて、物を値切る分別をいたす」と信玄公の御諚にて候つる。大小ともに我が子の仕置きかくのごとくにあるべし。

さてまた前に書き申し候惟高和尚・策諺和尚両長老帰洛の時、御暇乞《いとまご》ひに御館へ御座候て信玄公へ仰らるゝは、「宗旨の儀は、妙心寺派に御極《きは》め尤もに候。さ候はゞ長禅寺岐秀へ参学なさるべし。参禅なされ候とても、それをば未来のことゝ思し食せ。武士は愚にかへり現在の名利が本《ほん》にて候。出家は現世をば捨てに仕つる、これさへ名を取りたがる者なり。ましてや俗家《ぞくか》と申せども、侍はなかにも誉《ほま》れを本になさるゝが家にてあり。愚に帰り、軍配を専ら御用ひ候へ。弓矢は皆魔法《まはふ》にて候故、軍配を御用ひなければ勝負の儀胡乱《うろん》に御座候。旗色を御覧じて雲気《うんき》・烟気《えんき》を見わけ、すだ・ゐぎ・さごの飛びやう、備へをたて、人数組《にんじゆ》、陣取りのなされやう皆これ愚痴《ぐち》なるやうに思し食すべく候間、悟りをば未来のことになされ、愚痴にしても勝利を得、国を取りひろげ給ひ、そこにてよき長老衆をめしあつめ、仏法を興し給へば、御自分の愚痴なることをば世間には申さずして、「源晴信公は仏法者かな」と諸人取り沙汰申すべく候。また仏法を御取りたて候はゞ、諸宗を悪しくなされざるが大慈大悲の名大将なり。我が宗旨ばかりを、とあるは、かたはらなる分別にて候。いづれも釈迦からこなたへ立て来たり候。さりながら仏心宗《ぶつしんしゆう》と申すは禅宗のことなり。

迦葉拈花微咲《かしようねんけみせう》の後、阿難門前倒却《あなんもんぜんたうきやく》より、纔《わづ》かに言句《ごんく》にわたる文字にあらずはもつて伝ふることなしと、血脈相伝《けつみやくさうでん》の達磨大師《だるまだいし》、教外別伝《けうげべつでん》と申すはこの禅宗なり。これより後のことは岐秀和尚へ御参得《さんとく》あるべし」とて、両和尚御座敷を立ち給ひ、御暇乞ひありて帰洛なり。晴信公も西郡荆沢《ばらさわ》まで送り給ふ。それより板垣信方《いたがきのぶかた》が駿河興津《おきつ》まで送りまゐらせて帰るなり。

さる程に信玄公、右両和尚の申さるゝごとく、「長禅寺岐秀和尚へ御随身《ずいしん》候て一則《そく》の結《けち》縁《えん》に預《あづか》るべき」との御事にて、御出陣の間には日々夜々の参禅、学道他事なし。碧前《へきぜん》のことは申すに及ばず、後には『碧巌』七の巻まで参得なされ、「是非とも参禅はたしなさるべき」と無二にこのことを御執心《しふしん》候。岐秀和尚信玄公へ仰せらるゝは、「参禅は七の巻までになされてしかるべし」とある御異見と、「前に惟高・策諺の御異見と首尾あひ候」とて、『碧巌』七の巻にて参禅はをはる。

さて右両和尚御異見のごとく、出陣には易者に仰せ付けられ、蓍《めど》を三所《どころ》にてとり、二所を本になされ、あるひは八卦《け》を考へさせ、当卦の守《まぼり》本尊に参詣ありて、其の後出陣なされ候ことといつもなり。ある時八卦の本尊不動なりとて、恵林寺の奥上求《じやうぐ》寺の不動へ御参り候。二月の末にてこそありつらん。恵林寺の大通智勝国師より使僧をたて、「恵林寺へ御立寄なさるべき」由申さるゝ。信玄公御返事に、「近日出陣にて候間、帰陣《かひぢん》の時分は是非とも見廻ひいたすべき」とのことにて候。重《かさね》て快川和尚仰せこされけるは、「両袖《りやうしう》の桜やう〳〵にて、この花の下に一所かまへ、待ち奉るあひだ御立ち寄り候へかし」とかさねての使僧なり。信玄公聞こし召し、「花の、と承るにまゐらぬは野《や》なり」とて恵林寺へ立ち寄り給ふ。さて国師と一礼なされ、それに料紙《れうし》・硯《すずり》御座候。土屋平八郎を召して硯をよせ、「墨をすり候へ」と仰せ付けられ、その後筆と料紙を取つて則ちあそばしける、

さそはずはくやしからましさくら花　さねこん頃は雪のふる寺　　源信玄

智勝国師この歌をとりて御覧《らん》あり、誉めていたゞき、その後短寮衆《たんれうしゅ》へ御わたし候へば、各々僧達拝見あり。尽く則座《そくざ》にて和韻《わゐん》なさる。ことながき故、各々和韻は書き申さず候。国師の和韻ばかりかくの分か、と承り及び候なり。

大守桜を愛す蘇玉堂　恵林もまた是れ鶴林寺　　快川大通智勝国師

天正三年乙亥《きのとゐ》六月吉日　　高坂弾正之を記す

品第四　晴信公三十一歳で発心し、信玄を名乗られたこと

一、天文二十年（一五五一）、武田信濃守大膳太夫晴信公は発心出家して、法性院機山信玄公となった。

その意向は、第一に、武田家は新羅三郎（源義光）公から信玄公まで二十七代続いており、代々の武士の誉れによって、将軍が天皇の代官として動座された際に、二度にわたって宿営の場とされたので、当主の屋敷は御所とよんでも差し支えのない家柄である。それ故、晴信公の代に武田家を滅亡させたのでは、二十六代に及ぶ先祖に合わせる顔がない。「近頃の世間のありさまを観るに、旧くから続いてきた家がいずれも滅んでいる。武田家も滅亡のときがきているのではないか」と考えられ、「昔、平清盛は身命を惜しんで発心出家したが、わたしは前代までの先祖のために発心出家する」といわれたのである。

第二は、晴信公の生れ年の卦は豊である。豊の卦には、「日中（正午）の後、満ち欠けがある」という言葉がある。「ひとは六十歳が定まった寿命であるから、日中の後とは後

半の三十歳に相当するであろう」といわれ、「満ち欠けとは頭を剃ったさま」とされた。

第三は、「京から遠く離れた領国に住する身で、宮廷に仕えることもままならないので、昇位昇官を願い出るのは難しい。出家の身となれば、大僧正に昇ることを願い出ることもできよう」と右の三か条の考えによって僧形となられたのである。院号は法性院、道号は機山、諱は信玄、雅号は徳栄軒である。三十一歳の春、剃髪して法性院機山信玄となられた。右の三か条とはいうが、心の奥の本意は、父を追放したので、父の信虎公に対する礼義としての発心出家であろう、との取り沙汰であった。

また信玄の玄の字は、唐土では臨済義玄の玄であり、日本国では関山恵玄の玄である。この諱は、京の妙心寺関山派の岐秀元伯がつけられた。信玄公は岐秀のもとで『碧巌録』を巻七まで参禅された。岐秀は、「巻十まで参禅し、大事を修得することは無用である。絶対知を体得して、世俗世界を捨て、隠遁を希求する心などが生れるのはどんなものか」といったので、大事の修得まではなされなかったのである。また信玄公は、「ひとは運が尽きれば役にたつものはなにもない。しかし、運が尽きたと知るならば、民の治めかたによって、一、二代はどうにか保つこともできよう。というのは、目の見えない者が谷に落ちることはあまりない。谷に落ちることを前もって覚悟しているからである。他方目の見える者が谷に落ちることがたびたびあるのは、落ちないだろうと油断しているからである」といわれ、「父を追放した罰があたることがあっては」と後代までの名聞を大切に考えての発心出家であった。ことに永禄九年（一五六六）正月元日から七年の間は、ひときわ戒律を厳守する清僧のように、護摩を焚き、灌頂の儀礼を受け、毘沙門堂を建立するなどした。大僧正に任ぜられたので、顕教・密教の学問・修行に励み、天台宗では善海法印（のちの大僧正天海）、万蔵院・西楽院・妙音院・正覚院、真言宗では加賀美法善寺の円性法印を崇敬し、毘沙門堂でいつも修行され、合間には折々教説をめぐる論義を聴聞された。

信玄公の宗旨は臨済宗妙心寺関山派であったので、快川紹喜・春国光新・説三宗璨・速伝宗販、年若の僧では長禅寺の鉄stfullyの鉄嚢・鉄山宗鈍・南化玄興・高山玄寿らがすぐれた和尚であった。右のうち、鉄山は駿河の臨済寺の住持であり、速伝は信濃の伊那の開善寺、鉄嚢は信濃の諏訪の長禅寺に遣わされ、南化は恵林寺の後の住持であった。臨済宗妙心寺関山派ではあったが、曹洞宗をも崇敬され、甲府でも大泉寺に甲天総寅が住持し、永昌院には謙室大益など、曹洞宗の寺院が多かった。時宗の一蓮寺では和歌の会を催し、邪路の雅号で連歌を嗜《たしな》まれた。一向宗をも大切にし、長遠寺の住職実了師慶は信玄公の御伽衆の一人であった。

どの宗派の僧に対しても無作法なふるまいをされることはなかったが、なかでも快川紹喜は、大通智勝国師の号を賜ったすぐれた僧であった。なんといっても信玄公は臨済宗の仏法を修得された故か、「立居振舞がすべて臨済における八境界に相応してみえる」と禅僧たちは言いあった。八境界とは、抑揚（上げたり下げたり）、褒貶（ほめたりけなしたり）、擒縦（捕えたり放したり）、与奪（与えたり奪ったり）をいう。信玄公が一代のうちになされたことをざっと書きしるしてみると、きまっていながらきまっておらず、きまっていないのだがきまりのあるありようが実感される。

あるとき信玄公は、「日本国で千人の学僧を集めて法会を催したということをあまり聞いたことがない。天下を治めている三好長慶のところでもその噂がないのは、日本国の不名誉である。母のために千人の修学・参禅の僧を集めて法会を催し、施主には賤しい身だがわたしがなろう」といわれ、小宮山昌友に命じて、謙室大益を千人僧の首とし、北高全祝を信濃の岩村田の龍雲寺に招いて千人の学僧による法会を催された。日本国において類例のない出来事であった。

甲府には臨済宗妙心寺関山派の寺院が多いが、まずは恵林寺・長禅寺が挙げられる。信玄公が若かった頃は、京都五山の惟高妙安が恵林寺に住持していた。恵林寺の開山は夢窓疎石である。山門の左右に桜を二本植え、両袖と名付け、「この桜のある間は長久に恵林寺も存続するであろう」と夢窓疎石はいい置かれた。

上条の法城寺には京郊外の嵯峨の策彦周良がおられた。甲斐の国は大昔湖であったという。上条地蔵菩薩が誓願を立て南の山を切り開かれたので、湖の水がみな富士川となって流れ落ち、甲斐の国は今のように平地となった。地蔵菩薩を祀った上条地蔵堂であるが、寺号を法城寺という。法城という文字は、水去りて（法）、土と成る（城）という意味である。法城寺が廃滅すれば、甲斐の国は衰滅する。末代にいたっても甲斐の国を持つ武将は、この法城寺を維持しなければならない。

この法城寺に策彦周良は五年間住持した。その頃、信玄公は宗旨が定まっていなかった。あるとき信玄公が、惟高妙安・策彦周良に「武田家の宗旨は、昔は天台宗であったと聞いている。この二、三代以前からは曹洞宗である。わたしはまた思うところがあって臨済宗の信徒になろうと考えている」といわれた。両和尚は「そうされるのが適当でしょう。わたしども曹洞宗の五山では、京都・鎌倉のいずれも仏法が衰滅しているので、学問は五山内で学びますが、将来のことを慮り参禅・修行のためには臨済宗の大徳寺か妙心寺に入室させています」といった。信玄公はそれを聞き、「妙心寺と大徳寺ではどちらの仏法がすぐれているのか」と尋ねられると、両和尚は「仏法に上下優劣はありませんが、妙心寺は参禅、学問ともさかんですが、修行が少し荒く激しいようです。大徳寺は不立文字をたて、ひときわ坐禅修行につとめているので、妙心寺の僧たちも自派での参禅を終えて後、紫野の大徳寺で五十則ほど参禅するとのことです。大徳寺は参禅が細密で念を入れていると聞いています。師の室に入って教えを受けたり、禅を挙揚するなどの修行のありようは荒く激しいものの、妙心寺関山派の修行のありようは清らかなので、国持ちの武将が修するには妙心寺関山派が適当でありましょう」と両和尚は教えられた。幸い甲府に長禅寺という妙心寺関山派の寺があったので、この寺を取り立てることとしたのである。

惟高妙安・策彦周良は上京された。その後信玄公が美濃の遠山の妙覚山大円寺の希菴玄密を甲府に招いたが、短気な和尚で甲府へは来なかった。そこで快川紹喜を招いて恵林寺の住持とし、常法堂に学僧七十人が在住していた。学僧を禅宗以外の宗派では所化とよび、曹洞宗では江湖僧、臨済宗妙心寺関山派では衆寮衆とよぶ。甲斐には関山派の寺院が多かったので、衆寮衆が二百人ほどいた。駿河・信濃・上野を合わせると四百人以上もいたであろう。

また、快川紹喜のもとには、南化玄興・淳岩玄朴・状元祖光・普天玄佑・末宗瑞曷が同門であった。長禅寺には、高山玄寿・鉄嵩・大綱玄雪・睦菴宗陳・玉堂宗琨・嶺南崇六、また信濃の天桂玄長のもとには、鉄山宗鈍・大輝祥暹・大岳らの和尚がいた。ただし大岳は、天桂玄長のもとで学問を学んだが、仏法は、駿河の臨済寺の東谷宗杲の後を継いだと聞いている。仏法者のことなので様子がわからず、誤りもあるであろうが、聞いたかぎりをざっと書きしるした。

虎哉宗乙・湛堂祥澂・物外紹播なども、甲府で信玄公のときに学問を学んだすぐれた和尚である。これらの和尚は、学僧の頃毘沙門堂で、武田家の先祖の回忌には、托鉢し、その後入室して教えを受け、禅を挙揚し、仏法をめぐって問答することを月に二度ずつ行なっていた。師僧は、快川紹喜・春国光新で、信濃から速伝宗販もやってきた。右の学僧のなかでは、鉄甯・鉄山宗鈍・南化玄興・高山玄寿の四人がすぐれた和尚であった。またとくに禅末宗を称する僧もいた。

太郎武王信勝公に学問を教えた鑑首座は、ひときわ激しくきびしい仏法を説き、快川紹喜に対してもたびたび難しい問答を試みたので、この僧は精神力がぬきんでているといい、鑑首座は、信玄公の意向で当主の子息である信勝公の学問の師匠となった。このときも信玄公の言葉の通りであると思わせられた。「幼少の者は、ものを習う僧や子守の者が非常に大切である。というのは、生まれつき賢いことはあまりない。幼少の頃に身近につれ添ったひとのようになるものだ。なかでもとくに声変りの頃が善悪の境である。このときによいひとに添えばよい者になり、悪いひとに添えば悪い者になる。町人や職人に十四、五の頃添った者は、生涯欲得の気立てがぬけず、値段をまけさせる思慮をするものだ」と信玄公はいわれた。大身・小身を問わず、わが子の扱いはこのようにすべきであろう。

右に書きしるした惟高妙安・策彦周良の両僧が上京の際、暇乞いに屋敷に伺って信玄公にいわれるには、「宗旨を妙心寺関山派に定められたのは適当と思われます。でしたら長禅寺の岐秀元伯に参禅されるがよろしい。参禅されても、絶対知を体得するのは現生以後のことであると思われよ。武士は愚痴煩悩に戻って現在の名利を基にするがよろしい。僧は世俗を捨てていながら、なお評判をとりたがっている。まして世俗に身を置くひとびとのなかでも武士は武功の誉れを基にする家柄である。愚痴煩悩に戻り、合戦における軍勢のかけひきを学ばれよ。合戦は魔鬼の領域のしわざであるから、軍勢のかけひきを学ばなければ勝つことは疑わしい。戦場で軍旗の翻るさまを見て、雲霧や煙の流れによって勝敗の行方を占い、すだ・ゑぎ・さごの飛びようを見て備えをたて、人数をわりふり、陣地を構えることなどはみな愚痴煩悩であると思われようが、絶対知の体得は現生以後のことであるとし、愚痴煩悩であっても勝って領国を拡げ、すぐれた和尚たちを召し集め、仏法を興隆するならば、世のひとびとは貴殿を愚痴煩悩であるとはいわず、「武田晴信（信玄）公はすぐれた仏法者である」と評判するでしょう。仏法を外護するのであれば、さまざまな宗派を排除されないのが大慈大悲の名武将です。自分の宗旨の宗派ばかりを外護するのは偏った考えです。どの宗派も釈迦仏から今日まで伝来した教説であるからです。しかしながらさまざまな宗派のなかで仏心宗というのは禅宗のことです。釈迦仏が花を拈《ひね》ったのを見て迦葉が釈迦仏の説く絶対知を体得して微笑し、迦葉の「門前の幡の竿を倒せ」という言葉で阿難が絶対知を体得して以来、辛うじていいとられた言句の表現によらないかぎり、仏法は伝えられないとし、唐土では達磨大師に始まり師嗣相承するところの、経典に依らずじかに心から心へと伝わる教説を説く宗派はこの禅宗です。これ以上のことは岐秀元伯に参禅して体得なされよ」といって、両和尚は座を立って暇乞いされ、京に帰った。晴信公は甲西の荊沢まで送られ、そこからは板垣信方が駿河の興津まで送って戻ってきた。

信玄公は、両和尚のいわれたように、「長禅寺の岐秀元伯の門弟となって、一則の公案の結縁に与《あず》かろう」とされ、出陣の間隙をぬって日々夜々、参禅・学道に専念された。『碧巌録』以前の公案はいうまでもなく、『碧巌録』七巻まで参禅修得し終えて、「巻十まで参禅し、是非大事を修得し終えたい」と強く執着なされたが、岐秀元伯は「参禅は『碧巌録』七巻までにされるのがよろしい」といわれた。「岐秀元伯の考えは、惟高妙安・策彦周良の考えと一致している」といわれ、『碧巌録』巻七で参禅は終った。

また両和尚の意見に従い、出陣に際しては易者に命じて筮《ぜい》を三所で立て、二所の筮を基とし、さらに周易を考えさせ、その卦を守護する神や仏に参詣して後に出陣するのがつねであった。あるとき卦の守護神が不動明王であったので、恵林寺の奥の上求寺の不動明王に参詣された。二月末のことであった。恵林寺の快川紹喜は使僧を遣わし、「恵林寺へ立ち寄られるように」と誘われたが、信玄公は返事に、「近日中に出陣なので、帰って後に必ず尋ねましょう」といわれた。快川紹喜は、「両袖の桜がようやく咲きかかっているので、桜の花のもとに一席設けてお待ち申しております。ぜひお立ち寄りのほどを」とふたたび使僧を遣わした。「桜の花の誘いと聞いて参上しないのは無風流であろう」と信玄公はいわれ、恵林寺に立ち寄り、快川紹喜に挨拶し、傍の料紙・硯を見出し、土屋昌次をよんで「硯をとり、墨をすれ」と命じ、筆と料紙を手にし、和歌を詠まれた。

さそはずはくやしからましさくら花　さねこん頃は雪のふる寺　源信玄

（お誘いがなかったならさぞ心残りであったろう。やってこなければ桜花は雪の降るように散りすぎていたであろうから）

快川紹喜はこの和歌を見、誉めそやし、もらい受け、寺僧らに渡された。僧たちは拝見し、その場で唱和の詩を作った。長々しくなるのでそれらの詩は書きしるさない。快川紹喜の詩は次のようであったと聞いている。

太守（信玄）桜を愛す蘇玉堂　恵林（寺）また是れ鶴林寺（釈迦仏が入滅した処）

快川紹喜

天正三年（一五七三）六月吉日

高坂弾正忠昌信記す

品第五　春日源五郎奉公の故に立身の事

一、某《それがし》は高坂弾正《かうさかだんじやう》と申して、信玄公御披官《ひかん》の内にて一の臆病《おくびやう》者なり。子細は、下々《したじた》にて童《わらべ》・子どものざれごとに、〽保科弾正《ほしなのだんじやう》鑓弾正《やりだんじやう》、高坂弾正逃げ弾正と、申しならはすげに候。我等の元来を申すに、父は春日大隅《おほすみ》とて甲州伊沢《いさは》の大百姓《はくせい》なり。我等幼少にて親大隅に離《はな》れ、姉聟と田地の公事《くじ》を仕つり、拙者負け申す時、則《すなは》ち公事の場より「召しつかはさるべき」との上意にて、信玄公御歳二十二歳我等式《しき》十六にて御奉公に罷《まか》り出《い》で、御小人《こびと》衆かよき仕合せにて二十人衆に罷りなるべきと存じの外、罷り出でて三十日の内に近習《きんじゆ》になされ、ことさら奥へ召しよせられ、御膝元《ひざもと》にて御奉公申し、何たる機縁を結び奉り候や、御意などに我等あひ違ひ、若《も》し一月の間も引き込み居り申す儀終《つひ》にこれなし。連連《れんれん》御奉公いたし、春日弾正と仰せ付けられ、尼飾《あまかざり》の城にさし置かれ、只今は海津《かいづ》高坂が跡目《あとめ》とこれありて、高坂弾正とよばれ申す。まことに我等御奉公に罷り出でてより二十四、五までは、諸傍輩《はうばい》取り沙汰に、「あのやうなるほれ者を御取立ての儀、偏へに信玄公御目違《めちがひ》なり」と上下の取り沙汰を承る。これが我等身の薬に罷りなり、御前違《ちが》はざるやうにと一入《ひとしほ》御奉公に精《せい》を入れ候。

こゝに一つの語りあり。猿楽《さるがく》に高安《たかやす》と申す者、このごろ天下一の大鼓《つゞみ》打ちなり。この高安が若き時、ことの外《ほか》身の軽《かろ》き者と聞え候。その時分大鼓の天下一は大倉九郎と申す者なり。ある時能組《のうぐみ》の云ひ合はせに、名人の猿楽衆こと〴〵く集まりて談合《だんかふ》いたす。かの高安などは若く候へば、その座敷に居申さず候とも苦しからざる故、庭へ出でて若き者ども寄り合ひ飛競《とびくら》を仕つる時、年の寄りたる猿楽衆は座敷よりこれをのぞきてみるに、高安一《いち》軽《かろ》く候て二間ばかり飛びければ、「さても高安は軽し」と各々取り沙汰のうちに、大倉九郎申すやうは「あれほどに鼓を軽くしてとらせたらば、若手には日本にあるまじきを」とつぶやく。さてその後高安座敷へ帰り、「大夫殿をはじめ年の寄りたる衆は何と申され候や」と傍輩どもに尋ぬる。その者申し候は、「その方《はう》をいち軽きひとゝ各々申さるゝ」よしあいさついたす。高安重《かさ》ねて問ふ「九郎殿は何と」と尋ねける。問はるゝ者語り候は、「あれほどに鼓を軽くしてとらせ候はでと申されたる」よしいふ。そこにて高安心づきて終《つひ》に天下一の大鼓となり、高安道善《だうぜん》と申すよし大倉大夫語り候。

ひとはたゞ主君の御崇敬により、いたらぬ者も分別・才覚《さいかく》出るものなり。喩《たと》へば、牡《ぼ》丹《たん》・芍薬《しやくやく》を庭に植ゑてみるに、冬のかこひをよくして春養《やしな》ひを致させ候へば、花の時分りんをたくさんにもち候。寒き時うち捨てゝ置きたれば、りんも少なく、色も悪しゝ。そのごとく主君は花の主、かこひ・養ひは所領・同心、奉公人をば牡丹・芍薬と観じて見る。また肥《こえ》過ぐればころぶものにてあり。ひとも御恩の受けて身があたゝかなれば、後はそでもなき分別出づる者も自然は御座候。それは命々鳥《みやうみやうてう》と申して、昔が今にいたるまで三代相恩の主君に逆心いたし、誰かよきひと、今までは聞きも見もいたさぬなり。必ずあるまじきことなり。

右に申す高安も九郎が言葉一言《ごん》にて後には天下一と名を取る。名を取るほどの者にて飛競をいたしても、九郎が言葉に心をつけ申す。心をつけたるがはやその時から上手なり。武士は何を仕つりても、家の武道に落とし、それ〴〵の覚悟をいたし、頼み奉る主君に忠節申すべきこと肝要の分別なり。

このごろ日本国中にて名を得給ふ大将衆、大身・小身によらず、我等承り及びたるをば大形《おほかた》書きしるし奉るが、十二歳、十三歳よりなさること希代《きたい》不思議に御座候。それはこの次にしるすなり。惣別、侍は一切の諸芸を習ひても、弓矢の後学《こうがく》になし、人数《にんじゆ》の積《つも》り、物見の仕つりやう、あるいは鑓《やり》を合はせ、高名《かうみやう》を仕つり、よく戦ふて誉れをとり、主君へ忠功申さんと欲し、陣なき時は座敷の上の奉公何にてもかけみちもなく仕つるをほんの奉公人と申すなり。高安飛競をしておのれが家の芸をいたしあげたるが心のつけ所なり。

拙《つたな》くも我等式《しき》、諸傍輩に悪しくいはれ、御前を大切に存知《ぞんぢ》、御奉公仕つり候故、まことに土民百姓《はくせい》の子なりといへども、信玄公の御恩を蒙《かう》むり、今、高坂弾正に罷りなり、すでに同心三百五十騎、手前の人数《にんじゅ》九十騎余り、合はせて四百五十騎に及ぶ人数を下され、川中島に在城を仕つり、「この辺りの衆よりみな我等の旗下《はたした》に」と上意にて、越後境へ働きの時は七百騎余りの人数にて、御当家に対し一の強敵《がうてき》にさす長尾謙信公の押へに、信玄家にて一の弱き我等を置かせられ、川中島において大勝ちの御威勢をもって、十五箇年以来《このかた》は長沼・飯山まで御手に入られ、某《それがし》大将にてこの辺りの衆を引きつれ、関の山のあなたまで放火いたし、輝虎公の御座城へ東道《ひがしみち》七、八十里近所まで働き候て、越後の者を乱取《らんど》り仕つり、こなたへ召しつかふこと唯《ただ》これ信玄公御鋒《ほこさき》のさかんなる故なり。

さてこそ右に申すごとく、花にやしなひをよく置けば、りんたくさんにしてしかも見事に花を持つやうに、我等式《しき》何の分別なき者をさへに、御屋形の御崇敬故、昔を引き替へ、今ははや「高坂弾正は分別あり」と諸傍輩取り沙汰よし。前に我等を悪しく仰せらるゝ衆かくのごとくに候へば、悪しきこと変じて吉事となる。ひとへに上の御恵みをもつてなり。かつまた我等ひとの褒貶《ほうへん》を堪忍《かんにん》仕つる故か。古人あにいはざらんや、「胯下《くわか》の辱《はぢ》は小辱《せうじよく》なり。漢の功を成すは大功なり」と。

天正三年乙亥《きのとゐ》六月吉日　　高坂弾正忠

品第五　春日源五郎奉公のゆえに立身のこと

一、わたしは高坂弾正といい、信玄公の家来衆のなかで第一の臆病者である。というのは、下々の者の子どもらのざれ歌に、〽保科弾正（正俊）鑓《やり》弾正（勇猛に戦う）、高坂弾正逃げ弾正（逃げるのが得意）、と唱われているからである。

わたしの出身は、父は春日大隅といい、甲斐の石和の大百姓であった。幼少で父に死に別れ、姉婿と田地をめぐる訴訟をして負けたが、訴訟の場で「そのまま仕えるように」という命令をいただき、信玄公二十二歳、わたしが十六歳のとき、奉公に上がった。走り使いの御小人か、よくて徒歩《かち》若党の二十人衆になれればと思っていたところ、思いのほかに出仕して三十日の内に側仕えの近習に任ぜられ、とりわけ奥へ召し寄せられ、御膝元で奉公することとなり、どのような機縁があったのであろうか、御意思に背いて一か月引き込むというようなこともなく、ひき続いて奉公し、春日弾正の名を与えられ、尼飾城を預かったが、いまは信濃の松代の海津城を預かり、高坂氏を継いで高坂弾正とよばれている。

奉公に出て二十四、五歳までは、上下の傍輩たちが「あんな阿呆を取り立てられるとはどうみても信玄公の見損いだ」と評判しているのを耳にした。これがわたしにとって薬になり、御意思に背くことのないようにといっそう奉公に心を尽した。

このことに関わって逸話がある。高安という能芸役者は、最近の天下一の大鼓打ちである。高安は年若の頃、身の軽い者として知られていた。その頃の、天下一の大鼓打ちは大倉九郎であった。あるとき、能芸の上演をめぐる話し合いに、名人の能芸役者が全員集まって相談をしていた。高安らは年若で、その座敷に出なくても差し支えなかったので、庭へ出て集まり、跳び比べをした。年輩の能芸役者衆は座敷からそれを見物していたが、高安が最も身が軽く二間ほども跳んだので、「なんと高安は身が軽いことか」と口々に評判するなかで、大倉九郎は「あれほどに鼓を軽く打ったならば、若手には日本国にはいない名人なのだが」とつぶやいた。高安は座敷に戻り、「大倉九郎殿をはじめ年寄衆は何といっておられたか」と傍輩にたずねた。「そなたを最も身が軽いと口々にいわれた」と答えると高安はさらに「大倉九郎殿は何といわれたか」と問うた。傍輩は「あれほどに鼓を軽く打つことはできないようだが、といわれた」と答えた。高安はそこではっと気がつき、ついに天下一の大鼓打ちとなり、高安道善と名乗った、と大倉九郎は語った。

ひとはもっぱら主君の崇敬によって、未熟な者も思慮深くなり、才能を発揮するようになる。たとえば牡丹・芍薬を庭に植え、冬の囲いをよくし、春に肥料を施せば、花の咲く頃にたくさんの花をつける。寒い季節に放っておくと、花も少なく、色も悪い。そのように主君は花の主、所領・下人は囲い・肥料、奉公人を牡丹・芍薬と考えてみるがよい。肥料が多過ぎると倒れる牡丹・芍薬がある。ひとも主君の恩を受けて身代が豊かになると、後には道理に反する思慮をする者もなかには出てくる。そういう者は命々鳥《みようみようちよう》といい、三代承恩の主君に謀叛の心を抱くひとであって、どうしてよいひとであろうか。見たことも聞いたこともない悪人であって、決してあってはならないことである。

右にいう高安も大倉九郎の一言によって、後に天下一の大鼓打ちの名をとるまでになった。名をとるほどの者であるからこそ跳び比べをしたときでさえ、大倉九郎の言葉に心を配っている。心を配っているところがすでに大鼓打ちの名人である。武士は、どんなことをしているときも、家職であるところの合戦におけるはたらきに立ち戻って心構えを新たにし、身をあずけた主君に忠功を尽くすことが最も大切である。

最近日本国で名声を得た武将衆について、大身・小身を問わず、わたしが聞いたところのおおよそを書きしるすこととするが、いずれも十二、三歳からのふるまいが世に稀で、不思議なところがある。それは次の品第六に書きしるそう。総じて武士は、さまざまな芸能を習っても、合戦のはたらきの参考とし、軍勢の人数を算定し、敵方の動静を探索し、鐙を取っては名を挙げ、奮戦して誉められ、主君に忠功を尽くそうと心がけ、戦いのないときは座敷の上のどのような奉公をも過不足なくなしとげるのをすぐれた武士という。高安が跳び比べのような遊びをきっかけとして、家職の芸能である大鼓打ちに開眼したことが注意すべきところである。

拙いながら、わたしは、傍輩たちに悪口されて、いっそう主君の意思を大切に考え奉公したので、たしかに郷村の農民の子ではあるが、信玄公の御恩を蒙り、高坂弾正となって同心三百五十騎、自分の配下九十騎余、合わせて四百五十騎に及ぶ軍勢を下され、信濃の川中島に在城し、「近隣の武士をみな武田家の旗本に加え入れるように」との信玄公の命令により、越後との国境へ合戦に出るときは七百余騎の人数で、武田家にとって最も強敵とされる長尾（上杉）謙信公に対する防備として、武田家で最も弱いわたしを配置し、川中島の合戦での大勝の勢いに乗って、十五年以来長沼や飯山まで武田領とし、わたしが大将でこの辺りの武士衆を率いて、越後の関山を越えて火を放ち、謙信公の在城する春日山城へ上道七、八十里近くまで進出し、越後の住民を捕らえてきてこちらで働かせているのは、信玄公の武威が強く、盛んであるからである。

右にいうように、肥料を十分に施せば、牡丹・芍薬は、多くの、しかも立派で美しい花をつけるように、わたしのようななんの思慮もない者でさえ、主君の崇敬の御蔭で、若年の頃に引きかえ、今は「高坂弾正は思慮がある」と傍輩から評判される。以前にわたしを悪口したひとびともこのようであるのだから、悪事もかえって吉事となる。ひたすら主君の御恵みの御蔭であるが、またひとがおとしめ、くさすのを堪忍したからでもあろうか。古人は、「韓信が若年のとき股をくぐらされたのは小さな恥にすぎず、後に漢の高祖の臣となっての功績の大きさには及ぶ者がいない」といっているではないか。

天正三年（一五七五）六月吉日

高坂弾正忠昌信記す

品第六　信玄公御時代大将衆の事

一、御歳増《としまし》次第に先へ書するなり。若《も》しこの反古《ほぐ》落ち散り、他国のひとの見給ひて、我家の仏尊《たつと》しと存ずるやうに書くならば、武士の道にてさらにあるまじ。弓矢の儀は、たゞ敵・味方ともにかざりなく、ありやうに申し置くこそ武道なれ。かざるは女人あるいは町人の作法なり。一事をかざれば、万事のまことは皆偽《いつはり》なり。天鑑私なし。

一、永正十二年乙亥《きのとゐ》の歳に平氏康《たひらのうぢやす》公誕生。これは小田原の北条氏康公のことなり。

(本卦きれて見えず)

一、大永元年辛巳《かのとみ》の歳に源信玄晴信公誕生。これは甲州の武田信玄公のことなり。信玄公の本卦豊《ほう》。

一、享禄三年庚寅《かのえとら》の歳に、上杉謙信輝虎公誕生。これは越後の長尾輝虎公のことなり。初めは景虎と申す。御公方《くばう》光源院義輝様より輝といふ字を下されてより、右の通りなり。輝虎公の本卦履《り》。

一、天文三年甲午《きのえうま》の歳、平信長公誕生。これは尾州織田上総《かづさ》守信長公のことなり。信長公の本卦蠱《こ》。
一、天文七年戊戌《つちのえいぬ》の歳に、北条氏康公御子息氏政公誕生なり。
一、天文七年戊戌の歳、今川義元公御子息氏真《うぢざね》公誕生なり。
一、天文七年戊戌の歳に、武田信玄公御子息義信公誕生。（小田原）氏政・（駿河）氏真・（甲斐）義信、三人同年なり。
一、天文十一年壬寅《みづのえとら》の歳に徳川家康公誕生。これは三州松平蔵人《くらんど》家康公のことなり。家康公の本卦大壯。
一、天文十五年丙午《ひのえうま》の歳、武田勝頼公誕生。これは信玄公四番目の御子息信州伊奈の四郎勝頼公のことなり。信州諏訪《すは》頼茂《よりしげ》の跡目《あとめ》なる故に、武田に伝はる信といふ字をつぎ給はず。信玄公の御跡も、十年の間子息太郎竹王信勝十六歳までの陣代と号して、仮りのことなる故、武田の御旗は終に持たせられず、まして信玄公の孫子の幡《はた》も譲らず、もと伊奈にまします時の大文字の小旗なり。ただし片時《へんし》の間も屋形の代なればとて、諏訪法性の御甲《かぶと》ばかりゆるしまゐらせらるゝなり。
一、北条氏康公十二の御時、そのころは鉄炮《てつぱう》珍しきとて諸侍悉《ことぐ》く打ち習ふ時、氏康公鉄炮のこゑに驚き給ふ。諸人目をひき笑ひ申す。これを口惜く思し召し、小刀をもつて自害をせんとなさるゝ。各々この小刀を取りたれば涙を流しまゐらせらるゝ。御もりの清水が申すやうは、「たけき武士が物に驚くと昔から申し伝へたり。子細は、馬もかんのよき馬はねずなきにかゝり、ひとに馳走せられ申すなり。物に驚くをば誉めたことにいたす」といふたれば、そこにてしづまり給ふ。これ氏康公十二の御歳なり。かやうに辱《はぢ》を知り給ふたけき大将にてましませばこそ、その後氏康公二十四歳の時、河《かは》(川)越《ごえ》の夜軍《よいくさ》なさるゝ。敵は両管領《くわんれい》公、人数八万ばかり、氏康公は人数八千にて氏康公勝ち給ふ。これに付き種々謀《はかりごと》あり。この合戦と信長公・義元公合戦と近代希《まれ》の合戦なり。

一、武田信玄晴信公十三の御歳、駿河義元公の御前《ごぜん》は信玄公の姉子《あねご》にてまします。この姉子の御方よりお袋方様へ貝おほひのためにとて、蛤《はまぐり》を送りまゐらせらるゝ。信玄公を勝千代殿と申す時なれば、御袋方様より御上﨟《じやうらふ》衆をもつて、「この蛤の大小を小姓衆に御申し付け、ゑりわけて給はれ」との御ことなり。大をばゑりてまゐらせられ、小の蛤たゝみ二帖敷《でふじき》ばかりに大形《おほかた》塞《ふさが》り、高さ一尺もありつらん。これを小姓衆に数へさせ給へば、三千七百あまりなり。さて侍衆まゐらるゝに、「この蛤は何程あらん」と尋ねなされば、歴々功者のひとびとも二万あるいは一万五千などゝ申す時、勝千代殿仰らるは、「人数《にんじゆ》は多くなきものならん。五千の人数を持つひとは、何をいたさんもまゝなり」と御申しありしを、聞くほどのひとびとの、舌をふるはぬ者はなし。これは信玄公十三の御歳なり。それより四年目に信玄公十六の御年、信濃海野口にて父信虎公八千の人数にて落ちざる城を、信玄公積りをよくなされ、三百ばかりの人数にて乗りとり給ふ。

一、長尾の謙信輝虎公、十三の御歳仰せらるゝは、「我れ父為景《ためかげ》に離れまゐらせても、父の御かげに越後一国大形我が持ち分のやうなるものなり。しかれば一国を支配する者は仕出《しいで》の侍はさもあるまじ、親よりゆづらるゝ者は、一切の善悪を知るまじき。善悪を知らずば何事に付けても悪しかるべし」といひ給ひ、その一年中六十六部の聖《ひじり》とつれて、出羽・奥州・関東其の外諸所をめぐり給ふ。これ輝虎公十三の御年なり。翌年十四歳にて輝虎の姉婿《あねむこ》殿と合戦あり。輝虎公の人数二千ばかり、敵の人数四千余りあるといへども、輝虎公の見積りよくして、城際へ寄せすまし、城より突いて出で、輝虎公勝利を得給ふこと、これ十四歳の御歳なり。著語《ぢやくご》して云く、「凡に入り聖に入る」。

一、織田信長公十三の御歳、寺へ上り手をば習はずして、手習友達の喰物をぼうて喰ひ、なかなかはしなるさまを寺の法印《ほふいん》の見て「何の役にも立つべきひとにてなし、弾正忠の子にてはあるまじき」と申す。ある時信長公御袋の方より、代物《だいもつ》を十疋ばかり取りてきて、手習友達または寺の辺《あた》りの子どもを二、三十人よせて、竹木の枝にて鑓《やり》や刀を拵《こしら》へ、たゝきあふべき企《くはた》てをして、さて今の代物を取り出だし我が味方にしてよき者に二銭、三銭とらせ、その後二つにわかりたゝきあひ、思ふさまにたゝき勝ち、機嫌をよくして帰る。さて味方の子どもいふやうは、「さきに残りたる銭を給はれ」とて、むりにぼうてぞ取りたりける。右の御坊これを見て「さてはたのもしし。このひとは後はほまれの大将にならるべし。たゝきあふべき前に、大勢のなかにて目きゝをして代物をとらせ、残して後の分別あるは、たゞ大形のひとにはなるまじき」と誉めたる時の年は、信長公十三歳の御時なり。

そののち信長公二十四歳にて「是非義元公を」と心がけ給へども、ここに妨ぐるをのこ一人あり。戸部《とべ》新左衛門と申して、笠寺の辺りを知行する者なり。やさしくも物をよく書きて才覚形の如くの侍にてあり。彼が無二に義元公を大切に存じ、尾州を義元公の国になさんと巧み、尾州のうちにて大事は申すに及ばず、小事をも一つ書きをもつて駿州へは言上いたす。この新左衛門が文を信長公多く集め給ひ、心安き右筆《いうひつ》に一年余り習はせて、その手にて義元へは逆心の状をしたゝめ、織田上総守様へと上書《うはがき》をさせ、頼もしき者を町人に出でたゝせ、駿府へさしこさるゝ。義元公御運の末の悲しさは、これをまことゝ思し召し、急ぎ新左衛門を召し、「駿府までよぶに及ばず道にて殺せ」とて、参州の吉田にてすなはち誅罰なさるゝなり。

それより四年目、庚申《かうしん》のしかも七庚申ある年の五月と申すに、信長公二十七の御歳、人数七百ばかりにて、義元公の人数二万ばかりにて出で給ふを見切りをよくして、駿河勢の諸方へ乱取り《らんど》に散りたる間に味方のやうに入り交り、義元公、三河の国の出家衆と路次の脇の松原にて「敵はなきぞ」とて酒盛してましますところへ、斬つてかゝりて、すなはち信長公の討ち勝つて義元公の御頸を取り給ふ。この一合戦の手柄にて、日本にその名はかくれなし。これとても件《くだん》の戸部新左衛門あるならばなか〳〵不慮はなるまじきを、信長公才覚の深くましますます故ぞかし。これ信長公二十七歳の時なり。右、文の手立は二十四歳の御時にてあり。著語して云く、「籌《はかりごと》を帷《ゐ》幄《あく》の内に運《めぐ》らし、勝つことを千里の外に決す」と。さて尾張中の諸侍、「義元公は大敵なればなか〳〵信長なるまじき」とて、日和《ひより》を見ゐたりし者ども翌日より清須《きよす》へ参じ、その年中に尾州一国の衆信長公を君と仰ぐなり。

一、徳川家康公十二歳にて竹千世殿と申す時、中間《ちゆうげん》の肩に乗り、五月菖蒲《しやうぶ》切り見物に出でらるゝ。一方にひと三百ほど、一方には百五十ほど、見物人どもこれを見て、ひとの少なき方が負けんとて多勢の方へ立ち寄らざる者はなし。さるにつき、竹千世殿を肩に乗せたる中間も多き方へ立ち寄れば、そこにて竹千世殿申されたる、「何しに我をみなひとの行くところへ連るゝぞ。ただ今叩きあひあるならば少なき方が勝つべし。あれほど少なき者どもが多勢をなにとも思はずして、出で張りて罷りあるは、よく〳〵多勢の方を弱く思ふた者なり。さなくはまた、両方打ち合ふ時、多勢にて少なき方をすけんと思ふこともあらん。いざ少なき方へゆきて見物せん」と申さるれば、供の者ども腹を立て、「知らぬことをば仰せられぬものなり」とて、無理にこなたにとゞまれば案のごとくに打ち合ふ時、ひとの少なき方よりも後より多勢かけつけて、荒手《あらて》をもちて勝ちければ、初め多勢ありしひと負けて、ばつと散る。さて見物のひとびと我れ先きにと散るときに、竹千世殿はこれを見て、我を肩に乗せたる中間のかしらをたゝきて笑はるゝ。「虎生れて三日牛を食らふ機あり」といふ古語に合ふたり。竹千世殿は今家康と名をよばれ、海道一の弓取りなり。これ、竹千世殿十二歳の歳ぞ。

さて竹千世殿は、駿河にて今川義元公の御恩をうけ、蔵人元康《くらんどもとやす》と元服あり。十五歳にて三河国岡崎へ帰城して、十九歳の五月義元公の伴ありて尾張へ働き出でられける。義元公の先衆にて大高の城を攻め落し、番手《ばんて》に蔵人元康公を指し置き給ひて次の日に「義元公の討死なり」と元康公の伯父《おぢ》水野下野《しもつけ》と申す仁の方より飛脚をもつて告げ来たる。尤もと同《どう》じ二のくる輪まで出でられたるが、また帰りて本城へ居直らるゝ。家中の者ども「これは何となされたることぞ」と申す時、元康公これを聞き、「義元公御討死、水野下野より申す。しかるに下野どなた方とも見えられず。義元公利運ならば、我等をたより今川方になるべし。若しまた千に一つも信長利運になるならば、ひきこみゐて義元公へ礼を申さゞるを忠節なりといはん覚悟なれども、まづ大略は信長方のやうなる者ぞかし。さ候へば、伯父と申しながら敵方より告げ来るは計略と心得べし。計略いたすは、昔が今に至るまで敵・味方のならひなり。武略を仕つりすますは、武士の一のほまれといふぞ。さて、計略にし倒さるゝは女人にあひ似たる侍がふたごゝろをもちてのことなり。それは、かだましき男とて武士には大きにきらふたぞ。十が九つ義元公の討死と存ずるとも、敵方より告げ来らば百が一つも討死は虚言と相ひ心得、この城を立ち退かざるは、武士にめづらしからぬ作法なり。おびへ鯨波《どき》をつくり、あはてゝ立ち退き、義元公御討死偽《いつはり》においては、以来元康が何たる手柄を致してもすゝぐべきことあるまじき。一儀《ぎ》のこと実正《じつしやう》においては、定めて味方より飛脚来るべし。一左右《いつさう》無き以前に敵取りかくるならば、この城において恐らくは花を散らす働きを仕つらん。よしそれ故に討たれんは、元康が弓矢を取つての面目をほどこすなり」と申して、その夜は大高の城に逗留する。翌日に岡崎より今川殿家老の衆使札を立て「大高の城明け来たれ」と申し越すなり。其の状を取りて証拠とし、元康公も帰陣なり。この儀を信玄公詳《つまびら》かに糺《たゞ》して聞き給ひ、「元康は武道・分別両方達したる童なり。日本国には若手の武士ならん」と斜《なのめ》ならず御たくぢやうなり。

さて蔵人元康は義元公討死の其の砌《みぎり》に、はや元康をひきかへて家康になり、その年の暮に伯父水野下野守とりあつかひにて、家康と信長と申し合はせられ、「尾張の中にむつかしきことあるに付きては家康公信長へ加勢申すべし、三河の内にむつかしき儀あらば家康へ信長公加勢あるべし」と、互《たがひ》に起請《きしやう》を取りかはし内々無事を作り、見合《みあは》せの分別を今川衆は家康公表裏《へうり》と申す。それは一向勿躰《もつたい》なき申しぶんなり。氏真公の御分別よくましまさば、家康公表裏にてもこれあるべし。氏真公悪しき大将にてましますとも、家康公今川殿に伝はる家老ならば、尤もひとびと申さるゝも道理なれども、家康公は二、三代此方《このかた》一城の主《ぬし》なれど時のけんにおそれて降参の大名と申す者なり。さて降参のひとびとは、万事を抛《なげう》ち、時刻を見合せ、我が立身を専らにするものなれば、家康公今川殿の家老にてはなし。しかも氏真公その御歳二十三までも、月見・花見・遊山の善悪は御存知ありといへども、武道のたゞち聊《いさゝ》かもましまさず、無下《むげ》にひとを見知り給はねば、家康公この御屋形に心を離さるゝこそ道理なれ。すでに『三略』にも「義者《ぎしゃ》は不仁者のために死せず、智者は闇主のために謀《はか》らず」と申すときは、家康公も大形はこの義理にてもあらん。さてまた家康公十二歳の時菖蒲切りの勝負を積られたる心ざしの、今に至るまで誉れありて、三河国・遠州半国の主となり給ふ。降参の衆、御譜代の分りを長坂長閑老、跡部大炊助殿よく〳〵なさるべきものなり。

一、毛利元就《もとなり》公幼くましまします時、厳島《いつくしま》へ社参あり。戻りて男女殿原どもに「今日は何をか各々宮島の明神《みやうじん》へ頼みたる」と尋ねらるゝ。供の者ども幼きひとの気に合ふやうに、「奉公冥加《みやうが》」「寿命福」などゝそれ〴〵に答ふる。そのなかに守りいたす男が申すやう、「我等はたゞこの殿を中国をみな持たせまゐらせたきと祈誓《きせい》いたしてあり」といへば、元就申さるゝ、「中国を皆とは愚かなり。日本を持つべきと祈誓申さんものを」といはるれば、内衆申すは「まづ此のあたりをみな取りなされてこそ」と申せば、元就腹を立ちて、「日本を皆取らんと思はゞ、やう〳〵中国をみな取らん。中国をみなと思はゞ、何として中国をも持つべし」と申されし。その御歳十二歳なりと聞く。

右のごとく、元就の御代に中国大形《おほかた》毛利殿御手に入る。今までも安芸《あき》の毛利とひゞき、日本にて大形は一の大身なり。されば「栴檀《せんだん》は双葉《ふたば》より香《かんば》し」とはよくこそ申し伝へたれ。

一、関東安房《あは》・上総《かづさ》両国の源府君里見《さとみ》義弘《よしひろ》公一家の正木《まさき》大膳《だいぜん》と申す者、十二、三の歳より馬を習ふに片手綱《かたたづな》にて乗らんことを好む。馬訓《をしゆ》る者腹を立て、「片手綱と申すは、よく〳〵馬を乗り覚え、功者《かうしや》になりなされてこそ片手にて召すべきに、未だ鍛錬もまゐらずして、さやうに馬を召すに付きては、その身なりも悪しくおはしますほどに、必ず片手綱無用になさるべし」といへば、大膳申すやうは、「侍の頭《かしら》を仕つらん者は馬より下りて鑓《やり》を合せ、高名すること多くはあるまじ。馬の上にて下知を致し、そのまゝ勝負をせんならば、片手綱を達者に覚えてこそ」と幼き時分申すごとく、たび〳〵馬上にて勝負を決す。就中《なかんづく》国《こ》府台《うのだい》にて、里見義弘公子息義高と北条氏康と合戦あり、義高公負け給ふ。このおくれ口の時、件《くだん》の正木大膳、一所にて八人、また一所にて九人、一所にて四人以上、日中に二十一人馬上にて切り落して退きたると聞き及《の》びてあり。

一、武州岩槻《いわつき》の住人大田源五郎を後、大田美濃と申す。この者幼少より犬好きを仕つる。

ある年に武州松山の城を取りて持つ。己《おの》れが居城は岩槻なり。しかれば松山にて飼ひたてたる犬を五十疋岩槻に置き、岩槻にて飼ひたてたる犬を五十疋松山に置く。各々取り沙汰に、「大田美濃はうつけたるひとにて稚《をさな》き者のごとく犬に好かるゝ」と申す。ある時、岩槻の城に大田美濃罷りある刻《きざみ》、松山にてもつての外に一揆発《お》こり、すでに北条氏康公御馬を出ださるゝとありしに、使者を岩槻へたてんには路次塞《ふさ》がりて、五騎、三騎にてならず、十騎と使ひに越したれば、後の松山に人数少なし。まして飛脚はなりがたし。隠密《おんみつ》にて前日大田美濃留主居《るすゐ》の者によく訓《をし》へてあればこそ、文を書きて竹の筒《つゝ》を手一束《そく》に切り、この状を入れ、口をつゝみ、犬の頸に結いつけて十疋放してありければ、片時《へんし》の間に岩槻へその文を犬ども持ち来たる。さて美濃守やがて松山へ後詰《ごづめ》をする。一揆の者どもこれを見て「はやく聞きつけたるは、希代《きたい》不思議の名人かな」と不審を立て、それより松山に一揆発《おこ》すことあまりにこれなし。

これ大田三楽と申す者なり。果報は無うして終《つひ》に国を一つと知行せず。「ひとは何もいらぬ、ただ果報次第」と存ずるなり。また三楽が信玄公のうはさ申しつると聞く。この批判にて、三楽を猶もつて高上に誉めたり。古語に曰く、「金は火を以て試み、ひとは言《ことば》を以て試む」と聞く時は、ひとの善悪を申すにて、その者のてだてなんぶんのひとなりと知るべし。武士はひとを誉むるも誹るも大事ならん。九つ思ふて一言申し出だし、言葉にけがのなきやうなるが、ほんの武士か。また世間には静かにものをいふひとを分別ありといふ。はやくものをいふをひとをば分別なきといふ。これは、久しき家の、武道いづれも末になりたるひとぐの批判なり。この趣《おもむき》を喩へば女人の分別のごとし。さんぐの僻事《ひがごと》なるべし。早くもいへ、遅くもいへ、そのひとのしかた、前後ともに首尾合ふてしまりたる手柄あり。あるいは言葉にても非太刀《ひだち》のなきやうにあるにつきては、そのひと分別者のたゞなかなり。但しまたその主人公により、よきひと埋《うづ》もれてものいふ儀の用にたゝぬこともあり。「貧富は命《めい》、貴賤は時」と古人も申されたれば、よきひと埋もるゝも世のならひ、よきひとばかり繁昌につきては悪しき者みな餓《かつ》ゑに及ばん。善し悪しきをまぜ合するは皆これ天道なりと心得べきなり。

一、丹波《たんば》の国の赤井と申すをのこ、七歳にてひとを切り、赤井悪右衛門と名を呼ばれ、五畿内において己れが人数五百、千ばかりにて、敵五千、六千をも数度戦ふて、かの悪右衛門一度も勝たずといふことなし。

一、四国の内阿波《あは》の三善《みよし》（好）修理《しゆり》大夫公は、十七歳にて思し召したち、「当年より三箇年の間、夏百日づゝ求聞持《ぐもんじ》のごとく行をせん」と申さるゝ。家老の者「それは何のためにあそばされん」と申し上る。修理大夫「武道誉れのためなり」と仰せらるゝ。家老承り、「三善の御家へ生《むま》れ給へば冥加《みやうが》も果報も一段目出たくましますものを、何の荒行御勿躰なし」といさむる。三善殿の仰せには、「各々我等を冥加も果報もあらんといふ、それはみな推量なり。『義貞公軍記』にも、推量をば嫌ふなり。我等せがれのことなる故、末の儀は知られぬぞ。知らねば先づ悪しかるべしと覚悟いたすが尤もなり。もとより果報あるひとは祈らずとも仕合せよし。果報なきひとは祈りて叶はざるもあるべし。また祈らずして悪しき者もあるべし。自然に祈りてよきひともあるべし。これ皆天道なり。果報の生れ付きたるひとは、喩へば自然木《じねんもく》の如し。自然木は風にあたりても、枯るゝこと稀《まれ》なり。木をばいづれも同じことと思ひても、植木に柱を添へて結《ゆ》はぬならば、少しき風にも当てられて、枯るゝことは疑ひあるまじ。我がこのたびの求聞持は植木に添へ木を結ふ心、信をとらぬひと〴〵の申すやうもことわりなり。八幡《やはた》の社人《しやにん》衆、愛宕《あたご》坊主などは、天下一の武辺者になるべきかと信をとる者を誹《そし》る。これ一たんは聞こえたり。しかれども金掘《かねほ》りがさま〴〵金を掘りて己《おの》れのには致さずして、ひとに持たする者なり。さいふひともいたはる子息などを存命不定《ふぢやう》に煩はせ、あるいはまた頼む主の勘当《かんだう》を蒙むるか、いづれに大事の時は、諸神・諸仏へ願かけをする。みなこれ人間の迷ひなり。迷ひにたよりて身をすぐるひと多し。迷はずして悉《こと〴〵》く悟《さと》りなば、出家・社人はみな餓ゑ死すべし。その上、昔より名を取りたる衆、十人は八人信心とらぬはなし。祈るも天道、祈らぬも天道、我等は祈る方なり」とて、十七歳より十九歳の六月願成就して、その年の暮まで四国中を巡礼の如くまはり、二十歳の夏、伊予《いよ》・土佐・讃岐《さぬき》三ケ国の衆と船軍《ふないくさ》ありし時、我が旗本船をもつて一の先きを仕つり、敵舟の中に押させ、自身長刀をとつて十二、三人切り伏せ、しかも合戦に勝つてその後、右三箇国の衆と数度合戦いたされ、終に讃岐を手に入れて、「伊予・土佐をも」と申さるれば、家老衆の諫めに、「伊予・土佐の者ども長曾我部《ちやうそかべ》・西園寺・河野《かうの》・宇都宮をはじめ悉く安芸《あき》の元就《もとなり》の旗下になりたると申す。これに手間をとりたまはんより、さいはひ御公方《くばう》万松院義晴様御遺言にてましませば、片時《へんし》も早く都へ上り、天下を異見なさるゝならば、末代までも三善家の頑丈《ぐわんぢやう》なり」とて上洛いたし、天下へ直り、すでに都の所《しよ》司代《しだい》をも三善家より申し付けて、五畿内のことは申すに及ばず、近国の侍衆大小ともに旗下に仕つり、諸侍に渇仰《かつがう》せられ、後は御公方光源院《くわうげんゐん》様御妹子を嫡子左京大夫殿へ御台《みだい》に遣《つか》はされける。

さて修理大夫公他界あるといへども、その仕置よき故、子息左京大夫殿しばらく跡を践《ふ》みしづめ、父子として二代の間に以上二十一年天下を知る。今ほど扶桑《ふそう》戦国のさかりなれば、六十六箇国を三代治めたるより、この七、八箇国の間を二代治めたるは手柄ならん。されども、家老の松永弾正と、その外三善家の各々と、傍輩仲悪しき故、仕置きの首尾不合にて、光源院様を討ち奉る故、公方家の諸侯と三善家の侍二つに破れ、以上五畿内三つになり、昨日味方と思へば今日は敵、それによりさすがの松永弾正も後の考へやなかりつる、信長公を引き出だし、己れが敵方を三箇年の間に大形《おほかた》成敗仕つる。この砌《みぎ》りしかも両畠山病死なり。信長公の手にたつべき丹波の赤井の悪右衛門も、三箇年以前に頸きれ疔《ちやう》と申す腫物《しゆもつ》にて死する。大形生《むま》れ替はりになり、松永一人残り居て、終《つひ》に己れが身にかゝり、信長に敵をして、不慮なる調儀に松永も信長公に殺されて、その年七月より全う信長公の天下にして、都の所司代をも信長家よりもたせ、三善家の滅却は、松永欲心を発《おこ》し天下を望み、傍輩どもと仲悪しき故なり。しかりと雖も修理大夫公分別者にてましませばこそ天下を二代知る。また、今の仕置きを承るに、これ以後自然の儀あるならば、大形その翌日より乱るべし。そこにて三善殿分別よきと知るべきなり。このうわさ、四国より佐藤一甫と申す牢人、鉄炮の師をいたす者、信玄公御代より旗本に召し置かるゝ、このひとの語りを聞く。又、修理大夫殿幼少にての儀は、山本勘介若きとき四国へ渡り、よく聞きて語りたり。いづれも、名将は幼少よりかくのごとし。

一、右の松永弾正と申す者、三善修理大夫公の物書きに出でし、分別・才覚をもつて立身する。さて、父修理大夫公他界の後、子息左京大夫公の御局《つぼね》と夫婦に罷りなり、内奏をもつての故、悉皆《しつかい》左京大夫公は松永弾正次第にいたすにより、三善殿に伝ふる家老衆、松永と仲悪しと聞き及ぶ。但し遠路にてひとの雑談《ざふたん》ばかり承はる、定めて相違これあるべし。件《くだん》の松永大和国に居所あり。すでに屛下地《へいしたぢ》のためにとて柿《こけら》の串《くし》まで間半《まなか》に定むる。その外種々の貪《むさぼ》りたる仕置きなる故、民悉く迷惑する。さて我が城に兵粮・玉薬《たまぐすり》のことは申すに及ばず、士卒手負ふためにとて、青木葉まで七百駄積みて置き、その後札を立て、「松永弾正が分別これまでなり。この城に足らぬところあると存ずる者、僧俗によらず上下ともに申し来るべし。若しまた申し兼ぬるにおいては我等が如くに高札にて申さるべし。その意に任《まか》せん」と書きとめて置く。さて次日にある札を見れば、「数年人民の貪り給ふにより何にてもたくさんに見えまゐらせてあり。但し、運足らずして、命にことをかき給はん、この二箇条は誰をせぶらかして取り給はん。御分別あるべし。松永弾正殿参《まゐる》惣百姓共《ども》」と書き留めたり。

ことさら松永生害《しやうがい》の時は、「我が城へ和泉の堺より加勢を越せ」とこれある状を信長へ持ち来たる。信長公その使にほうびをとらせ、「明々後日の夜半に忍びて十人、二十人づゝまゐらせん。このひとを迎ひに給はれ」と堺よりのごとくに返事の文を書き、松永へ差し越して、今の使と首尾をとり、三日目の夜半に、信長方の人数《にんじゆ》を百人ばかり城へ入れ、その夜に城内を焼き破る。外よりも攻めかゝり、今の人数と一つになり、詰の城へ押し込み、天正七年己卯《つちのとう》に筒井謀叛にて松永弾正切腹す。

しかるに尊氏公より十三代の御公方万松院義晴公、天文十九庚戌《かのえいぬの》年御他界の時、御遺言に、阿波の三善修理大夫を頼み給ふ間、光源院義輝様いまだ十五歳にてましますにつき守《も》り奉り、十四代の御世を継ぎなさるゝやうに修理大夫殿を御頼みあり。さて又大夫嫡子は、光源院様の御妹婿《いもうとむこ》にと定めありしほどに松永は左京大夫殿を守りたて、左京大夫殿は御公方様を仰ぎ奉るにおいては、君臣ともに長久ならんものを、あまさへ光源院様を討ちまゐらする故に、松永弾正がいかにも頼もしき内の者なれども心かはり、堺より加勢をよびに遣はす状を信長公へさしあぐる、これ天罰の故ならん。

いづれの家とても破るゝことは大形悪しき家老のわざなり。時により様子こそかはるとも、分別違ふて主君の家を破るはみな松永しかたも、一つ道理にまゐるなり。さありてその身も亡び失《う》するぞ。よく〳〵観じて見給へ。長坂長閑老、跡部大炊助殿。我等無きあとにてこの書物を披見あれ。当時我が朝にて名大将衆幼少よりのことまでしるし奉るは、物の本《もと》をたゞし給へ、と申すことなり。信玄公何につきても根本の正し給ふことを肝要になされ候つるにより、我ら連々《れんれん》承る儀、聞書《ききがき》いたし、今紙面にあらはす。若《も》し以後万事取り失ひ給はぬやうに、とて件《くだん》の如し。

さてまた右、堺よりの加勢を乞ふ使者、松永弾正が気に合ふたる被官と雖も元来は筒井《つつゐ》順慶《じゆんけい》と申す仁の内の者なり。順慶は信長方、それにつきて順慶が才覚をもつて堺への状を信長公へ持ち来たる。しかれば武田の家にいかほどの牢人これありとも、その時譜代の衆いまだ何方《いづかた》にも存生《ぞんじやう》にてましまさば、必ずその奉公人にあまり詳しきこと仰せ付けらるべからず。たゞ大形のことばかり尤もに候。但し二代と召し使はるゝひとは、こなたの御譜代なれば苦しからざる者なり。

天正三年乙亥《きのとゐ》六月吉日　　高坂弾正

長坂長閑老

跡部大炊助殿

参《まゐる》

品第六　信玄公の時代の武将たちのこと

一、年齢の順に書きしるす。もしこの書物が散らばって、他の領国のひとの読むところとなったとき、自分の領国の武将ばかりに肩をもつような書きぶりであるならば、武士道の書物ではない。合戦については、敵味方を問わず少しの偽り飾りなく、ありのままに述べ伝えるのが武士道である。偽り飾るのは、女人、あるいは町人のやりくちである。一事を偽り飾れば、万事の事実がみな虚偽になる。天にはえこひいきがない。

一、永正十二年（一五一五）平氏康公誕生。小田原の北条氏康公である。

一、大永元年（一五二一）源信玄晴信公誕生。甲斐の武田信玄公である。本卦（生れた年の卦）は豊。

一、享禄三年（一五三〇）上杉謙信輝虎公誕生。越後の長尾輝虎公である。初めは景虎と申す。将軍光源院足利義輝様より輝の字を戴いて輝虎と号した。本卦は履。

一、天文三年（一五三四）平信長公誕生。美濃の織田上総守信長公である。本卦は蠱。

一、天文七年(一五三八)北条氏康公の子息氏政公誕生。
一、同年今川義元公の子息氏真公誕生。
一、同年武田信玄公の子息義信公誕生。小田原の氏政、駿河の氏真、甲斐の義信、三人同年の生れである。
一、天文十一年(一五四二)徳川家康公誕生。三河の松平蔵人家康公である。本卦は大壮。
一、天文十五年(一五四六)武田勝頼公誕生。信玄公四番目の子息である信濃の伊那四郎である。信濃の諏訪の頼重の継嗣なので、武田家に伝わる信の字は継がなかった。信玄公の後継も十年の間、勝頼の子息の太郎竹王信勝が十六歳になるまでの陣代(代役)であって、仮のことであったので、武田家重代の旗は持たれなかった。まして信玄公の「風林火山」の孫子の旗は譲り受けられず、伊奈にいたときの大文字の旗を用いた。ただし、しばらくの間であれ、主君の名代であるのだからといって、諏訪法性の兜だけは着用を許された。
一、北条氏康公十二歳のとき、その頃は鉄炮がまだ珍しく、武士たちがこぞって練習していたとき、氏康公が鉄炮の音にびっくりした。ひとびとは目くばせし、笑った。口惜しく思われ、小刀で自害をはかったが、周りの者に小刀を奪われ、涙を流した。傅役《もり》の清水小太郎が「剛勇な武士こそ物音に驚くと昔から伝えられております。というのは、馬も癇の強い馬はねずみの鳴き声に似た音にも応えて動き、ひとに重宝がられます。物音に敏感なことを褒めるのです」といったので、そこで落ち着かれた。氏康公十二歳のことである。このように恥を知る剛勇な武将であったからこそ、その後氏康公二十四歳のとき、武蔵の川越で夜戦を戦い、扇谷上杉朝定公・山内上杉憲政公の二人の管領八万人の敵に対し、八千人の軍勢で勝利を収めたのである。この合戦においてはさまざまの武略がなされた。川越の合戦と、織田信長公と今川義元公の桶狭間の合戦とが近来の傑出した合戦である。

一、武田信玄晴信公十三歳のとき、駿河の今川義元の奥方であった信玄公の姉から、母君へ貝合わせのために蛤を送って寄越された。信玄公が勝千代殿とよばれていた頃のことで、母君は上﨟女房を遣わし、「小姓衆に命じてこの蛤の大小を撰りわけてほしい」といわれた。大きな蛤を撰び出し、小さな蛤は二畳敷一杯に高さ一尺にも及んだ。小姓衆に数えさせると三千七百個あまりであった。家臣たちが参上したので「この蛤は何個ほどか」と尋ねられ、老功の上士らが二万個あるいは一万五千個などと答えると、勝千代殿は「あなた方の率いている人数は多くはあるまい。五千人の軍勢を率いる武将であれば人数の把握は誤らないであろう」といわれたのを聞いて、驚き恐れないものはなかった。信玄公十三歳のときのことである。その四年後、信玄公十六歳のとき、信濃の海野口で、父信虎公が八千人の軍勢で攻めきれなかった城を、よく計略を練り、わずか三百人の軍勢で攻略したのである。

一、長尾謙信輝虎公は、十三歳のとき、「わたしは父の為景に死に別れたが、父の御蔭でどうやら越後一国を領している。一国を支配する者は、自身の手でなしとげたのであればともかく、親から譲られた者はすべてものごとの善悪を知らずにいる。善悪がわからなくては何事についてもよくないであろう」といい、その一年の間、六十六部の遊行者を伴なって、出羽・奥州・関東などの各地を流離、修行した。輝虎公十三歳のときのことである。翌年十四歳で、姉婿の長尾政景と戦った。輝虎公の軍勢二千人ほど、相手の軍勢は四千人余りであったが、輝虎公は計略を練って城近くに押し寄せたので、相手方が城から突いて出、勝利を収めた。輝虎公十四歳のときのことである。「世俗の煩悩に塗《まみ》れて、絶対知を体得する」とはこのことである。

一、織田信長公十三歳のとき、寺に入ったが字を書くことを習わず、習字仲間の食物を奪って喰べるなど、ひどく下劣なふるまいであった。それを見た寺の僧が、「何の役にも立ちそうにない。とても弾正忠信秀の息子とは思えない」といった。あるとき信長公は母君のところから銭十疋（一疋は十文）ほど持ってきて、習字仲間や近くの子どもを二、三十人集めて、竹や木の枝で鑓や刀をこしらえ、戦争ごっこを企て、銭を取り出し、役に立ちそうな味方の者には二、三文ずつ与え、その後で二手に分れて戦い、思い通りに叩き勝って機嫌よく帰ったが、そのとき味方の子どもが「さっき残った銭をくれ」といって奪い取った。右の寺の僧はこれを見て「何ともはや頼もしい。この子は後にすぐれた武将になるであろう。戦う前に、大勢のなかで役に立ちそうな者を見分けて銭を与え、しかも戦いの後にはたらきに応じて与える銭を残しておくとは。凡常な武将にはなるまい」と誉めた。信長公十三歳のときのことである。

その後信長公二十四歳のとき、「なんとしても今川義元公を討ちたい」と心を尽くしていたが、妨げとなる男が一人いた。戸部豊政といい、笠寺の辺りを知行し、文を雅やかに書き、一通りの才智をもつ武士であり、義元公にひたすら忠節を尽くし、尾張を義元公の領国にしようと企らみ、尾張の大きな出来事はいうまでもなく、小さな出来事をも箇条書きにして駿河へ申し上げていた。信長公は、戸部豊政の書状を多数集め、腹心の祐筆に一年あまり戸部豊政の筆跡を習わせ、義元公に謀叛の意思をしるした書状を書かせ、織田信長殿へと宛名を書かせ、信頼する家臣を町人に変装させ駿河に送りこんだ。運が末になった悲しさで、義元公は、謀叛を事実であると信じ、戸部豊政を呼び出し、「駿河まで呼び寄せるまでもなく、途中で殺せ」と命じ、三河の吉田で性急に成敗した。

四年後の、永禄三年（一五六〇）庚申の、しかも庚申が七つある年の五月、信長公二十七歳のとき、七百人ほどの軍勢で、義元公が二万人の軍勢を率いて出陣した情勢をよく見きわめ、今川勢があちこちに乱入し財物を奪ってばらばらになっているところに入り交り、義元公が三河の僧たちと道の傍の松原で「敵はいない」といって酒盛をしているところへ斬ってかかり、討ち勝って義元公の首を取った。この一戦の武功で信長公の名は日本国中に知られたが、これさえもあの戸部豊政がいたならば、とてもこのような奇襲は成功しなかったであろう。信長公の才智の深さのなせるわざである。信長公二十七歳のときのことであった。書状の謀略は二十四歳のときのことである。「合戦の前に計略を幕のなかで練りあげ、時間の経過とともに広大な戦果を得る」とはこのことをいうのであろう。尾張の武士たちは、「義元公は大敵であって、信長公はとても勝てまい」と形勢を窺っていたが、次の月から清洲城へ参上し、その年の内に尾張の武士たちはみな信長公を大将と仰いだのである。

一、徳川家康公十二歳で竹千代殿とよばれていたとき、中間の肩に乗って、五月五日の菖蒲切りの見物に出た。一方は三百人ほど、他方は百五十人ほどで、見物人はこれを見て人数の少ない方は負けるだろうと、多勢の方へ寄り添わない者はなかった。竹千代殿を肩に乗せた中間も多勢の方へ寄り添うと、竹千代殿は、「どうしてひとのみな行く方へ連れていくのか。今すぐ叩き合いが始まれば、人数の少ない方が勝つだろう。あれほど少ない者が多勢の敵をものともせず突出しているのは、よほど多勢の方を弱いと思っているからだ。そうでなければ叩き合いになって多くの援《たす》けの者がやってくるのだろう。さあ少勢の方へ行って見物しよう」という。お供の者は腹を立て、「わけのわからないことをいわれるものではありません」といって強引に多勢の方に留まっていると、推量通り、後から多くの者が少勢の方へ駈けつけ、新手の者のはたらきで勝ち、多勢であった方は負けてばらばらになった。見物人も先を争って逃げまどうときに、竹千代殿はこれを見て、肩に乗った中間の頭を叩いて笑った。「虎は生れて三日後にははや牛を食い殺す気迫をもつ」という古言にかなっている。竹千代殿は、いま家康とよばれ、東海道一の武将である。竹千代殿十二歳のときのことであった。

竹千代殿は駿河で今川義元公の御恩を受け、蔵人元康として元服した。十五歳で三河の岡崎へ帰城し、十九歳の五月、義元公の伴として尾張に発向し、先方《さきかた》勢として大高の城を攻め落し、城番に置かれたが、その翌日「義元公が討死した」と伯父水野信元から飛脚で告げられた。さてこそと応じて二の丸まで出陣したが、立ち帰って本丸で戦闘態勢をとった。家臣たちが「これはどういうことなのか」というのを聞いて、元康公は「義元公が討死したと水野信元が伝えてきたが、水野はどちら方とも思われない。義元公が勝利すれば、わたしを頼って今川方になるであろうし、またもし千に一つも信長方が勝てば、領内に引きこもっていて義元公に敬意を表さなかったことを信長公への忠節故であるとするつもりであろうが、まず大体は信長方であろう。とすれば、伯父ではあるが、敵方から知らせてきたのは計略であると考えるべきであろう。計略は敵味方ともに昔から合戦のつねであり、計略をうまく成し遂げることは武士の最大の名誉とされる。計略にしてやられるのは、女人に似て表裏のある心根の武士であるからである。そうした武士は心のねじけている者とされ、武士の間では大いに嫌われる。十のうち九つは義元公の討死と思うが、敵方から伝えてきたのだから百分の一は虚言であるかも知れない。そう考えてこの城を立ち退かないのは、武士としては決して珍しくない作法である。怯《おび》えて鬨の声をあげ、あわてふためいて立ち退き、万一義元公の討死が偽りであったならば、以後どれほど武功を挙げてもこの恥をすすげないであろう。義元公の討死が事実であれば必ず味方から飛脚がくるであろう。味方からの知らせがない前に敵が攻め寄せてきたならば、この城で精一杯激しく戦おう。そのために討死したとしても武士としての名声を得るであろう」といって、その夜は大高の城にとどまった。翌日「大高の城を退去せよ」という今川殿の家老衆の書状を携えた使者が三河の岡崎から着いた。その書状を証拠として元康公は軍勢を引き帰国した。この間のいきさつを信玄公は詳しく尋ね聞いて、「元康殿は武士としての進退がたしかで思慮深くもある若者だ。日本国の最もすぐれた若手の武将である」と大変な誉めようであった。

元康公は、義元公討死の後いちはやく元康を改めて家康となり、その年の暮に伯父水野信元の調停で、信長公と約束し、「尾張で厄介な事態が生じたならば家康公が信長公に加勢し、三河に厄介な事態が生じたならば信長公が家康公に加勢する」こととし、互いに起請文を交換してひそかに和睦した。この和睦を今川家のひとびとは家康公の裏切りであると非難したが、それはまったくもっての外の言い分である。氏真公の思慮がすぐれていたならば、家康公の裏切りでもあろう。氏真公がたとえ凡愚な武将であっても、家康公が今川家代々の家老であったならば、ひとびとの非難も道理であるが、家康公は二、三代前から一城の主である。ときの権勢に破れて服従した武将である。降伏したひとびとはすべてのことを捨てて、時節を待って独立しようとするのであり、家康公は今川家の家老ではない。氏真公は、二十三歳になっても、月見・花見・野や山への遊びのよしあしは知っているものの、合戦に対する心構えが欠けていて少しも武士を見分けられないので、家康公が氏真公を見限ったのも道理である。『三略』にも「義を守る者は不仁な者のためには死なない。智ある者は愚闇な主君のために謀《はかりごと》をたてない」とある。家康公もおそらくこの道理であったのだろう。十二歳のとき菖蒲切りの勝敗の行方を見定めた思慮の深さは、今に至るまでの名誉であって、三河および遠江半国を持つ武将にまで家康公を押し上げた。長坂長閑老、跡部勝資殿、降伏した武将と譜代の家老とをはっきりと区別しなければならない。

一、毛利元就公は幼い頃厳島神社に参拝し、戻って、家中の男女に「今日は厳島の神に何を願ったか」と尋ねた。供の者たちは幼い主君の心に合わせて、「奉公が無事つとめおおせますように」「寿命の長久を」などと答えたが、傅役《もり》の者が「わたしは殿に中国をみな領させたいと祈誓しました」というと、「中国を全部とは愚かだ。日本国を支配したいと祈誓すべきであったのに」といわれるので、傅役の者が「まずはこの辺りをみな領してからかと思いますが」というと、元就公は腹を立てて、「日本国を領しようと図って、ようやく中国をみな領することができるのだ。中国をみな領しようと図ったのではどうして中国を領することができようか」といわれた。十二歳のときのことであったと聞いている。

右の通りに元就公の代に毛利家は中国の大部分を手中に収めた。安芸の毛利として知られ、日本国でおそらく第一の大身の国持ちの武将であろう。「栴檀は芽が出たときから香りが高いように、すぐれた武将は幼少のときから人並みはずれてすぐれている」とは、よく言い当てたものである。

一、関東の安房・上総の領主である源府君里見義弘公の家中の正木時綱は、十二、三歳のときから乗馬を習うのに片手綱で乗ることを好んだ。乗馬を教える者が腹を立て、「片手綱はよくよく馬に乗り馴れた上手な者になってからのわざであって、まだ習練もしていないうちに、そのように乗っては姿勢もよろしくない。片手綱はやめになされよ」というと、正木時綱は、「武士を率いる武将は馬から下りて鑓を突き、武功を立てることは多くないであろう。馬上で命令を下し、そのまま鑓をとって戦うのだから、片手綱を十二分に習練することこそが大切であろう」と幼少のときにいったが、そのように、たびたび馬上で勝利を得た。なかでも、国府台で、里見義弘公の子息義高が北条氏康と戦い、義高が負けたとき、負け戦さのなかで、正木時綱は、一所で八人、次の一所で九人、また一所で四人、一日に二十一人を馬上で斬り倒して退いた、と聞いている。

一、武蔵の岩槻の武士大田源五郎、のちの大田美濃守資正は、幼少の頃から犬を飼うことを好んだ。或る年、武蔵の松山の城を攻め取った。居城は岩槻にある。そこで松山城で飼い育てた犬を五十匹岩槻城に置き、岩槻城で飼い育てた犬を五十匹松山城に置いた。ひとびとは、「大田資正は間の抜けた武将で、幼稚な子のように犬に夢中だ」と噂した。あるとき、資正が岩槻城にいたとき、思いがけず松山で一揆が起き、北条氏康公が軍勢を出すらしいとのことであった。しかし岩槻城へ使者を出そうにも道が一揆勢で塞がっていて、五騎、三騎では通れず、十騎を遣わせば松山城の守りが手薄になる。まして飛脚を立てることはできない。内密に資正が前もって留守居の家臣によく教えてあったので、書状をしたため、竹の筒を一束（親指以外の指四本の幅）に切って書状を入れ、蓋をして犬の頸に結びつけ、十四放してやると、あっという間に犬たちは書状を運んできた。資正は直ちに松山城へ援軍として出立した。一揆の者たちはこれを見て、「こんなにはやく聞きつけるとは世にも稀な、不思議なすぐれた武将である」と不審がり、以後松山で一揆が起こることはなかった。

資正は大田三楽とも称した。運にめぐまれず、一国を領することはなかった。ひとは何もいらない、現生の禍福は、ひたすら果報の如何によると思わずにいられない。信玄公に対する三楽の批判を聞いたことがあるが、この批判でますます三楽がすぐれた武将であることが知れる。古言に「金の善し悪しは火を用いて見分けられ、ひとの価値はその言葉によって見分けられる」とある。他人の善し悪しの批判からそのひとの器量の大きさが測れる。武士は、他人を誉めることもけなすことも大切である。九思して一言する言葉にあやまちがないのが真の武士であろう。世間ではもの静かに話すひとを思慮があるといい、早口に話すひとを思慮がないというが、これは旧い家柄で武士道が衰えたひとびとの批判である。この批判は、喩えば、女人の思慮のようなもので、道理に合わない。早口で話そうがゆっくり話そうが、そのひとのふるまいと前後や首尾が合い、ゆるみのない武功があり、また一言一句に非難の余地がない者こそ思慮ある武士である。ただし、主君の如何によって、すぐれた家臣の諫言が役に立たないこともある。「貧富は宿命、貴賤は時の運」と古人の言葉にある。すぐれた武士が埋もれるのは俗世のつねである。すぐれた武士ばかりが立身出世するのであれば、凡愚な者はみな餓え死ぬことになろう。善悪をまぜ合わせるのはすべて天であると心得よ。

一、丹波の黒井の赤井直正は、七歳でひとを斬り、赤井悪右衛門とよばれ、家中の僅か五百、千人ほどの軍勢で、五畿内において五千、六千人の敵と何回も戦ったが、勝利を収めないことがなかった。

一、四国の阿波の三好長慶公は、十七歳のとき、思い立って、「今年から三年間、夏に百日ずつ虚空蔵《こくうぞう》求聞持《ぐもんじ》法《ほう》を修行しよう」といった。「なんのためですか」と家老が尋ねると「合戦において武功の誉をとるためである」という。「三好家にお生れになったのですから、神や仏の加護にも、果報にもめぐまれているのに、どうしてそのような苦行が必要でしょうか。畏れ多いことです」と家老が諫めると、長慶は、「あなたがたはわたしを神や仏の加護も果報もあるというが、それは推量である。新田義貞の軍記にも推量を退けている。わたしは幼少であって将来のことは知れない。知れないのであるから、まずよくないであろうと心構えをするのが道理であろう。生れつき果報のあるひとは、神や仏に祈らなくても好運である。果報のないひとは、神や仏に祈っても思い通りにならないであろう。また神や仏に祈らないために好運を逃すひともあろう。おのずから神や仏に祈って好運を得るひともあろう。こうしたことはみな天のはたらきによる。果報のあるひととは、たとえば天然の木のようなものだ。天然の木は風に当っても枯れることはめったにない。木はどんな木でも同じであるかのようだが、植木には棒柱を添えて結びつけておかないとわずかな風に当っても間違いなく枯れる。わたしのこのたびの虚空蔵求聞持法の修行は、植木に添木を結びつけるようなものだ。信をもたないひとびとの言い分も道理である。彼らは、石清水八幡神社の神人や愛宕神社の社僧などは天下一の武士になるはずではないか、と神や仏を信ずる者をけなす。いちおうはもっともであるが、しかし、金を掘る者は掘った金を自分の所有にしないで他人に渡すではないか。神や仏を信ずる者をけなすひとも、子息が生きるか死ぬかの病を患ったり、あるいは頼りにしている主君から縁を絶たれたりといった窮境に陥った時は、神や仏に祈願するであろう。みな世俗に住む者の迷いである。ひとびとの迷いを暮らしの手だてとして日々を送る者は多い。だれもが迷うことなく、絶対知を得るのであれば、僧や神人は餓え死ぬであろう。昔から名高いひとのうち十人に八人は神や仏に信を抱いている。祈るも天、祈らぬも天であるが、わたしは祈るありようをとる」といい、十七歳のときに虚空蔵求聞持法修得の願を立て、十九歳の六月に願を成就し、その年の暮まで巡礼のように四国を回り修行した。二十歳の夏、伊予・土佐・讃岐三箇国の軍勢と船合戦のとき、自身が乗る旗本の船で先方衆として敵船の中に攻め入り、みずから薙刀で敵方を十二、三人斬り伏せて戦いに勝った。その後三箇国の軍勢と数回戦ってついに讃岐を手中に収め、「さらに伊予・土佐をも」といったが、家老たちは「伊予・土佐の者どもは長曾我部・西園寺・河野・宇都宮をはじめすべて、安芸の毛利元就の指揮に属してしまっているということです。これに手間どるより、幸い十二代将軍足利義晴公の遺言もありますから少しも早く京に上り、天下の為政をめぐって意見を申すならば、末代まで三好家が安泰であり続けるでありましょう」と諫められ、京に上り、天下を治め、京の所司代も三好家が任命し、五畿内はいうまでもなく、近国の武士を大身・小身ともに指揮下に置き、武士たちに憧れ慕われ、十三代将軍足利義輝の妹を嫡子義継公の奥方に迎えた。

三好長慶公は死去したが、その為政がよかったので、義継公がしばらく跡を継いで、父子二代で二十一年天下を治めた。いま日本国は乱世の真只中であるから、六十六箇国を三代にわたって治めるより、これら七、八箇国を二代の間治めたのは、すぐれた武功であろう。しかし家老の松永久秀とそれ以外の三好家の家臣との仲が悪く、為政の首尾が一貫せず、将軍足利義輝様を殺害したので、将軍方と三好家の家臣が二つに分かれ、五畿内が三つ巴となって、昨日味方と思えば今日は敵となるありさまで、さすがの松永久秀も後のことを考えなかったのか、織田信長公を引っぱり出し、己れの敵を三年の間に大部分成敗した。このとき管領畠山昭高は病歿した。信長公にとって手強い相手であった丹波の赤井直正も三年前に頸切れ疔という腫物で死んだ。大部分のひとびとが生れかわり、松永久秀一人が残ったが、ついに自身のことで信長公に敵対し、思いもかけない謀略にかかって殺され、天正五年（一五七七）七月から完全に信長公の天下となり、京の所司代も織田家が任命した。三好家の滅亡は、松永久秀が欲心を起こして天下を取ろうとし、傍輩の家臣たちと仲が悪くなったためである。しかし三好長慶公が思慮深かったからこそ、天下を二代治められたのである。いまの為政のありようを伝え聞いていると、万が一のことが起れば、おそらくその翌日から天下の為政は乱れるであろう。そのとき三好長慶公の思慮の深さが知れるであろう。この噂は、四国から佐藤一甫斎という浪人が、鉄炮打ちの師範として信長公の代から旗本に召し使われていたが、このひとの語った話である。また三好長慶公の幼少の頃の逸話は、山本勘介が若いとき四国に渡って詳しく聞いて語った。すぐれた武将はだれも幼少の頃からこのように秀でているのである。

一、右の松永久秀は、三好長慶公の祐筆として仕えたが、思慮の深さと才智によって立身した。長慶公の死後、嫡子の義継公の侍女を娶り、奥向きから奏上したので義継公は悉く久秀の意向に従うようになり、三好家代々の家老衆と仲が悪くなったとのことである。ただし遠国のことでもあり、ひとびとの世間話であるから、あるいは誤りがあるかもしれない。

久秀は大和に居城があった。塀の土台に用いるからといって、板の串まで長さ半間と規制するなど、欲深い為政で領民はみな困窮した。また居城に兵糧や弾薬はもちろん、武士や従者が負傷したときのための青木の葉を七百駄（駄は馬一頭に負わせる目方）も積み置いた。そして高札を立て、「久秀の配慮はこれまでである。この城に足りない物品があると思う者は僧俗、上下を問わず申し出でよ。もし口頭で申し難いのであれば、高札で申し出でよ。意見を考慮しよう」と書きしるした。翌日高札を見ると、「長年領民から収奪されたので物品は豊富かと見えます。ただし、運が十分でありませんし、寿命が不足していま す。この二つは、だれからせびりとりなさるべきか、思慮されるがよい。松永久秀殿へ。領民一同」と書きしるしてあった。

久秀が自害したときのことであるが、「大和の居城へ和泉の堺から加勢を送れ」という久秀の書状が信長公の手に渡った。信長公はその使者に褒美を与え、「三日後の夜半に隠密裡に十人、二十人ずつ加勢を送る。迎えの使者にこのひとを寄こされよ」と、堺からの返事のように書きしるして久秀方へ遣わし、迎えの使者と前後を合わせ、三日後の夜半に信長公の軍勢を百人ほど久秀の居城へ入れ、その夜城に火を放って焼き滅ぼした。城外からも攻めかかり、城内の軍勢と一つになって、久秀方の軍勢を本丸に追いつめ、天正七年

（一五七九）筒井という者の謀叛により、久秀は切腹したのである。

足利尊氏公から十三代の将軍万松院義晴公は、天文十九年（一五五〇）逝去のとき遺言して、まだ十五歳である光源院義輝公を守り育てて十四代将軍を継がせるように、阿波の三好長慶公に依頼された。そして長慶公の嫡子の義継公を義輝公の妹の婿に定めておいたのであるから、久秀は義継公を守り立て、義継公は義輝公を尊び敬ったならば、君臣の間柄は長久であったはずだが、あろうことか義輝公を殺害したために、久秀が深く信頼している家中の者である筒井が寝返って、堺から加勢をよび寄せる書状を信長公に差し出したのは天罰であろう。

どの家中の滅亡も大体は悪しき家老のしわざである。時により見た目の違いはあるが、思慮を誤まって主君の家中を滅亡させるのは、久秀をも含めてみな一つのありように帰着する。そして自身も破滅するのである。よくよく思いめぐらされよ。長坂長閑老、跡部勝資殿。わたしの死後、この書物を御覧あれ。現今、日本国におけるすぐれた武将たちの幼少のふるまいを書きしるしたのは、事柄の根本の理非を明らかにせよ、という趣旨からである。信玄公は何事についても根本の理非を明らかにすることを大切にされたので、わたしがしばしば聞いたことを書きしるした。以後忘れさられることのないように、と考えてのことである。

右の、堺に加勢の軍勢を乞うたときの使者は、久秀が気に入っていた家来であったが、もともとは筒井順慶の家中の家来であった。順慶は信長方であって、順慶の才智によって堺への書状を信長公に持ってきたのである。それゆえ、武田家にどれほどの浪人の武士が仕えていても、譜代の家臣がいずれかに存生しているかぎりは、浪人の武士にあまり詳しいことを仰せつけられず、ただ一通りのことにとどめておくのがよろしい。ただし父子二代にわたって召し使われている者は、武田家にとっての譜代であるから差し支えないであろう。

天正三年（一五七五）六月吉日　高坂弾正忠昌信記す

長坂長閑老　跡部勝資殿へ

品第七　小笠原源与斎《おがさはらげんよさい》軍配奇特《きどく》ある事

一、甲州に小笠原源与斎と申して軍配者あり。これは種々奇特《きどく》を仕つるひとなり。風呂へ入り、戸をひとに押さへさせ、ひとびとの存ぜぬやうに外へ出で、あるいは夜各々と咄《はな》し居て、山の見ゆる座敷なれば、「向ひの山に火を幾度立てん、各々このみ給へ」などゝいふて、ひとのこのむやうに立つるほど軍配をよく鍛錬仕つりたるひとなり。惣別《そうべつ》、軍配をよく伝授仕つるひとは、軍配の余勢《よせい》をもつて種々奇特をいたす。

また永禄四年に川中島合戦の時、討死する山本勘助と申す者は、信玄公旗本にて足軽大将衆のなかに、五人に勝《すぐ》れたる名人と申す。これも軍配鍛錬のひと、この山本勘助入道道鬼が軍配は、宮《きゆう》・商《しやう》・角《かく》・徴《ち》・羽《う》の五つよりわけて見る。雲気・煙気、その外ゐぎ・さご・すだの来りやう・行きやう、右の外も口伝《くでん》あれども、勘助流は縮《ちゞ》めて、これは一段短し。たゞし、小笠原源与斎がごとく奇特はこれなし。さりながら源与斎も申す、「奇特は、軍配の神変《じんぺん》ありといふ威光ばかりにて、勝負の利にはならぬものなり。子細は、ひとに望まれ、向ひの山に焼松《たいまつ》を立つるならば、我が暗き道にて火にことを欠きし時、焼松を立て道を見て行くならば、尤《もっと》も神変もしかるべけれども、さやうのことはなか〳〵ならず、ひとに望まれて余所《よそ》に立つるばかり、これは術なり。術は座興《ざきよう》にて、実《まこと》の道に至りて、弓矢の計略・計策などに一円出あはざるものなり」といふ。敵、味方対陣の折々は、勘助も源与斎も同前なり。さてまた、諸人の批判に、「同前ならば神変をいたす方《かた》がまし」といふ。また一方には、「同前ならば神変せざる方がまし」といふ。

馬場美濃守申すは、「神変は尤もなれども、それはひとによりてのこと、武士が弓矢のために軍配を習ふて神変いたしたらんには、武道のためとはいはず、かの奇特するひとゝあだ名をよびつけ、禰宜《ねぎ》・山臥《やまぶし》などのやうに申すものなり。その上正法に奇特なしと聞けば、神変はさらにいらざるものにてあり。惣別、侍が武芸を習ひ申すに、弓・鉄炮《てつぽう》・馬・兵法、この四つをば何よりもつて知るべきことなれば、なるほど稽古いたし、我が一分の工夫《くふう》・思案出づるほど鍛錬仕つるに極まりたり。さりながら上手になれば必ず弟子をとる。弟子をとれば武道の嗜《たしな》みとはいはず。弓いるひと・鉄炮打つひと・馬のり・兵法つかひなどゝ名を付けて、形《かた》の如く覚えあるひとをも、傍輩《はうばい》ゑみがたきとて、ひとはひとを偏執《へんしふ》するものにて、わきのことへかゝり、武辺者とは申さぬものなれば、何と上手になりても弟子とることはさらに所詮なき儀なり。

さて馬の目きゝをするも、弓矢を心がけたるひと、馬に好きてのことなれども、あまり仕つりすぐれば博労《ばくらう》のごとくに各々思ふものにて候。やがてまた後は、そのひと心懸けをばわきにして、欲得の意地出で来る故、友・傍輩をもだしぬく者に大略はなるなり。それはさんぐ〵悪しきしかたにて沙汰をかぎりたる儀なる故、申すべきやうこれなし。たゞし、小身の、自身弓・鉄炮をかたぐる足軽などは苦しからず、一かどの侍はなきことなり。

ことに盗みといふて、ひとの物を取るばかりにてもあるまじ。口にてそらごとをいふは口の盗み、頼む主の使に行くとて我が用にて脇へより、久しくありてやどへ帰り、主人を待たせ、遅く返事を申すは、足の盗みとこれをいふ。たゞし、侍の武略仕つる時は、虚言《きよごん》を専ら用うるものなり。それを嘘と申すは、不案内なる武士にて、女人に相似たるひとならん。結句《けつく》さやうの者は、武略の儀とたゞのことの分《わけ》を知らずして、その道不鍛錬の故、己れが申して悪しき虚言《そらごと》をいひ、軽薄の意地悉くそなへてあり。女人がひとのことをばいひ、我が悪しきことをばさまぐ〵申しわけ、証拠もなきことに、我と我が身に理《り》を付くる。皆これ、女のしかたなり。

さてまた人間のよはきに善悪の褒貶《ほうへん》あるとも、よき証拠さへもつについては、申しわくるに非太刀《ひだち》はあるまじ。それに非太刀打つは無理なるべし。無理は、大小によらず至らぬひとのことわざに候。それも猶もつて女の分別のごとし。女人がよく無理を申すものなり。

分別のいたりたる女人といへども、男中《ちゆう》への分別ほどやう〳〵ある、それほど直ぐなる女人は、女千人の内に一、二人あるべし。さるにつき、道理・非を知らぬ意地のきたなき武士を女には喩《たと》へたるぞ。右申す武略の嘘の儀苦しからざるは、国持つ主君へさしそへての儀なり。国持ち給ふ大将たちのひとの国を取りなさるゝ、これは、よその国にさのみとがはなけれども、押し破り、手柄次第に取るといへども、昔が今に至るまで、切り取り・強盗・盗人とは申し難し。それにつきての虚言を計略と申して苦しからずといふは道理。道理なればこそ唐《から》・日本までも計略よくするひとをば謀臣といふて誉めたる侍」と馬場美濃守がいひ置く。

まことに名大将ほどの衆は、いづれもよき者をねんごろまします。ことさら信玄公二十三歳の御時、駿河より山本勘助を百貫の知行にて召し寄せられ、礼を申し上ぐるとその座にて二百貫の朱印を下さるゝ。子細は、あれほどに醜男《ぶをとこ》にて名の高き者なれば、武辺は申すに及ばず、物に鍛錬したる芸能すぐれ、思案・工夫ある者ならんとつもり給ひ、山本勘助礼を申して四、五日の内に、駿河の様子尋ね給へば、その申しやうしかるべしとて、勘助を近く召し寄せらるゝ。その節長坂長閑、左衛門丞《さゑもんのじよう》の時申すは、「このほどの、勘助を近く召さるゝは駿河へ聞えてもいかゞにて候」。信玄公聞こし召し、いまだそのころは年二十三歳、大膳太夫と申す時なれども、数度《すど》の儀に合ひ給ふ故、よその四十、五十の大将にも超え、その理全《まつた》うましましますにより、「長坂左衛門丞は一向分別悪しし。はかりごとある者をばこれ近付るといふ時は、駿河の沙汰は何ともあれ、まづ我は勘助に物をいはせて聞くなり」と仰せらるゝ。

三年の間にかの山本勘助に八百貫の知行を遣はされける。勘助もよのつねならず過分、忝《かたじけ》なく思ひ、譜代衆同前に存じ奉る。その後山本勘助工夫を以て、信州の内において信玄公数箇所の城を攻め落し、終には村上殿を追出《ついしゆつ》あり。信濃国大形《おほかた》皆御手に入れ給ふ。これ、過半は山本勘助がはかりごと故なり。

信玄公十八歳の六月、天文七年戊戌《つちのえいぬ》より村上殿と取り合ひはじめ、同九年目天文十五年丙午《ひのえむま》に村上殿追出あり。信玄公二十六歳にてこの取り合ひ終る。右山本勘助駿府より甲州へ召し寄せらるゝは、天文十二年癸卯《みづのとのう》の正月信玄公二十三歳の御時なり。山本勘助甲州へ参りて五年目に村上殿と取り合ひ終る。信玄公武辺功者《かうしや》になり給ふこと、村上殿と十年の間取り合ひ、年々合戦をなされ候故にてあり。またその年九月より越後長尾輝虎公十八歳、信玄公二十七歳にて取り合ひはじまる。名は海野平においてはじめて合戦あり。

右申す軍配、何ごとにも奇特用ひあるまじ。侍衆物を稽古して上手になりても、弟子取ること無用になさるべきものなり。件《くだん》の如し。

天正三歳乙亥《きのとゐ》六月吉日　　　　高坂弾正之を記す

品第七　小笠原源与斎、兵法に神変奇特あること

一、甲斐に小笠原源与斎という兵法者がいた。いろいろな神変奇特の使い手であった。風呂に入り、ひとに戸を押さえさせておき、いつのまにか外へ出ていたり、あるいは夜ひとびとと山の見える座敷で話していて、「向いの山に松明《たいまつ》を何度立てるか、好きな回数をいってくれ」といい、いわれた通りの回数松明を立てるなど、兵法の稽古をよく積んだひとであった。総じて兵法の奥義を伝え受けたひとは、兵法の余力でいろいろな神変奇特を披露する。

永禄四年（一五六一）、川中島の合戦で討死した山本勘助は、信玄公の旗本の五人の足軽大将衆のなかでもすぐれた武将であったが、やはり兵法の熟達者であった。山本勘助の兵法は、宮・商・角・徴・羽の五つから成り、雲気・煙気そのほか、ゑぎ・さご・すだの行き来のさまから戦いの成否を予知するもので、ほかにも奥義があるが、勘助流の兵法は短縮されていて、非常に簡略である。ただし、小笠原源与斎のような神変奇特はない。源

与斎も、「神変奇特は、兵法の変化わざとしての威光を示すにすぎず、合戦の勝負の役に立つものではない。というのは、ひとの要望に応《こた》えて向いの山に松明を立てるのであれば、自分が暗がりの道中で明かりが欲しいとき、松明を立てて行くことができればよいのだが、そうしたことはかえってできず、ただひとの要望に応えて遠方に明かりをたてるだけであり、これは術である。術はその場の芸当であって、合戦の場での計略・智略には全く役に立たないものである」という。敵・味方が相対する合戦においては、勘助も源与斎も変らない。ひとびとは、同じであるなら神変奇特があった方がいいとも、ない方がいいともいう。

馬場信春は次のようにいう。「神変奇特を使うのもよいが、それはひとによってのことである。武士が合戦に勝つために兵法を習練して神変奇特を使うようになっても、合戦に勝つためとはいわず、神変奇特の使い手とよばれ、神人や山伏と同じに見做《みな》されるだけである。その上、正法に神変奇特はないと聞いているから、神変奇特を使うことは少しもいらない。総じて武士が武芸を習うとは、弓・鉄炮・騎馬・剣術の四つを修得することであって、十分稽古を積んで、自分なりの工夫や思案が生れるほどに励むことが肝要である。しかし、上手になると必ず弟子をとる。弟子をとることは、合戦に臨む心構えとは異なる。弓の射手・鉄炮打ち・馬乗り・剣術使いの名人などとよばれ、それなりの評判を得ても、傍輩はなかなか誉めてはくれず、受け容れてもらえないので、脇のことに頼るようになり、合戦の場での武功者とはよばれなくなるから、どれほど上手になっても弟子をとることは無益なことである。

馬のよしあしの見分けをするのも、武士が馬を好むからのことであるが、あまり深入りしすぎると、馬を売買する博労のようにひとびとが思ってしまう。そのうちに後には、合戦を脇に置き、欲得の思いが生れ、友や傍輩を出し抜くようになる。まったく情けないありようであり、論外で、いいようもない。ただし、弓や鉄炮を担ぐ小身の足軽などは差し支えないが、一人前の武士のすることではない。

盗みといっても、他人の物品を取るだけではない。嘘いつわりをいうのは、口の盗みであり、主人の使いに外出し、自分の用で脇に寄り長くかかって家に戻り、主人を待たせ、遅く返事をするのは、足の盗みである。ただし、武士が武略をするときはもっぱら虚言を用いる。これを嘘いつわりというのは、合戦を知らない武士であって、女人に類する武士である。そういう武士は、武略と平時との別を知らず、合戦に習熟していないので、いってはならない嘘いつわりをいうなど、浅はかで誠意のない心根の持主である。女人が他人の悪口をいい、自分の悪いところはいろいろに言いわけをし、確たる証拠もないことに自分で自分に道理をつけるのは、女人のいつものやりかたである。

またひとの弱みに対しての毀誉褒貶《きよほうへん》がどのようであるにせよ、確かな証拠があるならば申し立てに非難をあびせてはならない。非難をあびせることは道理に合わない。道理に合わないことは、大小にかかわらず、行き届かないひとのふるまいである。これもやはり女人の思慮に類する。女人は道理に合わないことをしばしばいう。思慮深い女人といっても、男の思慮の中ぐらいの程度なのだが、それほどまっすぐな心根の女人は千人に一人か二人である。そこで、道理に合っているか否かがわからず、心根の卑劣な武士を女人に喩えるのである。右にいう武略の虚言が差し支えないというのは、領国を持つ武将にかかわることとである。領国を持つ武将が、他の領国を奪いとるのは、他の領国にさほど許し難いふるまいがないにもかかわらず、攻め入って、武功次第に領有するのであるが、昔から今にいたるまで、ひとを殺して財物をとる切り取り強盗とか盗人とはよばない。それに伴う虚言を武略と名づけ、差し支えないありようとするのは道理に合っている。道理に合っていればこそ、唐土でも日本国でも、武略に秀でた武士を謀臣とよんで誉めそやしている」と馬場信春は語った。

実際、名将とよばれるほどの武将たちはみな武略にひいでた武士を大切にしている。とりわけ信玄公は二十三歳のとき、駿河から山本勘助を百貫の知行で召し寄せたが、勘助が御礼を申し上げると、その場で二百貫で召し抱える旨の文書を与えた。というのは、あれほどの醜男で、評判が高いのは、合戦におけるはたらきはいうまでもなく、武芸をよく修練し、堪能で、思慮深く、工夫のある武士であろうと推しはかりなされたからである。四、五日後、駿河の形勢を尋ねられたところ、答えようがよろしいといわれ、勘助を側近く召し寄せられた。そのとき、まだ左衛門丞であった長坂長閑が、「近ごろ勘助を側近く召されたのは、駿河での取り沙汰もあり、いかがでありましょうか」と諫言した。信玄公はそのときまだ二十三歳で、大膳太夫と名乗っていた時であったが、数回の合戦を戦い、他国の四十、五十歳の武将を超えて道理を十全に体得しておられたから、これを聞かれ、「長坂左衛門丞の判断はよくない。武略のある武士を近付けるのであるから、駿河での取り沙汰がどうであろうとも、勘助に存分に語らせてそれを聞こうと思う」といわれた。

信玄公は三年の間に勘助に八百貫の知行を与えられた。勘助も、異例の身分不相応の処遇を忝なく思い、譜代の家来と同じように信玄公に信従した。その後勘助の考え出した手だてによって、信玄公は信濃の数か所の城を攻め落とし、ついに村上義清殿を追い出し、信濃の大半を手中に収められた。この過半は勘助の武略による。

信玄公は、十八歳の六月、天文七年（一五三八）から村上殿と合戦を始め、九年目の天文十五年（一五四六）に村上殿を追い出した。信玄公二十六歳でこの合戦は終った。勘助が駿河から甲斐へ召し寄せられたのは、天文十二年（一五四三）の正月、信玄公二十三歳の時である。勘助が甲斐へやってきて五年目に村上殿との合戦が終った。信玄公が合戦のはたらきに巧みになられたのは、村上殿と十年の間毎年合戦をされたことによる。また天文十五年九月、越後の長尾輝虎十八歳、信玄公二十七歳であったが、その時から、信濃の海野平において合戦が始まった。

右にいうように、兵法には不思議な術を用いる必要はない。また武士は、武芸を習練して熟達しても弟子を取ることは無用とすべきである。以上。

天正三年（一五七五）六月吉日　　高坂弾正忠昌信之を記す

品第八　判兵庫星占《はんのひようごほしうらなひ》の事　付けたり　長坂長閑面目なき仕合《しあはせ》の事

一、永禄十二年己巳《つちのとみ》の歳より翌年午《うま》の七月まで、天に煙《けぶり》の出る星出来す。また、信玄公三十一歳の時分より召し置るゝ江州石寺の博士、昔の晴明が流れにて易者なり。なかにも判をよく占《うらな》ひ申すにつきて判の兵庫と名乗る。余の占ひをも正法に仕り、内典《ないでん》・外典《げでん》ともに携はり、邪気なること聊《いさゝ》かもなければ、信濃国水内《みのち》郡において、百貫の知行永代宛《あ》て行はるゝ御朱印を彼《かの》判兵庫に下されける。この兵庫を毘沙門堂《びしやもんだう》の庫裏《くり》まで召し寄せられ、武藤三河守・下曾禰《しもぞね》両人を問者《もんじや》にて、右の客星《かくしやう》吉凶を兵庫に占はせて御覧ずるに、兵庫心静かに占ふて、すなはち書付けをもつて申し上ぐる。「抑《そもそも》この星と申すは、天下勿怪《もつけ》の星なり。しかしながら只今に当たり、何《いづ》れの大名・高家に悪事の御座あるべきにてあらず。これは末代において日本の古き家次第に滅して、終《つひ》には悉くなくなり、扶桑国中、武家の作法を取り失ひ、昨日被官かと見れば今日は主になり、女人が男の出で立ちを仕つり、新しき家のだちて、喩《たと》へば舞楽にいたるまで真《しん》なることを見知らずして、嘲《あざけ》りなることを用ふる故、本侍衆まで一世の間に二度、三度づゝ作《つく》り名字《みやうじ》をなさるゝ憂き世になり申すべし。侍衆ばかりの儀にてもなく、仏法・世法とある時は、寺方にてもよく久しき宗旨は次第に衰微なされ、新しき宗旨の繁昌あり。百姓・町人・非人までもかくのごとし」と書きて、右の武藤殿・下曾禰殿へ渡す。「さ候へば数ならぬ我等躰《てい》も代々判を占ひ来り申し候間、この星の上は判を占ひ我等までに仕つり、子孫をば素人にいたさん。まだも息子の儀は二十に抜群《ばつくん》余り申し候間、これは時々の卜《うらなひ》致すとも、孫には全く占ひ止《と》めさせ候。

幸　某《さいはひそれがし》に大僧正信玄公大慈大悲の御恵をもつて、信濃の国にて御知行下され候故、年来畜《たく》はへ候物《もつ》を譲《ゆづ》り、孫を素人に仕立《した》て、甲府にあり付け申すべく候。我等子をも孫にかゝり、これも甲府に罷《まか》りあれ」とて柳小路に屋敷を申し請《う》け、子と孫をば町人に仕付《しつ》け、己れは知行をさし上げ、近江国へ罷りのぼり、五年目に死すると聞く。

さてその午《うま》の歳六月、信玄公思し召し立ち、広さ一間に少し小さく鏡を鋳《い》させ、御影《ごえい》を木像に表はし、見比べ我が本躰に違はぬやうに作らせ、御ぐしの毛を焼きて御影の髪を彩色し給へば、座像の不動明王に毛頭違はず。各々へたづね給へば、「惣別《そうべつ》、御法躰《ほったい》ありてより、不動の尊躰に少しもたがひ給はず」と申せば、そこにて信玄公仰せらるゝ、「さればば我等四方の国を押し掠《かす》め、居館《ゐだて》へ東道五、六十里づゝとりつめざるはなし。このごろ日本国にて弓取り多しと申せども、北条氏康・上杉輝虎・織田信長・徳川家康これ四人にこしたる弓取りさのみあるまじ。このひとびとの居城《ゐしろ》近く某《それがし》働《はたら》き、乗《の》りつめ取るといへども、我が持分の城を一つ攻め取られたること、今日までもこれなし。北越の輝虎、信濃へたび〳〵望みをかけつれど、十箇年以前に川中島にて我が勝利を得てより、終に国中へ出でず。境目《さかひめ》へ出づるといへども、一日と陣を張ることなふして、剰《あま》つさへは村上に譲られたる長沼・飯山のあたりまで某《それがし》方へ取る。げに思ひ出だしてあり、上野《かうづけ》前橋の押さへ、石倉の取手《とりで》を、その時分北越の輝虎攻めつるに、長根・大戸両人小身なる故、予が後詰《うしろづめ》を待ちかね、明け渡す。某飛驒《ひだ》を半国治め、越中椎名が居城へ発向の時なれば、この注進越中において聞き届け、当敵椎名をあらくあてがへ降参候間、和宥《わいう》せしめ、二十日の内にかの石倉へとりつめ、唯《ただ》一時に攻め殺し、しかも北城《きたじやう》が甥の荒尾甚六といふせがれの頸を切つて軍門にさらし、近辺の見せしめに仕つる。この外は我が十六歳より当年まで三十五年の間、近国、他国へ威をふるひ、今五十歳までに御旗・楯なしも照覧あれ、国・郡《こほり》のことは申すに及ばず、我が持分の屋敷を一つとして取られたること覚えず。まして甲州へ一日、二日路《ぢ》の間へ来らんと思ふひと、異国のことは知らず、我朝には覚えず。かくのごとくにいたしつめ候間、明日に我等死したるにおいては四方の敵安堵《あんど》して我が持分を攻め、数年に分国を取り尽され、終にこの国へ乱れ入り、かのにくき信玄が像《かたち》なりとて、足手をうちもがれても詮なし。幸ひ不動明王に相似たるこそ自然のしあはせなれ、火烟の出だして剣を持せ、左に縛《ばく》の縄尤《なわもつと》もなり」とて、不動の尊躰に御影を遊ばし置き給ふは、「さだめて不動ならば、ひとも悪しう仕つるまじき」とある儀ならん。

一、甲州西郡十日市場といふところに、徳厳《とくごん》と申す半俗あり。この者甲州市川文殊《もんじゆ》へ籠り、夢想《むさう》に八卦《はつけ》を文殊に相伝仕つりたるとて、在々所々にて占《うらな》ひをよく致す。長坂長閑、今の徳厳を崇敬《そうきやう》により、右、判の兵庫知行を徳厳に取りてくれんと約束なり。

ある夜信玄公、御機嫌よくまします。子細は、長遠寺と申す一向坊主をいつも江州浅井備前守、惣じて上方へ計策にさしのぼせらるゝ。その年は一しほ様子丈夫に相調《ととの》へ、伊勢長島・大坂・和泉の堺下りの時、加賀・越中までも立ち寄り、信玄公へ御味方の証文を持ち来たり仕つり、進上申す。その書き物を土屋平八郎にもたせ、武藤喜兵衛・曾禰内匠《そねたくみ》・三枝善右衛門《さいくさ》、この四人ばかり御供にて、信玄公御幡屋《はたや》へ御座なされ、馬場美濃守・内藤修理正《しゆりのかみ》・秋山伯耆《はうき》・高坂弾正・小山田弥三郎・原隼人佐《はやとのすけ》・山県三郎兵衛、この七人を召し、くだんの書き物を見せ給ひ、来年未《ひつじ》の年中の備への御談合、三重・五重あるひは七重にも相定めなされ、小山田弥三郎筆者にて紙面にあらはして、また「各々、下にて評議《ひやうぎ》仕つり、吉《よ》きことあらば猶《なほ》もつて言上申すべし」との上意にて、その後仰せ出ださるゝ。

「惣別、国を持つ者は博《ひろ》く恵《めぐ》むをもつて大身と云ふ。いかに国を持つとも、かたおちてひとむきなるはこれ小身なり。我が宗旨に妙心寺はよきとて快川和尚を頼み、また天台・真言よき宗旨とて善海法印・加賀美の大坊など計策にさし越しまゐらせても、長遠寺千分の一も合点すむまじ。この和尚たち無《ぶ》案内なることを某《それがし》にたのまれたるとて、はかの行くやうにし給はゞ、ことあらはれて他国の嘲けりになるに付きては、却《かへ》つて悪事を招くごとし。また、長遠寺才覚よろしからんとて、ひごろ崇敬《そうきやう》もなくして俄かに申し付くるとも、我が国に罷りある上いやとは申すまじけれども、忝《かたじけ》なく存知《ぞんぢ》難し。忝なきことあらずんば、何とてこれほど精《せい》を入れて調《とゝの》へん。そこをもつて、一向宗・時宗などをば国持ちの、あまりに何方《いづかた》にても崇敬するとは聞かねども、我はこの儀を遠慮して長遠寺を相伴衆《しやうばんしゆ》に仕つる。ただしこの上ながら某仕つるほどのこと、吉《よ》きこととばかり存ぜずとも、不審なることあるにつきては、必ず申し聞かすべし。一向坊主の崇敬は、予がはつし、かくのごとくなり」と仰せ出ださるゝ。各々感じ奉り、日暮るれば信玄公御くつろげ所へ入らせ給ふ。これに依つて屋形の御機嫌よくして、その夜は御はなし一しほよろしゝ。

　これを見合はせ、長坂長閑右の徳厳がことを披《ひ》露《ろう》申す。信玄公聞こし召し、「占ひは足《あし》利《かゞ》にて伝授か」と尋ね給ふ。長閑承り、「八卦にて候が、市川の文殊へ籠り夢中相伝」とて種々上手《じやうず》の奇特《きどく》ある証拠を、半時《はんじ》ばかり申し上ぐる。信玄公聞こし召し、「長閑よく聞け」とありて仰せ出ださるゝ。

「八卦といふ本は某終に見たこともなきものなれども推量にいふ。その本に真に書きたる文字少なふして二、三千もなきことはあるまじい。また、物をならふなかに、真のものをよむほどむつかしきこと、さのみあるまじ。さてまた、もののはかなきことに夢は、就中《なかんづく》ちやくじなるものなればこそ、人に逢ふても早く離れたるは、夢ほど逢ふたといふものなり。しかれば一のむつかしき学問を、目にも見えぬ文殊の夢に相伝とは、皆偽りのいたりなり。さやうなる偽り申す売僧《まいす》の盗人ものに、国持つ大将は出で逢はぬものなり。子細は、そのごとくなる売僧は意地きたなければ、当座奇特あるとても、おく〳〵貪《むさぼ》りたる意地なる故、引物を恵めば悪しきをも吉きといひ、引出物を与へねば吉きをも悪しきといふ。

放下《はうか》なる故、神変奇特もさこそあらん。さなくば、愚人も用ふることあるまじ。放下といふ者は、矢の篦《の》を二丈も三丈も継ぎ、一の上に茶碗を置き、己れが鼻の先きに乗せ、くる〳〵とまはせども、その茶碗落ちぬやうにする、これ奇特なれども、本意に達せねば、何の益にもたゝぬをもつて、放下とは名付けたるぞ。文殊に夢中相伝の八卦などゝいふは、皆これ放下の一類なり。国持ちがさやうの者に逢ふこと大勿怪《だいもつけ》なりと皆面々存ずべし。但し日本の菅丞相《くわんしようじやう》、唐《から》の無準《ぶしゆん》へ参得は、これ聖人の勢ひなり。聖人は、過去・現在・未来三世に通ず。それを名付けて仏とも申す。又、盗賊は現在ばかりに屈託《くつたく》して邪欲ある故、天道の悪くみを受け、人《に》間六十二歳の身をすぎかね、色・さまをかへ、人をぬくは少人の盗人なり。邪智恵深うて術を仕つり出だし、口にても嘘をまことのやうに申し、見ておもしろふ、聞いて聞きごとに取りなす盗人を放下と名付く。放下はもとより意地貪り、売僧に術をしてひとの心をおかす。術は必ず本のことの益に一つとして立たぬものなり。再びかやうの者のうはさ、誰にても我が前にて以来申すにおいては、曲事《くせごと》たらん」と仰せらるゝ故、長閑面目なき仕合はせなり。

品第八　判の兵庫星占いのこと　付けたり　長坂長閑面目を失うこと

一、永禄十二年（一五六九）より翌年七月まで、天空に煙の出る星、彗星が出現した。信玄公三十一歳の時から召し置いている近江の石寺の博士で、安倍晴明の流れを汲む易者がいた。花押や印判などの印をよく占ったので、判の兵庫と名乗っていた。占いを本来の儀礼に従って行ない、仏法の経典や儒学の書物にも通じており、邪《よこしま》な心根が少しもなかったので、信濃の水内郡において百貫の永代知行を与える旨の文書を兵庫に下されていた。この兵庫を毘沙門堂の居所に召し寄せ、武藤常昭・下曾根の二人を問者として、右の彗星の吉凶を兵庫に占わせて御覧になると、心静かに占い、文書で次のように言上した。「そもそもこの彗星は天下の異変を示す星であります。しかし、どこかの大国の領主や将軍家一族に凶事が起るということではありません。これは、世が末代になり、日本国の古い氏族が次第に衰退し、ついに消滅し、日本国中の武士の儀礼が失なわれ、昨日家来かと見れば今日は主君となり、女人が男のような恰好をし、新しい家柄がのさばって、たとえば能芸の世界でも本格の芸を知らず、好き勝手な芸を演ずるようになり、本来の武士でさえ一代のうちに二度、三度と名字をかえる世の中になりました。武士に限らず、仏法や世俗の世界でも、寺院にあっては旧来の宗旨が衰退し、新しい宗旨が繁昌し、農民・町人・非人までも新しい風俗に染まりつつあります」と書きしるして、武藤殿・下曾根殿に渡した。そして、「数え立てるほどの値うちもないわたしも代々判占いを職としてまいりましたが、彗星の出現が告げるところに従って、判占いをわたしの代までとし、子孫は素人にさせようと思います。息子は二十歳をとうに過ぎていますので、時々は占いをいたしますが、孫には占いを全くさせません。幸い、大僧正信玄公が大慈大悲の御恵みによって信濃に知行地を下されましたので、年来蓄えた財物を譲って孫を素人に育て、甲府に住まわせようと思います。息子は孫の世話をすることとし甲府に住まわせます」といって、柳小路に屋敷を願い出て息子と孫を町人とし、知行地を返上して、近江に帰り、五年後に死歿したとのことである。

元亀元年(一五七〇)六月、信玄公は思い立って、一間に少し足りない大きさの鏡を鋳させ、見比べて少しの違いもない姿形に木像を作らせ、髪の毛を焼いて木像の髪を彩色させたところ、座像の不動明王にそっくりとなった。どうであろうと尋ね、「総じて僧形になられてからは不動明王の姿形にそっくりです」と家臣たちが答えると、信玄公は次のようにいわれた。「わたしは四方の領国に押し入り、掠めとって、居館から東道五、六十里まできびしく攻めつけていないところはない。近ごろ日本国に武将は多いが、北条氏康・上杉輝虎・織田信長・徳川家康の四人を超える武将はいないであろう。これらの武将の居城近くまでわたしは攻め入り、乗りこみ、迫り、奪い取りはしても、今日まで自分の持つ城を一つも攻め取られたことはない。北越の輝虎は、信濃へしばしば侵攻しようとしたが、十年以前に川中島でわたしが勝利を得てからは遂に信濃に攻め入ってこない。国境まで軍勢を出しても一日も陣を張ることなく、逆に村上義清に譲った長沼・飯山の辺まで武田勢が押し入り、掠め取っている。そういえば思い出したが、上野の前橋の防備である石倉の出城をその頃北越の輝虎が攻めたが、長根・大戸の二人は小身なので、援軍を待ちきれず、城を明け渡した。わたしは、飛驒の半国を攻め取り、越中の椎名康胤の居城へ軍勢を向けていたときだったから、この知らせを越中で聞き、当面の敵である椎名勢を激しく攻めつけ、降参させて宥《ゆる》し、折り合いをつけ、二十日後には石倉の出城を攻め、瞬時に敵勢を斬り捨て、北条景広の甥である荒尾甚六という若者の首を軍門にさらし、付近の見せしめにした。このほかわたしは十六歳のときから三十五年の間、近国・他国に対して武威を発揮し、五十歳の今まで、八幡太郎義家の御旗・義光の楯無しの鎧も御覧あれ、領国や郡はいうまでもなく、わたしの所持する屋敷一つも奪い取られたことはない。まして甲斐へ一日、二日の近くに攻めこもうとする者が、唐土は知らず、日本国にいるとは思えない。このようにゆるみなく処断してきたので、明日にもわたしが死んだならば、敵方は安心してわたしの領するところに攻めこみ、数年のうちに奪い尽くし、ついには甲斐にまで乱入し、あの憎むべき信玄の木像であるといって手や足をもぎとられてもしかたがない。幸い不動明王に似ているとのことであるから、火炎の光背をつけ、右手に剣、左手に魔を縛る縄を持たせるのがよいであろう」といわれ、木像を不動明王の姿形とされたのだが、「不動明王であれば、ひとびとも悪しざまには扱わないであろう」との思慮からであった。

一、甲斐の中巨摩郡の十日市場に徳厳という俗体の僧がいた。徳厳は、甲斐の西八代郡の市川の文殊寺に参籠して、文殊菩薩から夢想に八卦を伝授されたと称し、あちこちで占いをして評判であった。長坂長閑は、徳厳を崇敬し、判の兵庫の知行地を徳厳に与えようと約束していた。

ある夜、信玄公は機嫌がよかった。というのは、実了師慶という一向宗の僧を近江の浅井長政をはじめ、総じて上方の国主に計策のために遣わしていたが、その年は一段と各国主を堅固にとりまとめ、伊勢の長島・大坂・和泉の堺から、帰りは加賀・越中までも立ち寄って信玄公へ味方する旨の証文を持参し、進上した。それらの証文を土屋昌次に持たせ、武藤喜兵衛（真田昌幸）・曾根昌世・三枝守友の四人だけを供として信玄公は旗屋へ入られ、馬場信春・内藤昌豊・秋山信友・高坂昌信・小山田信茂・原昌胤・山県昌景の七人を召し寄せ、証文を見せられ、来たる元亀二年（一五七一）の陣立ての相談を、三重・五重さらには七重にも定め、小山田信茂が筆録者となって文書に書きしるし、「それぞれ下の者と集まって相談し、よい策があれば言上するように」といわれ、その後次のようにいわれた。

「総じて領国をもつ武将は、ひろく恩恵を施す武将を大身という。どれほど領国をもっていても、片寄って狭く一方だけに施すのは小身である。わたしの宗旨は臨済宗妙心寺関山派であるが、快川紹喜に依頼しても、また天台宗・真言宗はすぐれた宗旨であるからといって、善海や加賀美の円性などを計策に派遣しても、実了師慶の千分の一も納得できる結果は得られないであろう。快川らの僧が、経験のない事柄を依頼され、成果の得られるようにことを進めようとすれば、ことが露顕し、他の領国の嘲りを受け、かえってよくない結果を招くであろう。また実了師慶の才智・思慮がすぐれているからといって、年ごろ崇敬もされていないのに突然命ぜられたならば、わたしの領国にいるかぎりいやとはいわないであろうが、ありがたいと思っていない以上どうしてこれほど熱心にとりまとめるであろうか。どこの国主も一向宗や時宗の僧を崇敬するとは聞いていないが、このことを考慮してわたしは実了師慶を御伽衆に加えている。ただし、ついでながら、わたしがやることはよいことばかりであるとは思っていないので、腑に落ちないことがあったら必ず申し聞かせるがよい。一向宗の僧を崇敬することはわたしが考えてやっていることなのだ」といわれた。各々は心を動かされ、日が暮れたので信玄公は休息所に入られた。そんなことで信玄公の機嫌がよく、その夜のお話が一段とはずんだのであった。

このときを見はからって、長坂長閑が徳厳のことを申し上げた。信玄公はお聞きになり、「占いは足利学校で伝授されたのか」と尋ねられた。長閑は、「八卦でありますが、市川の文殊寺に参籠し、夢想によって伝授されたとのことです」といい、巧みで非常にすぐれた占いである証拠を一時間ほども申し上げた。信玄公はお聞きになって、「長閑よく聞け」と次のようにいわれた。

「八卦という書物を見たことがないので、推量でいうのだが、その書物に漢字は少なくとも二、三千字はあるであろう。習いごとのなかでも、漢字を読むほど難しいことはない。また、はかないもののなかでも夢はとくにはかないもので、ひとに逢ってすぐに別れたことを逢ったのは夢のようだという。難しい学問を、現生では目に見えない文殊菩薩から夢想によって伝授されたなどとは嘘偽りの骨頂だ。そうした嘘をいう不徳義な盗人僧に領国を持つ武将は対面しない。というのは、不徳義な僧は心根が卑しいから、さしあたってすぐれた占いをしても、内心は邪欲深く、飽くことを知らず、引出物の金銀が恵み与えられると凶事であっても吉といい、恵み与えられないと吉事をも凶という。その者は放下僧であるから不思議な術をもっていよう。そうでなければ愚民でもどうして評判するであろうか。放下僧は、矢の柄を二丈も三丈も継ぎ足し、第一の矢の柄の上に茶碗を置き、鼻の先に乗せ、くるくる回しても茶碗が落ちないようにするという不思議な術を使うが、本来なすべきわざとは関わりがなく、なんの役にも立たないので、放下僧とよぶのだ。文殊菩薩から夢想によって伝授された八卦などというのは、放下僧の術に類する。領国を持つ武将がそのような者と対面するのは思いよらないことであると承知しておくがよい。ただし、菅原道真が唐土に渡って径山の無準師範に参禅したのは、聖人の威光である。聖人は、前生・現生・次生の三世《さんぜ》を見通す知の持主であり、名づけて仏ともいう。他方、盗人は現生だけを気にかけ、邪欲が深いから天から憎まれ、人間六十二歳の寿命を過ごすことが難しく、姿形や恰好を変え、人目をごまかすから盗人なのである。邪まな知恵が深く、詐術を構え、口では虚偽を事実のようにいい、見た目に面白く、聞いて聞く価値があるかのようにいいふらす盗人を放下僧とよぶ。心根が貪欲で、虚偽によってひとの心を奪いとる術は決して本来の事柄の役に立つことはないものだ。そのような者の噂をわたしの前ですることは、誰にせよ、以後あってはならない」といわれたので、長閑は面目を失わざるをえなかった。

品第九　信玄公御歌の会の事

一、甲斐国中に信玄公御申しいたす寺、定まりてあり。しかるに永禄九年丙寅《ひのえとら》の春、信玄公大僧正号の時、恵林寺・長禅寺を始め各々御なりの寺々へ御申しをいたす。

その日は時宗一蓮寺にて御歌の会あり。御相伴《しやうばん》は、小笠原慶安・板坂法印・長遠寺・一《いつ》花《け》堂《だう》・岡田見桃《けんたう》・寺島甫庵《ほあん》・長坂長閑以上検校《けんげう》ともに十二人。さて御次の座には、逍遥軒《せうえうけん》様・典厩《てんきう》様・勝頼様・穴山殿・兵庫殿・一条殿、この外六人、以上十二人。これはみな御親類衆なり。縁《えん》には、大蔵大夫・同彦右衛門、各々猿楽ども。

又、信玄公御膳をば、土屋平八郎、その配膳に、曾禰孫二郎・真田源五郎・三枝惣四郎、この四人は御膳の給仕ばかり。御相伴の衆・御次の衆へは、右四人の外、御通衆《かよひしゆ》二十一人あり。その人々、御相伴衆・御次衆の給仕なり。さてまた、信玄公の御膳奉行は、武藤三河守・今井新左衛門尉《じよう》・桜井安芸守《あきのかみ》三人なり。ことさら御供の衆上下ともに喧花《けんくわ》・口論万事狼藉《らうぜき》の御目付、二十人衆頭《かしら》五人にさし添へ、六十人衆頭の内にて三人、城意庵《じやうのいあん》・今井九兵衛・遠山右馬介。同心ともにこれは寺中の警固なり。また二十人衆頭五人にさし添へ、加勢の足軽大将三頭、市川梅隠斎・原与左衛門・横田十郎兵衛。馬乗《のり》同心・足軽ともに召しつれ、これは寺の外四方をめぐるなり。加勢の足軽とは、各境目へ番手《ばんて》に遣さるゝ衆なり。

またその折節、都より菊亭《きくてい》殿御下《くだ》りあり。二、三日以前に一蓮寺より跡部大炊助・原隼《はや》人佐《とのすけ》をもつて、「菊亭殿をも御相伴に」と申し上ぐる。信玄公聞こし召し、「我等の相伴に菊亭殿をとあるは、作法に背く。慮外ならん」との御事にて、相とゞめらるゝ。されどもその日の朝、不慮に菊亭殿一蓮寺へ御座なされ、「御歌の会と承《うけたま》はり及《およ》び、参らざるは傍若なり」と仰せられ、御案内もこれなくして御座敷へ入り給ふ。信玄公なのめならず大慶ましします。

その後武藤三河守御前へ参り、「御膳よき時分」と申し上ぐる。そこにて信玄公、寺島甫庵を召して、「円光院雪山和尚へ行きて、宋梅洞《そうばいとう》の噂は何《いづれ》の本にあるやらん、尋ねて書付け持ち来れ」と御申しあり、甫庵を円光院へさし遣はさるゝ。「御奥意は、一蓮寺、出家の事なれば、高盛《たかもり》の膳、人数のごとく仕つり、若《も》しその余分なき時、菊亭殿御座なされたるに定りたる相伴衆を立つるも、且《かつう》は信玄が辱《はぢ》ならんとおぼしめしたる」と御帰り有りて、高坂に仰せ聞かさるゝ。かやうにそのとき〴〵にあたり、御きづかひなされ候故《ゆゑ》、後は膈《かく》の病を受け給ふ。

禅宗長老たち取り沙汰に、「信玄公のやうす、唐《から》にての大将の中には諸葛孔明が如しと存ずる。されどもあらはして申し上ぐることは無用なり」。子細は、諸葛孔明あまり行儀かたふて、機根屈し相果つる。必ず天下を治むべき大将の、終に治めず。いま一年《とせ》存生《ぞんじやう》ならば、仲達を殺し、天下をとるべきひと、その年の陣にて病死する、これ諸葛孔明なり。このひとに信玄公行儀少しもたがはず。「御心をも延べられなさるゝやうに申せ」とをの〳〵長老衆仰せらるゝ。「但しさやう申し上ぐるに付きては、御機嫌いかゞと存知、時分をもつて申すべし」となり。

まず御歌の会などは御遊山にて、御気もくつろぎ給はんと思へば、それにも種々御気遣《きづか》ひどころなか〳〵申すにたへたり。さてまた、今の御屋形勝頼公ちと御気遣ひなさるゝやうに、長坂長閑老、跡部大炊助殿申し上げられ、尤もなり。

右御歌は、

題ス二松間ノ花ニ一　　　　武田信玄公

たちならぶかひこそなけれさくら花　松に千とせのいろはならはで

各々御歌は、我等野人《やじん》にて存ぜず候。
付けたり、御申しの時、儀式右の通りなさるべし。

天正三年乙亥《きのとゐ》六月吉日　　高坂弾正之を書す

長坂長閑老

跡部大炊助殿

参《まゐる》

品第九　信玄公、歌の会のこと

甲斐のなかで信玄公が祈願される寺院は定まっていた。しかし永禄九年（一五六六）春、信玄公が大僧正を号したときは恵林寺・長禅寺をはじめ、参詣されたそれぞれの寺院で祈願なされた。

その日は、時宗の一蓮寺で歌の会が催された。御相伴衆は、小笠原慶安斎・板坂法印・実了師慶・一花堂・岡田見桃・寺島甫庵・長坂長閑をはじめ検校ら十二人。御次衆の座には武田信廉様・武田信豊様・勝頼様・穴山信君殿・河窪信実殿・一条信龍殿、この外六人以上十二人。これはみな一門衆である。縁には金春七郎喜然、大蔵彦右衛門らの能芸役者。

また信玄公の給仕の役には、土屋昌次、配膳の役に曾禰昌世・真田昌幸・三枝守友。以上四人は信玄公の食事のみの役であって、御相伴衆・御次衆の食事には、右四人の外に二十一人の御通衆が給仕にあたった。さらに信玄公の御膳奉行には、武藤常昭・今井信衡・桜井信富の三人があたった。また御供衆上下ともに喧嘩・口論・もろもろの無法な振舞いの目付として、二十人衆の頭五人に、六十人衆の頭のうち城景茂・今井昌義・遠山直景の三人を加え、同心たちとともに寺中の警固にあたった。また二十人衆の頭五人に、足軽大将衆の市川等長・原勝重・横田康景の三人が加勢し、馬乗同心・足軽たちを召しつれて、寺外の四方を囲って警備した。加勢の足軽は、それぞれの国境の城の警固に遣わされる者たちである。

その折、京から権大納言今出川晴季殿が甲斐に下向していた。二、三日以前に、一蓮寺から跡部勝資・原昌胤を介して「晴季殿をも御相伴に加えて下さるように」と願い出た。信玄公はこれを聞き、「わたしらの相伴に晴季殿をというのは作法に反する。ぶしつけであろう」といわれ、さしとめられた。しかし、その日の朝、思いがけず晴季殿が一蓮寺に来られ、「御歌の会を催されると聞いていながら参上しないのは失礼であろう」といわれ、案内なしに座敷に入られた。信玄公はたいそうよろこばれた。

その後、武藤常昭が御前に参上し、「そろそろ御食事の時分です」と申し上げると、信玄公は、寺島甫庵をよんで、「円光院の設山宗璨のところへ行き、宋の林逋《りんぽ》の梅の詩をめぐる逸話が、どの書物にあるのか尋ね、書きつけてくるように」と命じ、円光院へ甫庵を遣わされた。「真意は、一蓮寺は出家の慣例で椀に高く盛った膳を出すであろうが、人数分だけで、もし余分がなかったならば、晴季殿が来られたので、よんであった相伴衆に席をはずさせることになるが、それもひとつにはわたしの恥になると思ったからである」と一蓮寺から戻って後に高坂にいわれた。このようにそのときどきに心くばりをされる故に、後には膈の病（胃癌・食道癌）を患われたのである。

禅宗の長老たちは「信玄公は唐土の武将でいえば諸葛孔明に比せられる。しかし、はっきり公言してはならない」と評判していた。というのは、孔明は立ち居振舞いが堅苦しく、気遣いがこまやかすぎて力尽きてしまった。必ず天下を治めるはずの武将でありながらついに成し遂げられずに終った。もしもう一年存命していたなら、敵の仲達を殺し、天下をとることができたであろうが、その年の陣に病死した。それが孔明である。信玄公はこの孔明に立ち居振舞いが少しも違わなかったからである。長老たちがいわれるには「心をゆったりのんびりなされるように申せ。ただし、そう申し上げるならば、御機嫌のよいときをよく見はからって申し上げるように」とのことであった。

歌の会は遊山であってのんびりくつろがれる折であるのに、そこでもいろいろと気を遣われることにはなんとも言葉がない。今の御屋形様の勝頼公ももう少し気を遣われるように、長坂長閑老、跡部勝資殿申し上げるがよい。

右の歌会のときの歌は、

松の間の花に題す　　　　　　　　　　　　　　武田信玄公

たちならぶかひこそなけれさくら花　松にちとせのいろはならはで

(桜の花よ、松とならんで咲いていても千年も変らない姿態を松に学ばないのでは、そのかいもないではないか)

わたしは無粋で、他のひとびとの歌は知らない。

付けたり、勝頼公へ申し上げるときは、右に書きしるした作法の通りになされるのがよろしいであろう。

天正三年(一五七五)六月吉日　　　　　　　　高坂弾正忠昌信これを書す

長坂長閑老　跡部勝資殿へ

品第十　信玄家にて来年の備へ定め、前の年談合の事

一、比叡の山に堂衆《どうしゆう》・学徒《がくと》不和のこと出で来たりて、学徒みな散りける時、千日の山ごもり満ちなんことも近く、聖の跡を絶たんことを歎きて、かすかに山の洞《ほら》にとゞまりて侍りけるほどに、冬にもなりにければ、雪降りたりけるあしたに、尊円《そんゑん》法師のもとにつかはしける、

法印慈円《じゑん》

いとゞしくむかしの跡や絶えなんと思ふもかなし　けさの白雪

かへし

尊円法印

君が名ぞなほあらはれん　降る雪にむかしの跡はうづもれぬとも

かやうに比叡山にて僧たち仲の悪しきを見給ひ、知識衆《ちしきしゅ》比叡山滅却と思し召す。そのご

とくに去年戌《いぬ》の極月《ごくげつ》二十八日に、山県三郎兵衛尉《ひやうゑのじよう》ところに寄り合ひ、当亥年《いのとし》中の御備への儀、信玄公御存生《ぞんじやう》ある時のごとく各々談合いたす時、長坂長閑、跡部大炊助後より来る。内藤修理申すは、「爾余《じよ》の談合に違《ちが》ふて、御備への儀は深く隠し申せと、信玄公御存生にたび〳〵の御仕置なり。しかればかた〴〵両人は、他国への御使者の往来《ゆきゝ》、御公家衆・出家衆惣じて客来《きやくらい》などの談合にこそ、長坂長閑老、跡部大炊助殿たち入り給へ、御備への談合には、終《つひ》に立ち入り給はず。おととし酉《とり》の四月十二日に信玄公御他界、すなはちその極月二十八日に馬場美濃守ところにて、各々御先きを仰せ付けらる。年の寄りたる者ども寄り合ひ、戌《いぬ》の年中の御備へ、信玄公御代のごとく談合いたす刻《きざみ》、「御代がはりのことなれば、誰にてもこの談合申す内へ御入りなされたきひとも御座あるべし」と書き付けをもつて土屋惣蔵殿を頼みたてまつり言上仕つるところに、「信玄公御代のごとく、除《の》くることも入るゝこともあるべからず。弓矢の儀卒爾《そつじ》になされ、洩《も》れ聞こえては大悪事なり」とある儀、すでに勝頼公御自筆にて各々《おのおの》へ下さる。信玄公御他界、来年四月まで隠密《おんみつ》故、右の御書誰人にも見せず候。それは定めて馬場美濃殿に預り給ふべし。惣別、両人のいろひ給ふ客来へは此方《こなた》の者どもいろはず。信玄公御代には、その手よりにて越中椎名《しいな》ところより使者を進上申すをば、馬場美濃殿肝煎《きもいり》給ふ。また多賀屋・宇都宮・安房の正木大膳・上田・万喜《まんぎ》などゝある関東の侍大将衆申し通ぜらるゝには、先づ我等ところへの内証なり。

それは上野《かうづけ》箕輪《みのわ》の城に罷《まか》りあるに付きかくのごとし。それも終に我等の罷り出で、披露《ひろう》申したることとあるまじ。土屋右衛門殿・原隼人殿・跡部大炊助殿御覚えあるべし。たび〳〵頼み入り候。そなたの役の事に身どもゝいらふまじ。こなたの談合にも御無用なり。第一、信玄公御仕置に相違ありてはいかゞ」と、内藤修理申し断《こと》はる。

跡部大炊助は物いはず。長閑申すゝ「内藤殿は近比《ちかごろ》曲無きことを承はるものかな。方々様御談合いまだ始まるまじ。その前に勝頼公思し召しの道理各々へ申すべし、と。その意趣は、信玄公の御奥意は大方御存知ならん。当屋形勝頼公の御むねは、しかと皆しろしめさるまじ。その内談いたさんと存ずるに、忠が不忠に罷りなる」と長閑申す。

内藤修理申すは、「当屋形にてましますとても、京・筑紫より当国へ直り給ふにてもなし。その方ほどは、我等にかぎらず御譜代の者なれば皆よく存じ奉る。他国と申しながら信濃は当年まで三十箇年、あるいは上州も十七箇年以来《このかた》御手に入り、真田《さなだ》・芦田《あしだ》・小幡《をばた》・安中《あんなか》衆・和田を始め二、三代のひと〴〵なれば、この方々も勝頼公の御むねは存ずべし。あまりさやうに出頭《しゆつとう》ぶりも無用なり」といふ。

そこにて馬場美濃申さるゝ、「それは修理殿勿躰《もつたい》なし。まづ長閑の仰せらるゝを聞き給へ。その方・身どもは、かきあげの小城《こじろ》にても預かり申せば、何としても御前は遠々《とほ〴〵》しく候。さて長閑老、勝頼公御奥意は何と」とたづぬる。

そこにて長閑申さるゝ、「当屋形の御奥意は、一両年の間に美濃・尾張・三河三箇国の内にて、信長・家康と是非とも有無の合戦必定《ひつぢやう》の思し召しなり」と云ふ。

そこにて内藤修理申す、「それは皆長閑おのしが教へまゐらせて、若き屋形をそゝりたて、勝利を失はせ申し、武田の家を絶やし、我が腹を癒《い》んと思ふ。子細は、信玄公にむすこの源五郎を殺され申すその妬《ねた》みなり」と云ふ。

長閑、「これは御情なし。御とがを申してのことなれば、何しにさやう思はん」。

内藤申すは、「その方がそれほどに弱きむねなる故、くろづらをふりたて公界《くがい》をする。抑《そもそも》かはよき子を御成敗ならばもつとも三代相恩の御主に深き御とが申し、方々もつてのことならば幸ひ年寄りてあるほどに引込み、後生《ごしやう》いつさんまいにいたすならば、諸傍輩《はうばい》も憐れまん。何ぞ科《とが》をして御成敗にあふたるむすこの意趣に、主君の御家をつぶしたがり、あれほど強き屋形の、しかも三十よりいまだ内にてまします、さま〴〵すゝむ異見を申上げ、佞人を作らぬと御嶽《みたけ》の鐘をつけ」と云ふ。

長閑そこにて腹を立て、「おのれが分として某《それがし》に御嶽の鐘をつけと、百姓あてがひの申し分、口惜しき次第なり。その方こそ元来工藤《くどう》源左衛門とて兄を信虎公の御手打に斬られ申し、そのねたみに信玄公へ種々軽薄をいたし、御意を取り請け、内藤修理になられ、今二百五十騎の同心・被官の下さるゝといへども、何方《いづかた》にて何たる手柄を仕つりたるぞ。是非いへ」と云ふて、脇指《わきざし》に手をかくる。
内藤修理刀を取つて、さやがらみ打たんとす。内藤には山県と馬場美濃と高坂弾正取り付く。長坂長閑をば小山田弥三郎・原隼人両人にて左右の手を取り、引き出だし、宿へ送る。

その日に長閑、勝頼公御前へ参り、「各々人衆《にんじゅ》もたぬ者ども同心・被官下され、過分の御知行を取り、一城の主になり、身を大事に仕つり、若き殿をあなづり、ひかへ公事を申し、若し討死やせんとて身のためばかり存ずると見え申してあり。信長・家康をば信玄公の、あらぎりをなされ、岩村まで取り詰め、かんの大寺を此方《こなた》へ御手に入れ給へど、信長岐阜に居ながら頭《かうべ》をかたぶけ罷りある。岐阜と大寺の間は上《かみ》道十里に少し余り候に、これまで取りつめ給ふ。もとより家康は小身にてこれあり。その上信長より年も若し。なほもつて遠州にては二俣《ふたまた》、東三河にて設楽《したら》の郡《こほり》まで御手に入る。さてまた当勝頼公御代に遠からぬ当年の春、東美濃にて小城とは申せども、いま見・あてら・明智・串原・飯羽間、その外少しき砦《とりで》へかけてはいくつの城を攻め落され、あるもあられずして、信長罷り出で、山県三郎兵衛一手にさへ追はれて、四万にあまりの人数にて、上道四里にあまり逃げ申し候。去年の三月も、信玄公御他界の二十日以前に、岩村の城を攻め給ふ時、信長一万ばかりにて出で、馬場美濃が千に足らぬ人数をもつてかゝるを見て、剣をまはして引き候。匆論家康も当年秋、高天神《たかてんじん》を攻め落され、上道四、五里の間に己れが居城のありながら後詰《ごづめ》をいたさずして、城《き》飼《かう》郡御手に入る。その節、各々大将ども美濃にても遠州にてもさま〴〵ひかへ御異見申しつる。あの衆の異見に付き給はば、信玄公の御時の岩村の城一つばかりならん。城飼郡の儀、今までも敵なるべし。我等と跡部大炊助と申し上げたるにて、正《まさ》しく信玄公御時に御領分にてなきところ、みな御手に入れ給ふ。恐れ多き申しごとなれども、屋形様御むねと跡部大炊助、我等式《しき》存じ奉るが同前なり。余《よ》の衆はみな各別《かくべつ》の分別にて候。但しあの衆はいづれも大身にて候間、よきことにてましまさん。その段は屋形様の御分別次第。緩怠なれども、勝頼様をば我等の見聞き申し上ぐるは、長尾輝虎の御武辺かたぎかと存ずるなり。輝虎は、勝ち負けにも国を取るにもかまはぬ、たゞせいでかなはぬ合戦のまはさぬやうに仕つらるゝ。武士には日本はじまりて大形《おほかた》輝虎、さては勝頼公にておはしますなり」と讒言《ざんげん》申上げたるを、土屋惣蔵聞きて、兄の右衛門尉に語る。右衛門尉隠密にて、馬場美濃・山県三郎兵衛・内藤修理・高坂弾正四人に話す。さりながら「せがれの、御膝元《ひざもと》に罷りあり。奥にての儀を告げひろむるとあれば、その身のためあしき」とて、一切沙汰は申さぬなり。

内藤と長閑と申し分ありて仲悪しくなること御家の大事なり。喩へば、「比叡の山僧たち不和の儀にて山の破れん」と知識衆仰せらるゝごとく山ははや絶えにけり。去年極月二十八日にかりそめの出入あり。屋形の御耳へ悪しく入り、家老衆のいさめを少しも御承引なき故、当年五月二十一日に長篠にて負け給ひ、悉く討死する。強みを申す長坂長閑、跡部大炊助何事なく帰陣《かひぢん》して、今に至りて両人強き御異見申さるゝは、武田の御家の破滅疑ひあるまじ。これはひとへに長坂長閑、跡部大炊助と申す両佞人《ねいじん》のわざなり。

天正三年乙亥《きのとゐ》六月吉日　　高坂弾正之を書す

この書物を長坂長閑老、跡部大炊助殿両人披見なされ、腹を立て給はゞ、国の破れは疑ひあるまじ。尤もとおぼしめさば、武田の家は長久ならん。そのためかくのごとくなり。

品第十　信玄家では年内に翌年の陣立てを相談したこと

一、比叡山の堂衆と学生《がくしょう》が相争い、学生がみな散り散りになった頃、千日回峰の修行も終りに近く、菩薩僧の跡を継ぐ在りようが断絶することを歎きつつ、岩屋に寂しく籠っていたが、冬に入り雪の積った朝、尊円法親王のもとに遣わした歌

法印慈円

いとどしくむかしの跡や絶えなんと思ふもかなし　けさの白雪
(より一層昔の跡も消えてしまうのかと悲しく思われる。今朝降りつもった白雪を眺めていると)

かへし

尊円法印

君が名ぞなほあらはれん　ふる雪にむかしの跡はうづもれぬとも
(降る雪に昔の跡は埋もれて見えなくなっても、それでもやはり厳しい修行に励むあ

なたの名はひとに知られることでしょう）

比叡山において僧たちの仲の悪いことを見てとった高僧は延暦寺の滅亡を予感した。それと同じように、去年天正二年（一五七四）十二月二十八日に、山県昌景のところに集まって、今年天正三年の陣立てをめぐって、信玄公存生の時と変ることなく相談していたとき、長坂長閑・跡部勝資が後からやってきた。

内藤昌豊は次のようにいった。「ほかの相談と違い、陣立ての相談は深く隠密にせよ、と信玄公は存生の頃たびたびいわれた。あなたがた二人は、他の領国への使者の送迎や公卿衆・出家衆など、総じて客人の接待をめぐる相談には加わったが、陣立ての相談には遂に加わらなかった。一昨年天正元年四月十二日に信玄公が亡くなられたが、その年の十二月二十八日に馬場信春のところで前任者が集まるようにとの言い付けであった。老功の者が集まって天正二年の陣立てをめぐって信玄公の代のように相談した折に、「代が替ったことでもあり誰にもせよ陣立てを相談する衆に加わりたい者があるでしょう」と土屋昌恒を介し、文書で言上したところ、「信玄公の代のまま、除くことも入れることもすべきではない。合戦にかかわることは、軽率に扱って、洩れ聞こえたならば非常な悪事である」と勝頼公の御自筆で各々に宛てて下さっている。信玄公の死歿は来年天正四年四月までは内密であるから、右の文書は誰にも見せていないが馬場信春殿が預かっているはずである。総じて御二人が扱っている客人接待のことは、こちらの者たちは口出しをしない。信玄公の代には、縁あって越中の椎名康胤のところから使者を進上する折は、馬場信春殿が世話役をした。多賀谷政経・宇都宮広綱・安房の正木時綱・上田政広・万喜為頼などの関東の侍大将衆が武田家へ申し通ずる際にはまずわたしのところへ内密に伝えてきたが、それはわたしが上野《こうずけ》の箕輪の城にいたからである。しかし、それらについてもわたしが直接、上申することはなかった。土屋昌次殿・原昌胤殿・跡部勝資殿は御記憶であろうが、たびたび彼らに頼んでいる。あなた方の役のことに口出しはしない。わたしどもの相談にも口出しは無用である。なによりも、信玄公のなされたことに背反することはどんなものであろうか」といって拒絶した。

跡部勝資はなにもいわなかったが、長坂長閑は次のようにいった。「内藤殿はたいそう愛想のないことをいわれる。いずれにせよ、まだ相談は始まっていないでしょう。その前に勝頼公が考えておられる道理を申し述べようというのです。というのは、信玄公の真意は大体のところ御存知でしょうが、当主である勝頼公の心の内ははっきりと御存知ないでありましょうから、そのことを内々お話ししようと思っているのですが、その忠が不忠になるというのですか」。

内藤昌豊は、「今の御屋形様といっても、京や九州から甲斐にこられたわけではありますまい。わたしに限らずみな譜代の家臣であるからそなたほどはよく知っている。他の領国といっても、信濃は今年まで三十年、上野も十七年来、武田家の領国となり、真田幸隆・芦田信守・小幡憲重・安中忠成・和田業繁を始め二、三代の者であるからこのひとびとも勝頼公の心の内は知っていよう。あまりそのように側近者ぶるのはやめるがよい」といった。

馬場信春は、「それは内藤殿畏れ多い。まず長閑老のいわれることを聞かれよ。そなたもわたしも、急造の小城とはいえ城を預かっている身で、どうしても御屋形様の御前から遠くなってしまう。長閑老よ、勝頼公の真意はどうであるのか」と尋ねた。

長閑は、「御屋形様の真意は、一、二年の間に美濃・尾張・三河三箇国のうちで信長・家康と生きるか死ぬかの合戦をすることはどうあっても定まっているとのお考えである」という。

内藤は、「それはみな、長閑、そなたが教えて若い御屋形様を煽動し、勝ちを失わせ、武田家を滅ぼし、自分の憎しみをはらそうというのであろう。というのも、信玄公に息子の昌由を殺された恨みからであろう」という。

長閑は「それはひどい。罪科を犯して成敗されたのであるからどうしてそのように思うであろうか」という。

内藤は「そのように弱い心の持主であるから、そなたは鉄面皮にもはれの場に出るのだ。かわいいわが子が成敗されたのは、三代相恩の主君に対し深い罪科を犯したからであり、あれやこれや道理なのであるから、幸い年老いていることでもあり隠遁し、ひたすら次生のことに専念するのであれば、傍輩たちも憐れんだであろう。息子が罪科を犯して成敗された恨みに、どうして主君の家中をつぶしたがるのか。あれほど剛強で、しかも三十歳にもならない御屋形様に、はやりたつばかりの意見を申し上げるのか。御嶽の鐘をついて、口先きが巧みで心のねじけたありようでないことを明かしてみよ」といった。

それを聞いて長閑は腹を立て、「そなたのような地位にいる者から、御嶽の鐘をつけなどと、農民に対するようないいかたをされるとは心外である。そなたこそ、もと工藤源左衛門であったとき、兄が信虎公の御手討ちにあい、その恨みで信玄公にいろいろ追従し、お気に入りとなって、内藤修理正となり、二百五十騎の同心・被官を与えられはしたものの、どこでどのような武功をたてたのか。ぜひともいってもらいたい」と言い、脇差に手をかけた。内藤は刀を取り、鞘もろとも打とうとした。内藤には山県と馬場と高坂が組みつき、小山田信茂と原昌胤の二人が長閑の左右の手を取って外へ連れ出し、宿まで送った。

長閑はその日に勝頼公の御前に参上し、次のように申し上げた。「老臣の方々は、もともと家来すらもっていなかったのに、同心・被官を与えられ、身分不相応の知行を取り、一城の主となり、わが身を大事にし、年若い主君を軽視し、腰のひけたことを言い、あるいは討死するのではないかとわが身のことばかりを考えているように見受けます。信玄公は、信長・家康に手荒く当たられ、岩村城を攻め落とし、大寺を奪い取られましたが、信長は岐阜に居ながら、首を振って軍勢を出しませんでした。岐阜と大寺との間は、上道《かみ》十里を少しこえるほどの距離ですが、そこまで攻めこまれたのです。家康はもとより小身で、しかも信長よりも年若ですから、遠江では二俣、東三河では設楽郡まで奪い取られました。また当御屋形様の代に近い今年の春には、東美濃で、小城ですが、いま見・あてら・明智・串原・飯羽間をはじめ、その他いくつもの砦を攻め落とされ、たまりかねて信長は軍勢を出しましたが、山県昌景の率いる軍勢にさえ追い散らされて、四万をこえる人数でありながら上道四里以上も逃げています。去年三月も、信玄公死去の二十日以前に岩村城を攻められたとき、信長は一万人ほどの軍勢を出しましたが、馬場信春が一千人にも足りない軍勢で攻めかかるのを見て、合戦を放棄して退却しました。いうまでもなく家康も、今年の秋、高天神の城を攻め落されました。上道四、五里の距離に自分の居城がありながら、後備えの軍勢を出さず、城東郡は武田家の手に入りました。その折、老臣の方々は、美濃についても、遠江についても、さまざま腰の引けた意見を述べていました。あの者たちの意見に従っていたならば、信玄公の時の岩村城一つにとどまっていたでしょう。城東郡は今も敵の領有でしょう。わたしと跡部勝資とが申し上げたところによって、信玄公の時には領国でなかったところをみな手に入れられました。畏れ多い申しようですが、御屋形様と跡部とわたしとは考えるところが同一です。他の老臣の方々はみな考えが違います。ただし、あの方々はいずれも大身ですからそれでよろしいのでしょう。そのことに関しては御屋形様のお考え次第です。不作法ですが、わたしの見聞きするところでは、勝頼様は長尾輝虎の合戦ぶりと気性が似ておられると思われます。輝虎は、勝ち負けにも、領国を奪い取るかいなかにもかかわらず、ただ戦わなくてはならない合戦に背を向けることなく戦うことを心がける武将ですが、こうした武将は、日本国始まって以来、おおよそのところ、輝虎と勝頼公であります」と讒言した。これを聞いた土屋昌恒が、兄の昌次に話した。土屋昌次は、馬場信春・山県昌景・内藤昌豊・高坂昌信の四人に話した。しかし、土屋昌恒の子息が勝頼公の側近に仕えており、奥座敷における出来事を語り広めたということになれば、子息にとってよろしくないであろうとして一切公けにはしなかった。

　内藤と長閑とが口論して、仲が悪くなったことは武田家にとって危険な出来事であった。「比叡山の僧たちの仲間割れで、延暦寺が滅びる」と高僧がいったように、延暦寺は焼け滅ぼされてしまった。去年十二月二十八日にちょっとした喧嘩があったが、御屋形様の耳に一方的なかたちで入り、老功の家老衆の諫言が少しも受け容れられなかったために、今年五月二十一日に長篠の合戦で負け、多くのすぐれた武将が討死した。強攻策を説いた長坂長閑、跡部勝資が何事もなく帰陣して、今もなお両人が強攻策一辺倒の意見を述べている以上、武田家の滅亡は疑いないであろう。これはひとえに長坂長閑、跡部勝資という二人の心のねじけた邪悪な者のしわざである。

天正三年(一五七五)六月吉日　　高坂弾正忠昌信これを書す

この書物を長坂長閑老、跡部勝資殿両人御覧になり、立腹されるのであれば甲斐の滅亡は疑いないであろう。尤もであると同意されるのであれば武田家は長久であろう。そう考えてこのように書きしるした。

品第十一　四君子犛牛《みやうごの》巻一　鈍《どん》過ぎたる大将の事　付けたり　駿州《すんしう》今川家幷《なら》びに山本勘助《かんすけ》の事

一、我が国を亡《ほろぼ》し、我が家を破る大将四人まします。第一番には馬嫁《ばか》なる大将、第二番に利根《りこん》の過《す》ぎたる大将、第三番に臆病《おくびやう》なる大将、第四番に強過ぎたる大将、これを沙汰しては、二《ふたごころ》大将となる。

先づ第一に馬嫁なる大将。これをところによりて虚《うつ》けとも、戯《たは》けとも、耄者《ほれもの》とも申すなり。この馬嫁大将の仕形《しかた》は、戯けても必ず心は大略剛《たいりやくかう》なる者にて、我がまゝなる故《ゆゑ》、我が身を忘れ、遊山《ゆさん》・見物・月見・花見・歌・連歌・詩・聯句・能・踊りなどに好き、または芸能を専《もつぱ》らにし給ひ、適《たまたま》武芸の弓・兵法・馬・鉄炮《てつぱう》を稽古《けいこ》あれども、その心戯けなる故、弓矢の道へは落さず、芸者のやうにしなし、いつもよろしく我は国持ちならんと思ひ、弓矢の道無心懸《ぶこゝろがけ》にて、我がすることをば何をもよきこととばかり存ぜらるゝにつき、その被《ひ》官衆《くわんしゆう》は大将の得給ふことも得ぬことも、皆よきと誉むるものなり。誉むるは尤《もつと》も道理にてあり。

抑《そもそも》大名の智恵をば、下の者盗むなり。盗まれざるをよき大将といひ、盗まるゝはこれ馬嫁《ばか》大将といふ。その盗むと申すは、主君のあそばすことをば、上手になさるゝをも、悪しう下手になさるゝをも被官となりては、さて見《み》ごと、聞《きき》ごとかなと各々誉め候。よき大将は分別ましくて、我がなさるゝ儀《ぎ》にも、しえたることを誉むるは道理と思ひ、しうけざること誉むるは、我への馳走《ちそう》に時の挨拶と心得らるゝを、盗まれぬとはいふぞ。ひとぐの誉むるに乗り、我が手前《てまへ》の善悪をも弁《わきま》へざるをさして、智恵を盗まるゝと申す。

また善悪を弁へたるといふて、我を誉むるひとを軽薄者とて叱り給ふ大将もあるべし。それもあしき分別なり。何たる大名とても、異見《いけん》申上ぐる家老は、多ふして五人、さては三人、二人ならでなきものなり。その余《よ》はみな主君へ軽薄申さずんばあるべからず。それを叱るも馬嫁大将なり。

かく馬嫁なる大将の下にて、奉公人の上中下ともに様子を見聞くに、前代よりの家老にはよきひともあれども、当時の出頭人《しゆつとうにん》に若《も》しは支へられやせんとて、よきことを存じ出だし候てあれども、物いはず。大将戯け給ふにより、ひとを見知りなふして、分別なき不賢どもを召しあつめて崇敬《そうきやう》ある故、その衆善悪の弁へもなく、たゞ我が手柄なる分別ありて、かくのごとく仕合はせよく立身すると、証拠もなき誉《ほま》れを思ひ、我が身に高慢の意地は二六時中に専らなり。

惣別《そうべつ》、小身なる者の虚《うつ》けたるは、その伴なふひと戯けなり。ことに大名の馬嫁なるは、その下にて出頭仕つる衆戯けなり。虚けは必ず先づ分別だてありても、一切《いっせつ》分別は少しもなし。下﨟《げらふ》の喩へに、「牛は牛連《づ》れ、馬は馬連れ」と申すごとく、我に等しき者に諸役を申し付くるにより、馳《はし》りまふほどのひとみな戯けなり。

その者どもをも、その家にては、健人《すこやかじん》、分別者《ふんべつしゃ》かな、利発一人などゝいふて誉むる。子細は、その下にすめばまづその大将をよくいふとては必ず出頭人を誉むる。出頭人を誉むれば、出頭衆目利《めきゝ》の者どもをも各々誉めてまはる。悪しきひとをもよきひとかなと邪欲の諸人申すといへども、その家中ばかりにてのこと、よそにてはひとが笑ふなり。なかにもその家破れて後、末代までも悪しき引くには、その家の作法、その大将を申しならはし候。

悪しきとても、件《くだん》の家中にて、諸人その出頭衆・馳廻《はしりまはり》の衆を誉むるはこれまた道理。喩へば、朱に綺《いら》ふて指の赤うなり、墨に綺ふひと手の黒ふなる心に、十年とさやうの家中にあれば、大方《おほかた》家のふりになるなり。そのふりにならずして、利発なる賢人は分別ある故、その家に堪忍《かんにん》の間、善悪の沙汰《さた》少しもいはず。ことにそのひとは、右の家を出でゝよその主君を頼みても、義理を用ひて、始めの家中の善悪を猶《なほ》もつていはず。

さてまた不賢《ふけん》は悪しき作法をも知らずして、時にあたり時めく衆を軽薄に誉めたる者どもは、無分別にて義理なき故、よそへ行きて、もしよき作法の主を頼み、そこにては酒に酔ひて覚めたるやうに跡《あと》のことを思ひ出だし、始めて悪しきと知り、利根《りこん》だてを仕つり、口にまかせて前の主を悪しういふ。このひとびとは、分別なふして義理をも知らず、何の役にもたゝぬ侍どもならん。

右の戯けたる大将の下には、十人の者九人へつらふて、悪しき様子のひとばかり多し。多きもこれ尤《もっと》もなるべし。その主君の家風にて万事逆《ぎゃく》なる故、悪しき者仕合せよければ、これを諸人まね候はみな欲を起してのことなり。大小によらず、人間となりて欲のなき者一人もあるまじ。但し邪欲の儀は勿躰《もったい》なし。邪欲を家中の諸侍に持たするは、下々《した〲》のことわざにてあらず。その家にて、主君のおこなひ政《まつりごと》の悪しき故ならん。

定《さだま》りて馬嫁《ばか》なる大将は慢気《まんき》あり。我が目の違《ちが》ふて、悪しきひとを取り立て給ふことをば知らず。主《ぬし》の目利《めきゝ》なさるゝひとは、みなよき者とおぼしめし、我が扶助《ふじょ》の衆を悉《こと〲》く当時崇敬《そうきやう》あるひとのかたぎになされたがること、これ悪しき儀なり。仏教に曰く、「人々如面《にんにんにょめん》各々不同《かくかくふどう》」とある時は、心もまた〱かくの如くならん。諸人ひとつかたぎになるべきこと、聊《いささ》かあるまじ。喩へば、庭に木を植ゆるに、いろ〱を植ゑ給ふと思《おぼ》し食《め》せ。当時崇敬の衆、よきひととても一手にはなりがたし。

いはんや不賢なるひとびとは分別なし。分別なければ義理に遠し。義理に遠ければ、恩を受け奉る主君のためも思はず、私《わたくし》なる意地あり。私なる意地あれば、もとより馬嫁なる大将へ無窮自在《むぐうじざい》に申し上げ、皆おのれ〳〵がまゝにする。我が贔負《ひき》の人をば、余の出頭人に取りなさせ、余の出頭衆の身よりをば、我がよく申しなす。「賊《ぞく》は是《こ》れ小人、智君子に過ぎたり」と古人の申すごとく、邪智《じやち》恵《ゑ》深うして善悪の差別《しやべつ》もなく、我が身よりの者を肝《かん》要《えう》に取り立つる。さては我に引物《いんぶつ》持ち来たるのひとばかりを取り持ちて馳走する。

もし右のひと公事沙汰《くじざた》などあれども、理非もたゞさず、我が贔負のひとの理《り》にいたす。かやうの家は上《かみ》より下《しも》にいたるまで悉《ことぐ〵》く不直《ふちよく》なり。不直とても、相手の道理に究《きは》まれば、俄《には》かに非に落とすこともならずして、諸奉行《しよぶぎやう》目と目を見合はせ、かなたこなたへぬりまはり、ことをながふして相手に退屈《たいくつ》さする。相手も機根《きこん》強ふして諸奉行へ廻れば、「今日は余所《よそ》への饗応《ふるまひ》」「今日はまた御大将にて大事の御談合《ごだんかふ》」といふて、そのひとをおし返す。

適《たまたま》内にいる時も、「機嫌悪しうて臥せられたる」などゝ内の者申して、終《つひ》に相手の者理を持ちても、くたびれて無事にいたすか、もしは彼《かの》ひと公事理なる故、各々仕形《しかた》に腹を立ちて雑言《ざふごん》など申せば、そこにて負にさばく。これたゞ出頭人の不直なる故ぞかし。

さてその出頭衆、親類どもの仕形《しかた》は、親や兄や舅《しうと》や叔父や従弟などの出頭を笠《かさ》にきて、いかにも慮外《りよぐわい》を面《おもて》へたて、おごりて、上の御用に立つも、御為思ふも、我々ばかりと分別がほをして、親類衆出頭のかげにより、我も出頭する躰《てい》に仕《つかま》つりなし、ひとに用ひられ、我を用ふる者をば、悪しきひとをもよく申す。我を用ひざるひとをば、よきひとをも悪しうひ、たとひ覚えの場を引きたる手柄のひとをも口に任《まか》せて悪口せしめ、おのれは三十に余り四十に及び、あるいは四十に余るといへども、つひに一度も手柄もなし。しかれども虚言《きよごん》をいひ、手柄だてを申して廻る。その身どころへ出入する衆は、これを鬼や神のやうに申すを、よく糾《ただ》して聞けば、おのれが内の小者などを被官にいひつけ、殺させ、または適《たまたま》合戦《かっせん》・せりあひに逢ふては、被官の取りたる頸《くび》などを高名帳にのせ、一本鑓《いっぽんやり》をつきたるほどにいひまはれども、どこぞのほどにその被官を追ひ出だせば、下劣の者のあさましきは、その主につかはるゝ内は隠せども、出でてから幾年《いくねん》過ぎても、主の悪しき儀悉《ことごと》く化《ばけ》を顕《あらは》すものなり。

　さやうに親類の出頭に自慢してよきひとを誹《そし》り、己れが身にかけては悪しくしなすひとをば、馬糞《ばふん》つかみといふ鳥に喩へたり。この馬糞つかみは、鷹の自然によりきるを笑ひ、また鷹の鳥《とり》取るをみても笑ひ、「よりをきるは勿躰《もったい》なし、あのやうにとるは悪しき取りやう」と批判仕つり、「己れがいでとらん」といふて、はるかの野辺に舞ひ降り、鳥の立ちたる跡《あと》に馬糞のあれば、それをやう〳〵つかむと申し伝へたれば、手柄の侍を誹《そし》るひとの、三十、四十になるまでも何の手柄もなきひとを馬糞つかみ侍とは申し習はすなり。

　そのみなもとは、これたゞ偏《ひと》へに馬嫁なる大将のさせ給ふなり。この大将の下にては、百人の内九十五人、六人は作法悪しし。そのなかによき者四、五人ありとても、衆力《しゆりき》功をなすとて、百人ばかりの内に四、五人ばかりをば物もいはせぬものなり。さありてその四、五人は公界《くがい》もせず、大勢のひとは威光強し。その四、五人は賢人なり。大勢は不賢なり。賢人は正法、不賢は邪道、正法、邪道のわかりを申すに、賢人たるひとは、その主君あるいは家老の政行《まつりごとおこなひ》よければ、たとひ我には悪しき擬作《あてがひ》なりといへども、その君、家老を誹ることなし。あるいは我を愛する君、家老といふとも、悪しき作法ならばよくは申さず。悪しき沙汰もいはず。論語に曰く、「その位《くらゐ》に在らざれば其の政《まつりごと》を謀《はか》らず」。これをもつて物いはず、これ賢なり。但し無事の時はひと知らず、もしは見知りたる者自然ありといへども、不賢の判じやうには、心むさくして、その賢人を誉めざる故、知れず。かくの如き賢人は手柄なしといふても、よきこと二度も三度もあるべし。そのほか五度、六度手柄をいたしても、賢人なる意地にて、我が心にまづ等分に思はねば、我と我が身を穿鑿《せんさく》仕つり、これは誉れにてあるまじとみがきたてゝ申さるれば、愚人どもはこれをきゝ、きよき心へいたらねば、「あのひとも手柄ばかりもなし、無手柄もある」と批判申せども、さいふ愚人たちの一本鑓の手柄より、この賢人の無手柄は十双倍《さうばい》もましなるべし。

かやうに賢なるひと、手柄なる忠功をいたして見せ申せども、その主君戯《たは》け給ひて、賢人を見知り給はで崇敬《そうきやう》なければ、述懐《じゆつくわい》ありとてもその君越度《をつど》の時も心をはなさず。そこにて全く賢人と知るべし。不賢は必ず針ほどのことをば柱ほどに申す者なれば、悪しきことをも隠すにより、賢人の心きれいにあざりて申すを、よく〳〵無手柄なればこそ我がことを我が身より申すと存じ、賢も不賢も同じことに贔負々々《ひきひき》に沙汰あること、これ馬嫁なる大将の家中にて無穿鑿《ぶせんさく》の故なり。無穿鑿も道理かな。馬嫁大将の家老は不賢なる故、家老よりして手柄も無く飾ることばかりなれば、結句日比《けつくひごろ》は弱き不賢の威勢《いせい》なれども、主君牢籠《ろう》《ろう》の時は、頓《やが》てはづして逃げかくるゝ。そこにて全く不賢と知るゝなり。

一年《ひととせ》、前代《ぜんだい》、駿河にて今川義元公の時、山本勘助、三河国牛窪《うしくぼ》より今川殿へ奉公望《のぞ》みに参るといへども、かの山本勘助さん〴〵醜男《ぶをとこ》にて、その上《うへ》一眼、指も叶《かな》はず、足はちんばなり。しかれども大剛《たいかう》の者なれば、義元公へ召し置かるゝやうにと、庵原《いはら》、勘助が宿《やど》なる故、おとなの朝比奈《あさひな》兵衛尉《ひやうゑじよう》をもつて申し上ぐるは、「かの山本勘助大剛の者なり。ことさら城取り、陣《ぢん》取り、一切《いつせつ》の軍法をよく鍛錬《たんれん》いたす。行流の兵法も上手なり。軍配をも存知《ぞんぢ》仕つりたる者なり」と申せども、義元公かゝへましまさず。駿河にて諸人の取り沙汰に、「かの山本勘助は第一片輪者、城取り・陣取りの軍法はその身《み》城をも終《つひ》に持たず、人数《にんじゆ》も持たずして何とてさやうの儀を存ぜん。今川殿へ奉公に出でたきとて虚言《そらごと》をいふなり」と各々申すにより、勘助九年駿河に罷り在れども、今川殿へかゝへ給はず。九年の内に兵法にて手柄二、三度仕つるといへども、「新当流の兵法こそ本《ほん》のことなれ」とみなひとの沙汰なり。就中《なかんづく》勘助は牢人《らうにん》者にて、草履《ざうり》取りをさへ一人連れねば、誹るひとこそ多けれども、よく申したつるひともなし。これは今川殿御家にてよろづ執《と》り失ひ、御家末《すゑ》になり、武士の道無案内《ぶあんない》故、山本勘助身上《しんしやう》の批判さん〴〵悪しき沙汰ならん。

すでに臨済寺雪山和尚、唐よりの物の本にて義元公へ異見の間は、駿河・遠州・三河三箇国の政《まつりごと》よろしく行なはれて、尾州織田《おだ》弾正忠《だんじやうのじよう》なども駿府へ出仕する。雪山和尚異見なくして後、義元公結句《けつく》与力《よりき》弾正忠の子息信長にわづかの少人数をもつて謀りごとをせられて、義元公討死し給ふ。そのうへ大唐にては、二万二千五百の人数にて五万の敵に勝ち、あるいは五万の勢にて億万を斬つてとることもあり、日本国にても、北条氏康は八千の人数にて、管領公《くわんれいこう》八万の人数を斬りくづす、これみな弓矢の取りやう、武略の故なり。惣別《そうべつ》、軍《いくさ》は十のもの九つ勝つことあるとも、それをばのけ、一《ひとつ》のあやうき方へ付き談合すれば全く勝たん。また人数は、大軍を扱ひつけたる大将、少人数は扱ひよからん。備への儀は、少人数をよく立ておぼえたらば、大軍は立てよからん。子細は、三万の人数を持ちたる大将の、家老五人に五千づゝあづけ、本《ほん》大将ともに六人にて三万の人数を支配する大将もあるべし。その段を、作法知らざる者はよきことゝ存ずることもあらん。これは何に付きても危きこと多し。三万の大将の下には人数二百・三百・五百・千、あるいは三千持ちたるもあるべし。さて大軍ばかりの備への立てやうを心がけ、少人数をさしつかふ時の様子もあるべし。その節《せつ》、その大将になりて行くひとは、必ず手くばりまはりかぬるものなり。喩へば、着る物ひとつを、寒き夜に三人して着て寝るやうにて、なにとも迷惑なる儀多からん。さるにつき、少勢をよく備へたておぼえ、そのうへ大人数はしよきものならん。それによつて、信玄公備へは二十五人よりなされ始むる。喩へば、番匠《ばんしやう》が大和の国奈良の大仏殿を建つるに、二尺三尺のかねをもつて建て、二間四方の小さき堂をも右のかねにて仕つる。少しき備へを立て、大人数には組あはせよからん。大備《おほぞな》へに組み、その陣にて用あるとて、人数を分くるれば、その備へ減りたるとて、上下力を落すものなり。その前に当たる敵も大きにきほふなり。惣別、大備への崩《くづれ》だちたるは、何たる名大将とても、その下の剛《かう》の者どもゝ支配なるまじき。

また山本勘助兵法の儀も、新当流にてなきとて誹るは勿躰《もつたい》なし。新当流にもみな上手ばかりはあるまじ。行流にもみな下手ばかりもあるまじ。この勘助は白刃《しらは》にても、木刀にても数度《すど》手柄あるにおいては、それは上手なり。何の道にも上手をこそ誉むるものなれ。それを弁《わきま》へずして山本勘助を誹り給ふは、今川殿家運尽きて無穿鑿《ぶせんさく》の故なり。いかに山本勘助、牛窪の小身なる家より出でても、軍法をよく鍛錬仕つるにおいては、武士の知識なりとて武田信玄公、勘助を聞き及び給ひ、百貫の知行にて召し寄せらるゝ。「小者を一人つかはぬ勘助に百貫下さるゝ」と譜代の小身衆申すべきとて、板垣信方に仰せ付けられ、馬・弓・鑓《やり》・小袖・小者を道まで指越《さしこ》し給ひ、山本勘助甲府へよろしき様子にて参り、礼を申し上ぐると、その座《ざ》にて二百貫の知行を下さるゝ。子細は、「あれほど醜男にて名の高き勘助は、よく／＼手柄こそあらん。約束にても百貫は比輿《ひきよう》なり。二百貫」とある儀にて武田信玄公家の宝になさるゝ。

さて義元公、永禄三年庚申《かのえさる》に討死あり。子息氏真公代になり、猶《なほ》もつて作法悪しくして、家に伝はる家老朝比奈《あさひな》兵衛太夫《ひやうゑたいふ》その外《ほか》よき者四、五人ありといへども、氏真公その四、五人の衆を崇敬《そうきやう》ましまさず、三浦右衛門と申す者のまゝになり給ひ、三浦右衛門が身よりの者、あるいは三浦右衛門が気に合ふたる衆ばかり仕合せよく、左道《さだう》なる仕置《しおき》故、三河国大《おほ》形《かた》敵となる。しかれば永禄六年癸亥《みづのとゐ》に氏真公馬を出だし、三河の吉田に陣取り給ふ時、遠州において飯尾心替はりにて、白須賀のあたりを焼きければ、さすがに氏真公心は剛《かう》にてまします故、少しも騒ぎ給はず、内衆一万四千ばかりのひと九手あまり右に申す作法悪しき衆なれば、周章《あわて》騒ぐこと大形ならず。飯尾もまた根のなき俄《にはか》の逆心故、やがて降参する。氏真公分別なされ、あつる分別あたるとても、未練にてはならず。氏真公心の剛にまします故にかくの如くなり。

さてその後永禄十一年辰《たつ》の極月《ごくげつ》に、子細ありて武田信玄公駿河へ出張の時、氏真公駿府の城を開け、遠州掛川の城へつぼみ給ふ時、三浦右衛門と申す出頭人やがてはづす。右衛門が親類・寄子《よりこ》の者一人も付き申さず。駿河にも剛の兵《つはもの》多くあれども、三浦右衛門が累《るい》年佞人《ねんねいじん》故悉《ことごと》く氏真公を恨み奉り、供《とも》仕つる者少なし。結句、氏真公世《よ》が世《よ》の時威勢なきひと〴〵に供いたす者あまたあり。一番に威勢者の三浦右衛門はづして遠州高天神の小笠原を頼りて行き、冥加《みやうが》尽きはて三浦右衛門、小笠原に成敗せらるゝ。氏真公心は剛にましませど、ちと我がまゝに御座候故、目利《めきゝ》なさるゝ衆みな不賢とははじめより見えつれども、後に全く知るゝなり。

『三略』に曰く、「宗を強《こは》くして奸《かん》を聚《あつ》め位《くらゐ》無くして尊《たつと》ぶ。威震《ゐふる》はずといふこと無し」。『軍讖』に曰く、「葛藟相連《かつるゐあひつらな》つて、徳を種《う》ゑ恩を立て、在位の権を奪《うば》ひ、下民《かみん》を侵し侮《あなど》る。国の内諠《かまびすしく》譁《かまびすし》ければ、臣蔽《かく》して言はず。是《これ》を乱の根《もと》と謂《い》ふ」とある時は、我等なき跡《あと》にて、この書き置き、両人よく〳〵分別なさるべきなり。

天正三年乙亥《きのとゐ》六月吉日　高坂弾正之を記す

長坂長閑老

跡部大炊助殿

参《まゐる》

品第十一　領国を失い家中を亡ぼす四人の武将一　愚かな武将のこと　付けたり　駿河の今川家のこと、および山本勘助のこと

己れの領国を失い、己れの家中を亡ぼす国持ちの武将に、四人の武将がある。第一に愚かな武将、第二に利口過ぎる武将、第三に臆病な武将、第四に強過ぎる武将である。四人の部将の善悪をえりわけると、いずれも、表裏があって頼み難い武将である。

まず第一に、愚かな武将について。この武将はところにより、呆気《うつけ》、たわけ、痴《し》れ者とも呼ばれる。愚かな武将は、ただ愚鈍だというのではなく、おおかた剛勇な心を持ち、わがままである。わがままだから、遊山・見物・月見・花見・和歌・連歌・漢詩・聯句・能芸・踊りなどを我を忘れて好み、あるいは芸能に熱中する。ときには、弓・剣術・騎馬・鉄炮などの武芸を稽古するが、本性が愚かなので、武芸を合戦のこととせず、たんなる芸達者の芸に終っていながら自分は国持ちの武将であると自惚れている。合戦のことを疎《おろそ》かにしながら、自分のやることはなんでもすぐれていると思い込んでいる。そこで、家臣は武将のすることがよくてもわるくても、お見事なと誉めたてる。誉めるのはもっともなの

である。

総じて、主君の智恵は家臣に盗まれる。盗まれない武将をすぐれた武将といい、盗まれる武将を愚かな武将という。盗むとは、家臣であればみな、主君のすることがよかろうとわるかろうと、なかなかお見事なと誉めることである。すぐれた武将は、分別があるから、うまくなし得たことを誉めるのはもっともと思い、うまくなし得ないことを誉めるのは自分に対する当座の儀礼としての挨拶であると考える。それが智恵を盗まれないということである。家臣の誉めるままにいい気になって、自分がなすことのよしあしもわからなくなってしまうのが智恵を盗まれることである。

また、自分は自分のよしあしがわかっているといって、自分を誉める家臣を軽薄者と怒る武将もあろう。それもよい分別ではない。どんな国持ちの武将の家中でも、主君に直言する家老は、多くて五人、どうかすると二、三人もいない。その他はみなお世辞をいうのである。それを怒るのも愚かな武将である。

愚かな武将のもとでの上中下の家臣のありさまをみるに、前代からの家老にはすぐれた者もいるが当代の側近である出頭人に妨げられるのではないかと、よい思案をもっていても口をひらかない。主君は、愚かで、家臣を見分ける眼をもたず、思慮のない愚かな家臣を召し集めて崇敬するので、家臣たちは、善悪を考えず、ただ自分の武功をたてることに汲々とし、運よく出世すると、裏づけもないのに自慢し、高慢を二六時中鼻の先にぶらさげている。

総じて、小身の武士が愚かであると仕えている者も愚かである。ことに武将が愚かであると、そのもとで側近をつとめる出頭人が愚かである。愚かな武将ははじめ分別のありそうにふるまっても、つまるところは少しの分別もない。下々の喩えに、「牛は牛連れ、馬は馬連れ」というが自分と同じような者に諸役を命ずるから、側近く仕える家臣がみな愚かなのである。

愚かな主君の家中では、ひとびとが、そういう家臣をさして、剛勇な、分別のある、利発なと誉める。ひとびとは、武将を誉めようとして側近である出頭人を誉め、出頭人を誉めるとなると出頭人が引き立てている者を誉めそやす。邪欲にかられたひとびとは、愚かな者をも分別のあるひとだと誉めはするが、それはその家中だけのことで、他の家中では笑いぐさである。その家が亡びて後末代までもその作法や主君が、よからぬ例として、引き合いにだされることになる。

出頭人や配下の側近の者たちがよからぬ者であっても、その家中のひとびとが彼らを誉めるのももっともである。朱をもてあそべば指先が赤く染まり、墨をいじれば手が黒くなるように、十年もそのような家中に身を置いていれば大抵その家風に染まる。家風に染まらない思慮ある武士は分別があるゆえ、その家中に身を置いているあいだは、家風のよしあしについて少しも云々しない。家中を出て他の主君に仕えても、義理を重んじ、はじめの家中のよしあしをいうようなことはない。

他方、思慮のない武士は、自分の家中の作法の悪さを知らず、当座はぶりのいい者をお世辞に誉める。彼らは、分別がなく、義理を知らないから他の家中に行き、作法がよい主君に仕えると、そこではじめて酔いが醒めたように以前の家中の作法を思い出し、その悪いことに気づき、利口ぶって、以前の主君の悪口をいいちらす。こういうひとびとは、分別がなく、義理を知らず、なんの役にもたたない武士である。

愚かな武将のもとでは、十人の中九人は諂《へつら》い者で、よからぬ作法の家臣ばかりが多い。多いのももっともである。主君のとりさばきがなにもかもあべこべで、よからぬ家臣が出世するから、ひとびとがその真似をするのは欲にかられてのことである。大身小身を問わず、およそひとと生まれて、欲のない者はない。ただ邪欲は許しがたい。家中の武士が邪欲にかられるのは、下々の者の責任ではない。主君の作法、為政がよくないからである。

愚かな武将には、必ず自惚れがある。家臣を見る眼がなく、よからぬ者を取り立てていることに気づかない。自分が取り立てた家臣はみなよい家臣だと思い、召し抱えている者をみな自分が崇敬しているような武士にしようとなさるのは誤りである。経典に、「ひとはそれぞれその顔立ちのように異なっている」と見える。家臣の心もそれぞれに違っている。家臣のすべてが同じ気質になることはありえない。喩えば庭に植木を植えるときは、さまざまな種類の木を植えるであろう。いま崇敬している家臣が、たとえよい家臣であったとしても、そのような者ばかりにすることはできないのだ。

まして思慮のない家臣には分別がない。分別がないから義理を知らない。義理を知らないから、恩顧をうけている主君のためを思わず、自分の出世欲があるだけである。出世欲ばかりだから、本性愚かな主君に耳障りのいいことを無責任にいいちらし、すべて自分の出世に都合のいいように事を運ぶ。自分の贔屓の者を他の出頭人にとりなしてもらい、その出頭人の身寄りの者を自分がうまくとりなす。「憎むべきは小人、その姦智は君子にもまさる」と古人のいったように、姦智にたけ、善悪をえりわけず、自分の身寄りの者をひたすらに取り立てる。あるいはせっせと付け届けをする者だけをとりもち、優遇する。

こういう家臣は、訴訟のとりさばきにあたっても、善悪邪正を明らかにせず、自分が贔屓する者の勝訴とする。この家中では家臣が上から下まで尽《ことごと》く姦邪である。姦邪といっても、相手に道理があるのは明白だから、すぐに相手の敗訴にすることはできず、諸奉行は眼くばせしあってあれこれとくだらぬことをとりあげて、訴訟を長びかせ、相手に厭気を起こさせる。相手も辛抱強く諸奉行に訴えてまわると、「今日はだれそれの宴に招かれている」とか、「今日は主君のところで重要な相談がある」といって帰らせる。たまたま家にいても、「気分が悪く臥せっている」と取り次ぎの者がいい、最後には相手も、道理はあるものの根負けして、訴訟を取り下げるか、あるいは自分に道理があるのでつい腹を立てて諸奉行の悪口を言うとそれを口実に敗訴とする。これはみな側近である出頭人が姦邪だからである。

こうした出頭人とその一族は、親・兄弟あるいは舅・叔父・従弟が出世し、主君の側近くに仕えていることをかさにきて、甚だ無礼で高慢であり、主君の御用に立つのも、御ためを思っているのも自分たちばかりであるといった分別ありげな顔をし、うわべは親類のお蔭で自分も出頭できたのだという体裁をつくろい、ひとびとにとりいり、自分を引き立ててくれる者であれば、たとえよからぬ者でもよくいう。自分を引き立ててくれない者は、すぐれた者であっても悪くいい、たとえ合戦の場で衆に抽《ぬき》んでた武功を立てた家臣であろうと、いいたい放題の悪口をいう。自分はといえば、三十を過ぎ四十になろうというのに、あるいはすでに四十も過ぎているのに、一度の武功もない。それでいて嘘をつき、武功のあったようなことをふれてあるく。その男の家に出入りする者は、まるで鬼か神ででもあるかのように誉めるが、よく聞きただすと、家来に命じて家中の小者を誅殺させただけのことであったり、また、合戦やせり合いで家来の取ってきた頸を自分の高名帳に載せて、一番槍を突いたほどの武功であるかのようにいいふらしていただけであったりして、家来もいったん事があって追い出されたりすると、使われているうちは黙っているものの、下賤な者の浅ましさで、あらいざらいしゃべってしまい、出ていって何年もしないうちに嘘がみなばれてしまう。

このように、親類の者の出世を鼻にかけて、すぐれた武士の悪口をいい、それでいて自分はまったく無能である武士を馬糞つかみという鳥に喩える。馬糞つかみは、鷹が獲物をとりそこなうのをみて嗤い、鷹が鳥をとるさまをみても嗤い、「獲物をとりそこなうとはなさけない、なんと下手なつかまえかたか」と悪口をいい、「それでは自分がとってみせよう」といって、遥かな野のあたりに舞いおりて鳥の逃げたあとの馬糞をやっとのことでつかむ鳥である。武功のある武士をなにかと非難しながら、三十、四十になるまでなんの武功もない武士を馬糞づかみ侍といい伝えるのである。

根本の原因はもっぱら武将が愚かなことにある。愚かな武将のもとでは百人の家臣のうち九十五、六人の作法はよくない。なかに四、五人、作法のいい家臣がいても、多数を占める者は数をたのんで口をきかせない。四、五人の家臣ははれの場へも出ず、多数を占める者が権勢をふるう。四、五人の作法のよい家臣には思慮があり、一方多数を占める者は無思慮である。

思慮ある家臣は正しく、無思慮な者は姦邪である。正邪の別は次の点にある。思慮ある家臣は、主君や家老の為政や作法がよければ、たとえ自分に対する待遇が悪くとも、主君や家老の悪口をいわない。また自分を優遇してくれる主君や家老であっても、作法がよくないならば決してよくはいわない。といって悪口もいわない。『論語』に「その位に在らざればその政《まつりごと》をはからず」とあるように、軽々に口出しをせず、思慮深いのである。しかし、ふだんはその思慮深さを知るひとがなく、なにかの機会に知ることがあっても、思慮のない者は陋劣な心根のゆえにその家臣を誉めないから、ひとびとに知られることはない。このような思慮ある家臣は、武功がないといっても、実際には二度、三度も武功がある。また、五度、六度の武功があっても、思慮深い心根から自己の心に照らして決して満足できないわれとわが身を省《かえり》みて、これは武功とはいえないと自己にきびしくいう。愚かな家臣は、清廉な思慮深い心がわからないから、「あの男も武功ばかりがあるわけではない、無手柄のこともある」などと悪口をいうが、そういう者の一番槍の武功より、思慮ある家臣の無手柄の方が十倍もすぐれている。

このように、思慮ある家臣が武功を立て忠節を励んでも、愚かな主君は思慮ある家臣を見わけることなく、大切にしないから恨みに思いもするが、主君が落ち目になったときも、見放すことはない。そこではじめて思慮深い家臣であると知れる。思慮のない者は必ず針ほどのことを棒ぐらいにいい、自分の都合の悪いことを隠すから、思慮ある者が清廉な心からおどけていうことを、よほど無手柄なので自分のことを自分からいい出したのだと思い、思慮ある者も無思慮な者も区別なく、ただ贔屓々々によって善悪をえりわける。これは、愚かな武将の家中では家臣に対する評価が疎かにされているからである。それももっともである。愚かな武将の家老は無思慮で武功もなく、偽りかざりで身を保っているにすぎないから、結局ふだんは、思慮のない臆病な家臣が権勢をふるっているが、いったん主君が落ち目になると、彼らはいちはやく行方をくらまして逃げかくれる。そのときになってはっきりと彼らの愚かしさが知れるのである。

以前、今川義元公が駿河の国主だったときのこと、山本勘助が三河の牛窪《うしくぼ》から今川家に仕える望みをもってやってきた。山本勘助はひどい醜男で、片眼のうえに、指もそろっておらず、足は片足であった。しかし、大剛の武士であるから召し抱えられるようにと、勘助の寄寓先であった庵《い》原《はら》忠胤は、家老の朝比奈泰朝を通して、義元公に申しあげた。山本勘助は、大剛の武士であり、城取り・陣取りの兵法をきわめ、剣術は行流の使い手で、合戦のかけひきをも心得ていると申し上げたが、義元公は召し抱えなかった。勘助は、そもそも手足がととのっておらず、自分で城も軍勢も持っておらずに、城取り・陣取りの兵法を心得ているはずがない、今川家に仕官したいばかりに嘘をついているのだ、と駿河のひとびとに評判され、勘助は駿河に九年いたが、召し抱えられなかった。九年の間に、剣術により、二、三度高名をえたが、ひとびとは依然、「新当流の剣術こそ正統である」と言っていた。とくに勘助は浪人で、一人の草履取りも連れていなかったから、悪口をいうひとは多くても、誉める者はなかった。義元公の家中ですべてのことが的はずれになり、家運が末になって、戦いのありようをわきまえる者がいなくなっていたので、勘助について悪評ばかりであったのだろう。

臨済寺の太原崇孚《たいげんすうふ》が漢籍の知識をもとに義元公に意見していた間は、駿河・遠江・三河の三国の為政はうまく行なわれており、尾張の織田信秀なども駿河の城に出仕していた。太原崇孚の死後、義元公は結局家臣の礼をとっていた信秀の子織田信長の僅かな軍勢のために、謀りごとにかかって、討死した。唐土には、二万二千五百の軍勢で五万の敵に斬り勝ち、あるいは五万の軍勢で億万の軍勢に斬り勝った事例があり、日本国でも、北条氏康が八千の軍勢で、管領上杉憲政・朝定の八万の軍勢を打ち破った例があるが、これらはいずれも、戦いのしかた、武略によるものである。

総じて、合戦は十のうち九つの勝ち目があってもそれをわきにおき、一つの危ない場合をめぐって吟味して、万全の勝ちを得る。また人数については、大軍の指揮に馴れた武将は、少人数の扱いはたやすいであろうし、備えを立てるのに少人数の備えに習熟すれば、大軍の備えはたやすいであろう。たとえば、三万の軍勢を持った武将が、五人の家老に五千ずつの軍勢を割りふり、自身をも含めて六人で三万の軍勢を動かそうとする武将もあるであろう。兵法を知らない者はこれでよいと思うであろう。しかし、これではなににつても危険が多い。三万の軍勢を持つ武将のもとでは、家老は、二百、三百、五百、千あるいは三千のような少人数の軍勢を持つべきである。大軍の陣の備えかたを少人数を動かすことで習練するがよい。そのとき大将として指揮する者は、必ず手配りの武士が足らず、寒夜に一枚の着物を三人で着て寝るような、不自由な思いをするであろう。少人数での備えをよく立てられるようになれば、多人数での備えは立てやすいのである。それ故、信玄公の備えは二十五人から立て始められているのだ。たとえば大工は、奈良の大仏殿を建てるときにも二尺三尺の矩尺《かねじゃく》を使い、二間四方の小さな堂を建てるときにも同じ矩尺を使う。少人数の備えを組み合わせて多人数の備えとするのは容易である。多人数の備えを組んでおいて、合戦にあたって必要があり人数を他へ分けると、備えの軍勢が減ったと思い、上下ともに力を落とし、そこを攻める敵は大いに勢いづく。総じて多人数の陣が崩れはじめると、どんな名大将であっても、その下のどんなに剛勇な武士であっても、とどめようがなくなってしまうのである。

また山本勘助の剣術についても、新当流でないからといって誹《そし》るのは見当違いである。

新当流の使い手がみな達人でもなく、行流の使い手がみな下手ということもないであろう。勘助は真剣でも木剣でも、数回の武功をたてている以上、達人である。どの流派であろうと、達人を誉めるのは当然である。それがわからずに、勘助を誹るのは今川家の運が尽きて正当な評価が行なわれなくなっていたからである。噂を聞いて信玄公は、牛窪の小身の家の出であれ、兵法に練達しているのだから勘助はすぐれた武士であるといって、百貫の知行で召し抱えられた。その上、「小者一人すらもたない勘助に百貫もの知行を与えた」と譜代の小身の武士が騒ぐことを慮《おもんぱか》って、板垣信方に命じて、馬・弓・槍・小袖、それに小者を道の途中に遣わされた。勘助は見苦しからぬ身なりで甲府へやってくると、出仕の挨拶に参上し、信玄公はその場で二百貫の知行を下された。「あのような醜男でありながら評判が高いのはすぐれた武功があるのであろう。約束ではあるが百貫では道理に合わない。二百貫を与える」といわれ、信玄公は勘助を武田家の宝とされたのである。

義元公は永禄三年（一五六〇）に討死した。嫡子の氏真公の代になって、今川家の作法は一層悪くなった。前代からの家老には朝比奈泰朝らすぐれた者が四、五人いたが、氏真公はそれらの者を崇敬せず、三浦右衛門佐のいうがままになってしまい、三浦右衛門佐の親族や三浦右衛門佐のお気に入りの者ばかりが優遇され、為政が不正であったため、三河の大部分が敵となった。永禄六年（一五六三）氏真公が軍勢を出し、三河の吉田に陣を張ったとき、家臣の飯尾連龍が遠江で叛き、白須賀の辺りを焼きはらった。氏真公はさすがに剛勇であったから少しも騒がなかったが、一万四千の軍勢のうち、九千ほどの軍勢は、右にいったような無思慮な家臣であったので、その周章狼狽ぶりは一通りではなかった。飯尾連龍もまた根のない俄《にわ》かの叛乱を起こしたにすぎず、まもなく降参した。氏真公は思慮深く叛乱に処し、その思慮は当をえたのだが、もし臆病であればうまくはいかなかったであろう。氏真公が剛勇な心の持主であったのでことなきをえたのである。

その後、永禄十一年（一五六八）十二月、ことが起こって信玄公が駿河に攻め入り、氏真公は駿河の城を捨てて遠江掛川の城に退却したが、そのとき、出頭人の三浦右衛門佐はいちはやく逃亡し、その親類縁者はだれ一人として氏真公につき従わなかった。今川家にも剛勇な武士は多かったが、姦邪な三浦右衛門佐が、多年為政を牛耳《ぎゅうじ》っていたので、家臣はみな氏真公を恨んでいて氏真公につき従う者は少なかった。結局、氏真公が羽振りのよかったときに権勢のなかった家臣に最後まで供に従った者が多かった。最も権勢のあった三浦右衛門佐は、逃亡して遠江高天神の小笠原長時を頼ったが運が尽きて、長時に殺された。氏真公は、剛勇な心の持主ではあったが、少しわがままだったので、側近に取り立てた家臣はみな愚かさがはじめから見えていたのだが、最後になってはっきりしたかたちで愚かさが知れたのである。

『三略』に「権勢をかさに着て姦邪な家臣を集め、爵位もないのに尊ぶならば、威をもっぱらにする」。『軍讖』に「姦邪な一族がはびこって利益をむさぼり恩を売り、位ある者の権勢を奪い、民衆を苦しめる。国内は乱れ、怨恨の声が満ち、騒々しいが、家臣はそれを隠して言わない。これを戦乱の原因という」とある。わたしの死後、この書置きを、両人よくよく思慮なされよ。

天正三年（一五七五）六月吉日　高坂弾正忠昌信記す

長坂長閑老　跡部勝資殿へ

品第十二　四君子孷牛《みやうごの》巻二　利根《りこん》過ぎたる大将の事　付けたり　北条家、上杉家幷《なら》びに川中島合戦物語の事

一、第二番には利根過ぎたる大将なり。この大将の様子は、大略《たいりやく》がさつなるをもつて、奢《おご》り安《やす》うして、めりやすし。よき武士は大身《たいしん》、小身《せうしん》によらず、よきことあれども奢ることなし。悪しき仕合せの時もさのみめらず。これは賢にして心剛《かう》なる故《ゆゑ》かくの如し。不肖《ふせう》は、無分別にて心愚痴《ぐち》なる間《あひだ》、大身、中身、小身ともにあやまり多し。ことさら利根過ぎたる大将は邪欲深ければ、内の者に知行を出だすにも、悪所をえらみ出だして士卒《しそつ》にくるゝ。その上《うへ》諸侍をせばめ、知行百貫取る者をば課役《くわやく》を申し懸け、五十貫はへつらふて取り、五十貫の侍をば二十五貫へつらひ取りなさるゝ故、上《かみ》をまなぶ下《しも》なれば、諸侍衆、百姓をもまた末々《すゑ〴〵》にいたり困窮《こんきゆう》の弁《わきま》へもなく取り尽す。利根過ぎたる大将、しかもひとかは利根にして、人に非太刀《ひだち》打たれぬやうにと思し召し、武具・馬具・弓・鑓《やり》・諸道具ども悉《こと〴〵》くきらびやかにこしらひ給へども、みな町人・百姓に借物《かしもの》の利銭、あるいは諸侍の過怠銭《くわたいせん》などにてなさる。もしまた堂《だう》・宮《ぐう》など建立《こんりふ》あれども、慈悲・結縁《けちえん》の心ざしましまさねば、人見せ

の善根なるにより人民の悩まし、温《うん》天・寒天・風雨の嫌ひもなく、うち打擲《ちやうちやく》して普請《ふしん》を申し付くるにより、天道・仏神は正直・慈悲の頭《かうべ》にやどり給へば、さやうの悪善根をにくみ給ひ、その堂・宮成就せず。十に一つ出来《しゆつらい》いたしても、地震・火事・大風・大水などにやがて損ずべし。伝へ聞く、都の三十三間堂を後白川の法皇建てなされ給ふに、諸細工人《しよさいくにん》・日傭《ひよう》の者申す一倍づゝに賃をかき、十両と申す土をば二十両に買うて、地形《ぢぎやう》をつきあげ建て給ふにより、応仁の乱の大地震にもくづれず候と聞き及びたり。

惣別《そうべつ》、よき大将は、あらく見ゆれども慈悲深し。利根の過ぎたる悪大将、口にてはよきやうに仰せらるれども、おく〳〵無慈悲なり。必ず利根過ぐれば、身に自慢あるにより、何をしても我がすることに非太刀は打たるまじと思《おぼ》し食《め》すに付き、古今において名大将あるいは小身にても名人のことばまたは仕形《しかた》をも用ひず、何もかも主《ぬし》の一分《いちぶん》にて仕出だすべきとばかり思案ある。適《たまたま》物知りを近づけ、物をきかん、よまんとあるといへども、利根をさきへ立て、片端《かたはし》を少し聞き、そのまま「合点」と仰《おほ》せらるゝ。仏経に曰《いは》く、「未得《みとく》は得といひ、未証《みしよう》は証《しよう》といふ」とあるごとく、よくも相《あひ》心得ずして「心得たり」と仰せられ、「昔も今もよきひとの旨《むね》は悉《ことごと》く同前なり」などゝ宣《のたま》ひ、古きひとのことを適《たまたま》手本にし給へど早合《はやが》点《てん》なる儀ばかりとりどころにあそばし候。

七十箇年以前に、伊豆の宗（早）雲公、『三略』をきかんとあり、物知りの僧をよび、

「それ主将の法は務《つと》めて英雄の心を擥《と》る」とあるところまで聞き、「はや合点したるぞ、置け」とありしを、よきこと丶思し食しなさるべし。それは悪しき儀なり。宗雲公などは、定めて一仏一社の化身《けしん》にて候べし。子細は、伊勢より七人云ひ合はせの荒木・山中・多《た》目《め》・荒川・在竹・大道寺・宗雲ともに七人武者修行と談合《だんかふ》あり。駿河今川義元公祖父子《おほぢご》の御代に牢人分《らうにんぶん》にて今川殿に堪忍《かんにん》あり、才覚をもちて駿河屋形《やかた》の縁者になり給ひ、則ち駿河の内片野郷といふところにしばらくまし〳〵、義元公御親父の代に今川殿の威勢をかりて伊豆へ移り、大場《だいば》・北条あたりの百姓どもに物をかし給へば、後は伊豆半国の侍・百姓ども宗雲公へ出入を仕つり、物を借り候故《ゆゑ》、朔日《ついたち》・十五日の礼に参り、その間《あひだ》にもせい〴〵参る者には借銭《かし》を指《さ》し置《お》き給ふに付いて、我《われ》ましに宗雲公の御屋敷のあたりに家を作り、みな被官《ひくわん》になる。右の六人の荒木・山中・多目・荒川・在竹・大道寺も宗雲の被官になり、この衆を頭《かしら》とし、宗雲公ともに七手に作り、伊豆一国を治め給ひ、絶えて久しき北条を継がんとて、三島の明神へ願をかけなさる丶。

翌年正月二日の夜、宗雲夢見給ふは、大杉の二本ありしを鼠《ねずみ》一つ出でて食ひ折りたり。その後かの鼠猪《ゐのしし》になりてあると夢を見て夢覚《さめ》ぬ。そのごとく両上杉仲悪しくなるを聞き、宗雲公是非とも時刻を見合せ、関東へ発向《はつかう》の工夫《くふう》二六時中隙《ひま》なし。ある時、扇谷《あふぎがやつ》の上杉家こそ末になりつらめ、邪臣のいさめを崇敬《そうきやう》あそばし、おとなの太田道灌を成敗ある。上

杉殿家老 悉《ことごと》く身構へをしてさだつ。この時宗雲公出で小田原を乗《のつ》とり、相州過半《くわはん》手に入る。子息氏綱《うぢつな》公代に相州をみな治め給へば、孫氏康公代に伊豆・相模二箇国にて一万の人《にん》数《じゆ》を二千、所々の堺目《さかひめ》に指し置き、八千の軍兵《ぐんびやう》をもつて両上杉家と取り合ひあり。ことさら山内上杉公、上野《かうづけ》の平井居城なれば、武蔵・下総《しもふさ》・上総《かづさ》・安房・常陸・下野《しもつけ》・出羽・奥州・越後・佐渡・信濃・飛騨・上野ともに十三ケ国の諸侍、平井へ出仕して囲遶《ゐねう》渇仰《かつがう》、是非に及ばず。すでに大森の寄栖《きせい》庵が書き付けにも、上杉殿人数二十万とあり。定めて堅く十六万余りあるべし。

この上杉殿と、氏康公十六歳、上杉殿二十七歳、享禄三年庚寅《かのえとら》より取り合ひはじめ、二十二年の戦に十三度の大合戦《おほがつせん》ありて、氏康公のみな勝利を得、芝居をふまへ給へど、氏康は八千の人数、上杉殿方は二万・三万、すくなき時も一万五千より内の人数にてなき故、一度に国郡を氏康取り給ふことかたし。なかにも河越の夜軍《よいくさ》には、両上杉殿八万の人数を氏康公八千にて斬り勝ち、氏康手にかけ十四人長刀《なぎなた》をもつて斬り落とし給ふ。かやうの手柄故、氏康三十七と申すに、天文二十年辛亥《かのとゐ》に上杉殿を追ひくづし、北条氏康大きなる勝ちとなつて、すなはち上杉家の藤田右衛門助武蔵の天神山に城あり、この者をはじめ小幡《をばた》三河・成田、氏康方になりてより、上杉殿の家老 悉《ことごと》くかはり、終《つひ》に上杉殿を追ひ出だす。上杉殿御曹司《おんざうし》龍若殿《りゆうわかどの》と申す十三になり給ふを、六人のお乳のひとの子ども談合して、「いざやこの若子《わか》を土産にいたし北条殿へ罷り出でん」とて、氏康公へ龍若殿を具足し申す。小番衆《こばんしゆ》の神尾《かんのを》と申す侍に申し付け、かの龍若殿の頸《くび》を斬り奉る。不思議なり。神尾今迄《いままで》二代三病を煩《わづら》ふ。氏康にて小番衆、信玄家にて近習のことなり。

さて関東国氏康公の御仕置《おんしおき》なか〳〵よきこと是非に及ばずして、九年の間、関東大形《おほかた》北条殿手に付く。但し安房・常陸は敵なり。その余五頭《よいつかしら》、上杉管領公《くわんれいこう》をひく。いづれ管領十六万の人数七万余り北条へしたがふ。ことさら久我《こが》の公方《くばう》様を氏康聟《むこ》になされ候ふ故、一しほよく治まり、安房・佐竹も終《つひ》には氏康公に亡されんと申す時、また永禄三年庚申《かのえさる》の三月に、越後の景虎《かげとら》、上杉殿に頼まれ小田原蓮池《はすいけ》まで押《お》し籠《こ》む。子細は、前未《ひつじ》の年八月より上野平井へ来たつて、関八州へ触状《ふれじやう》をまはし申し含めらるゝ。「すでに関東の公方持氏公天運尽き、永享十二庚申《かのえさる》に都の御公方より誅罰《ちゆうばつ》なされ、御子の賢王丸殿・春王丸殿・泰王丸殿この三人の若君まで殺しまゐらせられ候を、氏康取り立てらるゝこと、非義《ひぎ》の至りなり。都より近衛様を公方に取り立てまゐらせ、上杉管領を仕《し》するゑ申さんため、御守《もり》に長尾謙信景虎これまで参りたり。氏康は北条なり。北条は平家なり。各々これにしたがひ給ふこと勿躰《もつたい》なし」と申すに付き、関八州「尤も」と同《どう》じける故、氏康また元の伊豆・相模ばかりになるに付き、蓮池まで押しこまるゝ。

但しまた謙信、管領に経《へ》あがり、諸大名衆を俄かに被官のごとくに仕つられ、あらき仕置故、謙信へ心をはなし元の氏康へ大形《おほかた》帰参する。なかにも成田長康は鎌倉より謙信社参《しやさん》の祝にもあはず、引きはらふ。景虎、上野の平井までやう〳〵引き取り給ふ。小荷駄はみな地の郷人《がうにん》うばひとる。そこにて景虎ざれごとながら一首かくの如し。

味方にも敵にもはやく成田殿　ながやす刀きれもはなれず

とよみて、謙信公は越後へ帰陣《かひぢん》なり。その跡《あと》にて始めほどこそなけれども、上杉家の衆都《つ》合《がふ》六万あまり北条へ降参する故、伊豆・相模の人数《にんじゆ》をそへ、今《いま》氏政公までも北条家の惣《そう》着致《ちやくたう》七万五百なり。近国の押さへを丈夫に置き給へども今に至つて氏政公出張の時は、四万あるいは三万五千より少しくはなし。このもとをたゞすに、ひとへに宗雲公に濫觴《らんしやう》す。この宗雲公の真似《まね》はなか〳〵思ひもよるまじ。

惣別《そうべつ》、人間は、大小によらずふのよきひとの真似はせぬものなり。まづ仕合せ悪しき者の仕形《しかた》を穿鑿《せんさく》あり。そのうへ吉事《きちじ》のひとのことわざを分別候て、その間《あひだ》よりいかにもあぶなげもなき働きを専らにまぼるべし。ことさら一代にて仕出でたる大身の真似を、二代・三代・五代・十代の大将衆、十が九つ真似べからず。子細は、我が一代に仕出づる大名は天道の恵み深かるべし。その大将には、あやうき働きあるものなれども、これは天道よければ死する際《きは》までは大略理運《たいりやくりうん》になる。その弁《わきま》へもなく代々譲られきたる大将の、あぶなき働きあそばしては必《かなら》ずなされそこなふなり。怪我のあるこそ尤もなれ。天道も代々恵みはなきものにて候。

この善悪を知らず、利根の過ぎたる大将は、はなもとに分別ありて、何事も一かは分別になさるゝを、喩へば刀のきつさきばかりに刃《やいば》あり、もとはみな地がねにて、たとへ切るゝといへども、鍔《つば》ぎは曲り、押しなをせば彼方此方《かなたこなた》へなるごとく、昨日のこと今日かはり、その談合《だんかふ》明日は変じ、朝暮《あけくれ》あたらしうものを仕出ださんとかゝり、賢人の語を聞きても貪りたる意地へあてがうて、「昼は萱《かや》刈れ、夜は縄《なは》なへ」と百姓に申し付け、町人・寺方までも「障子《しやうじ》おりて出だせ、竹釘けづりて上げよ」などゝいひ給へば、それに付き、地《ぢ》下《げ》の分限者《ぶげんしや》・町人の有徳人ども、諸奉行へ取り入り、物をつかふて気に入るか、または女人などを引きかけ、走廻《はしりまひ》衆によく思はれ、「樹木の役《やく》・竹の年貢《ねんぐ》・塩役《しほやく》・布役《ぬのやく》を諸在郷《しよざいがう》へあてられ、しかるべし」と、蔵法師《くらぼふし》衆や役者衆へ地下の分限者ども告ぐる。尤もとよろこび、やがて出頭衆へ申す。その大将の好みのことなれば則時《そくじ》に申し上ぐる。利根の過ぎたる大将邪欲深ければ斜《なのめ》ならずによろこび給ひ、町人・地下人の口を大将直《ぢき》に聞きなされ、後はかの地下人ども大きに出頭して、旧功の諸侍をも踏みつくれど大事なくして、終には地下人・町人どもに知行を給はる。さるに付き、右の有徳《うとく》人ども二番目か三番目の子どもを奉公に出だせば、かの奉公人有徳なる者なる故、知行五十貫・百貫取りても、本《ほん》の奉公人千貫・二千貫取る人ほどきらをよくいたす。就中《なかんづく》諸傍輩中《はうばいちゆう》にたび〳〵近付きて、徳になるひとをえらび、朝暮《あけくれ》振舞ひなど仕つる。またさやうの家中は、諸侍百人の者九十五人は諂《へつら》ひ欲深ければ、振舞ひに付き、元来をも糺《ただ》さず、町人・地下人の子どもをも各々執《しつ》して誉めたつる故、其家のおとな・出頭衆と右申す有徳人の子ども縁者になる。町人・百姓はすこしよきことにさへ奢《おご》りやすければ、この仕合せの上は猶《なほ》もつて大きに奢る。

さてそのやうなる家にて諸侍存《ぞん》ずるは、件《くだん》の衆町人・百姓なれども、利発者《りはつもの》にて仕出でたりとてことの外うらやましく思ふにより、古来の本《ほん》侍ども大小・老若ともに十人の内八、九人は奢り、横柄《わうへい》になり、諸傍輩への時宜《じぎ》・作法をも取り失ひ、寄り合ひての雑談《ざふたん》にも五つ語れば四つは売買・欲徳のことばかりいふて、行儀真《しん》なるやうにてばしなり。分別あるやうにて無分別なり。器用なるやうにて意地きたなし。次第にその家の諸奉公人様子悪しうなる儀、偏へに地下人・町人のはゞかる故ぞかし。

古語に曰く、「水流れて元《もと》海に入り、月落ちて天を離れず」とあるごとく、時により町人、侍の真似を仕つりても商人《あきんど》の意地失せずして、かやうに威勢の時、物をし貯めおく〳〵引き込まんと思ふて、武士道の益《やく》に立つこと聊《いささ》かもなし。無分別にて口たけて、もとより町人なれば、商利《あきなひり》銭《せん》のことには金言妙句《きんげんめうく》を申し、武道は知らねども時のはゞに任せ、不案内なる男道《をのこだう》の穿鑿《せんさく》なか〳〵おかしきことなれども、金銀をもつて万《よろづ》をよろしういたし、家のおとな・出頭衆その外《ほか》みな歴々《れき〳〵》のひと〴〵に付き合ひよく思はるゝにつき、傍輩百人、九十五人はこの町人の形義《かたぎ》になる。残りて五人ばかり男を立つるひとあれども、その者をば各々悪しういひ、頭《づ》も上げさせずしておしかすむる。かすめらるまじきとて一言《ごん》いへば、前に口たけ奢《おごり》たるに違《ちが》ひ、挨拶はめてくちにて、かげへまはり狂気人に申し立て候へば、よきひとものも云ひ得ず。そこにてはよき五人の内も三人は分別をしかへ、命を抛《なげう》ち武辺をかせぐも、所領を取り立身せんといふことなれば、時に至つて仕合せよきひとの機にあはんなり。いかに元来町人にても、家のおとな衆・出頭衆かの者どもをよく思ひ給へば、我が心さへ違《ちが》はずんば付き合ひ、取り成しをいはれ、徳にせんとて件《くだん》の町人方へよきひとも出入する。古語に曰く、「水を掬《きく》すれば月手に在り、花を弄《もてあそ》べば香《か》衣《ころも》に満つ」といふ心に、さい〳〵付き合ひぬれば、よきひとも後はその形義になる。よく〳〵の賢人一両人ありて各々と付きあはねば、そのひと終にその家を出づる。『三略』に曰く、「窮《きはま》ると雖《いへど》も亡国の位に処《を》らず、貧すると雖《いへど》も乱邦《らんはう》の禄《ろく》を食《は》まず」といふ義理にて立ち出づれども、残りたる愚人は善悪を知らずして、出でたる跡にてそのよきひとをさん〴〵悪しう申すものなり。されども作りごとなるにより、愚人のよきひとを誹《そし》ること五所《いつところ》にては五つやうに申し、口の違ふは、必ず空言《そらごと》をいふて猜《そね》む、と思し食し候へ。

そのごとくなる家中にては、おとな衆・出頭衆、またかせ者・小者まで意地きたなふなり、ひとを抜かんと存ずるに付き、主は被官に物もくれずして使はんと思ひ、被官は主に忠節・忠功・番・普請《ふしん》・供《とも》・使ひの奉公もせずして、偽《いつはり》をもつて扶持給《ふちきふ》を取らんと思ふ故、かせ者・小者給《きふ》を取りため、引きこみ候間、奉公人多く塩肴《しほざかな》など売る商人になるものなり。

よき大将の下にては、町人も奉公人になりたがるといへども、諸侍町人をつかはず。また百姓は意地すねたる者にて、奉公しても後は覚《おぼ》えの者になること多し。町人はかざる者なれば、武士にはなりかね申し候。必ずよき大将の下にては、侍衆まづ第一は大小ともに慇懃《いんぎん》をおもてにする。たとひそゝけたるやうにても真《しん》なり。いやしきことを申す躰《てい》にても、きやしやなり。芸なきやうにても身の能あり。馬を乗り、弓を射、兵法をつかひ、鉄炮《てつぱう》を打ち、乱舞をも存知、花を立て、仕付方《しつけかた》何にもそれぐ\に恥をかゝず。ことに弓矢の儀は心懸け強ければ、祖父・親・兄弟・親類・近付きの覚えあるひとへ立ち入り、雑談《ざふたん》をこまかに聞き、よく心に収むるに付き、十五、六歳にて一度陣をいたさずとも、悪しき家にて覚えの衆よりは、心至《いた》つて物のすべをよく知り、一言申すことも手首尾《てしゆび》逢ふてしかるべし。惣別《そうべつ》、よき御大将は、武辺《ぶへん》の儀は申すに及ばず、文ありて慈悲深し。行儀よくしてつねは柔らかなれども、怒り給ふ時は殿中の事はさて置きぬ、一国の内にて泣く子も泣きさすほど威光強し。就中《なかんづく》国持ち給ふ大将をはじめ奉り、大身・中身・小身ともに侍の名高き衆は行儀よき者なり。物をよく喩へてみるに、世間にある一切《いつさい》のはだか虫は、草木の葉を食ふて食ひ尽きて巣を作り、変じて後は蝶《てふ》になり、子を産みて明《あく》る年《とし》また元のごとく虫になる。そのなかに蚕《かひこ》といふ虫は桑の葉ばかり食ふて、余《よ》の草木を一切食はず、行儀よければ、自《じ》余《よ》の虫どもとなりたちのしかたはひとつなれども、この蚕ばかり人界《にんがい》にて宝になり候。さるほどに末代までも名大将と名をよぶ国主に、無《ぶ》行儀《ぎやうぎ》なるは一人もましまさず。よき大将は行儀よければ義理深し。義理深ければ分別《ふんべつ》あり。分別あれば慈悲あり。慈悲深ければ、たとひ生《む》まれ付《つ》きにて様子はそゝけても、心静かにしてそれ〴〵にひとを見知りてつかひ給へば、一人として恨み申すべきやうなし。自然町人・地下人を召しよせらるゝことあれども、座敷定りて台所のかたはしなどに置き、用の時召しよせられ、町人には売買などのこと尋ね給ひ、地下人にはその筋《すぢ》の様子かまたは百姓のうはさに、何にても不審あることを尋ねあり、隙《ひま》あけばもとのところへ帰りて罷りある作法なる故、侍衆のことは是非に及ばず、小者・中間、また若党までも、奉公人とみては、町人・百姓ども畏《かしこま》り、あるいはへり道をいたし通すなり。蔵法師衆《くらぼふししゆう》も百姓をのだて、郷《がう》をにぎやし、公儀の物を盗まず、侍衆を執《しつ》すること、これよき大将のよくひとを召しつかひ給ふ故なり。

右に申す利根の過ぎたる大将は、無行儀にて、第一に色を好み、それに付きても諸人に恨みを受け、褒貶《はうへん》せられ給ふ。さてまた大身・中身・小身によらず、色を好むとても苦しからざる道理あり。女人にたよるはひがごとにあらず。子細は、侍が立身して身に随ふての楽しみこれなり。その上子ども繁昌のために然るべし。狼藉の色好みをさして無行儀と申し候。

行儀の悪しき大将は義理を知らず、無慈悲にして無分別なれば、かざりて嘘をつき給ふ間《あひだ》、自然軍《いくさ》などに勝ちても、五里、十里後《あと》にゐて、よき家老の我より先にて勝ちたるを、我が自身手を砕《くだ》きてなされたるやうに過言《くわごん》を仰せられ、その偽りあらはれやせんとて科《とが》もなきおとな衆を猜《そね》み、後には必ずよきその家老を追ひ出だすか、大方は成敗ある。これたゞ利根の過ぎたる大将の作法かくの如し。よき大将は、軍《いくさ》の時悉皆《しつかい》我が采配をもつて勝利を得給ひても、主《ぬし》の手柄とはなくして近習・小姓・小殿原《ことのばら》・若党・小人《こびと》・中間衆までも誉めたて、「みなあれらが働きをもつて合戦に勝ちたる」と仰せらるゝ故、かくの如くの大将の下には、大名・小名・足軽・歩若党《かちわかたう》・小人・中間衆まで武辺おぼえの者多く出づるものなり。

しかれば信玄公宣《のたま》ふは、「大将の、馬に乗りてよりは歩若党・中間・小者身近き者なり」とて二十人衆・小人・中間衆に一入《ひとしほ》念を入れなされ、御目利《めきき》をもつて二十人衆を目付、小人・中間衆を横目と名付け、先手《さきて》へ指し越し、心操《こころばせ》をいたせば、褒美《ほうび》をあそばし候故、後にはこの者ども場をひきたる武辺の手柄七、八度づゝいたす。それを二十人衆頭《がしら》、小人・

中間は則ち小人頭と名付け、知行を下され、馬に乗り、二十人頭は歩若党十人・二十人づゝ預《あづか》り、小人頭は小人・中間を二十人・三十人ばかり預り、二十人衆の頭十騎、小人頭十騎あり。これによつて信玄公の歩若党・小人・中間衆は望みを存知《ぞんぢ》、心懸くる故、放し討ちの成敗ものまで五、六度ばかり仕つらざるは余りこれなし。さるほどに今迄も目付は二十人衆頭、その横目は小人頭なり。歩若党を上杉家にて身わき衆、信玄公家にて二十人衆、氏康にて手わき衆、家康ははしり衆と名付けてよぶげに候。甘利《あまり》寄子《よりこ》の米倉丹後《たんご》、鑓《やり》を十三度あはせ、頸数《くびかず》も多きなかに手柄の高名《こうみやう》八つあり。その上《うへ》敵味方の強弱を見はからひ、勝負のかんがへを信玄公若くまします時分より申し上げつるにさのみに違《ちが》はざる故、はじめ二十人衆なれども取り立て、甘利左衛門尉《さゑもんのじよう》同心に預け置かるゝなり。とかく二十人衆・小人・中間衆に念をいるゝは、よき大将道理をもつてのわざなり。

　さてまた「利根の過ぎたる大将は、下劣《げれつ》の喩へにさいたら畠《ばたけ》と申すごとく、本図《ほんづ》にてましまさねば、物を習へど末通らず、半分知りてはしかも開山《かいざん》にならんと思《おぼ》し食《め》し、仮名の本を真名《まな》に直し、真名に書きたるを仮名に直し、在郷《ざいがう》をみては田を畠にし、畠を田にし、人民《にんみん》の費《つひ》やしをあそばす。これを喩へば、大工するすべも知らざる百姓が番匠《ばんじやう》道具を質に取り、この道具たゞ置かんよりは細工に家を建てんとて、鑿《のみ》にて掘るところを錐《きり》にてもむは、下手なる仕様《しやう》と申すといへども、下方《したへ》深きを存ずれば少しは相似たるやうなるが、一《いち》円《ゑん》なにも知らざる者どもは、鉋《かんな》にてけづるところを鋸《のこぎり》にてひき、鑿《のみ》にて掘るところをさい槌《づち》にて打つやうに、利根の過ぎたる大将、国の仕置《しおき》かくの如くぞ」と策彦《さくげん》和尚信玄公へ座《ざ》興《きよう》に咄し給ふ。

必ず利根の過ぎたる大将は、無分別にて無穿鑿《ぶせんさく》なる故、手柄をも知り給はねば無手柄をも御存知なし。入らざるところに強みありて、家につたふる家老などを科《とが》もなきに憎み、親不孝にして父とも仲悪しうなり、非業《ひごふ》に身を破り給ふ者にて候間、「御曹子幼少の時御守《もり》肝要なり」と策彦の仰せられ候。

そのごとくに太郎義信公亡びなさるゝ。元来は永禄四年辛酉《かのととり》に川中島にて合戦巳刻末《みのこくすゑ》に終る。同じく午《むま》の刻に輝虎後備《うしろぞな》へ甘糟《あまかす》近江守と申す者、千ばかりの人数を謙信流の丸備《まるぞな》へに作り、少しも噪《さわ》がず、如何《いか》にも静かに退《の》く。追ひくづされたる越後勢、また直江が小荷駄奉行の人数《にんじゆ》、信玄方の先衆に討ちあまされたる者も、大略この甘糟に付き越後の方へ退く。さて信玄公旗本組は越後への道をとりきり、備へ給へば、逃ぐるほどの越後勢、旗本の前へ行きかゝらざるはなし。さて旗本組の諸勢、手を砕きて敵を追ひちらし、ひとを討つもあり、頸《くび》を取りて我が旦那を尋ね、小旗を目付け、我が備々《そなへ〴〵》へよるもあり。また敵は旗本組の備へを左へ逃ぐるは少し。右の方犀川の渡りを心懸けたる故、輝虎方の諸勢三箇二に余り、この筋を退く。ひと討ちはぐれたる味方は、みなこの敵を追ふて行く。旗本にひと少し。ある者は手負ひ、あるいは勝負を仕つりくたびれたるところへ、敵の荒手《あらて》、しかも千にあまりたる備へ来たる。輝虎の後備《うしろぞな》へ甘糟近江守と申すことは、後にこそ聞きつれ、その時節は定めて輝虎にてあるべし。輝虎かねがね信玄公と是非とも手と手を取り合ひくみたきとある儀を日来《ひごろ》望み給ふ由、れん〳〵取り沙汰あれば、「もしさやうの儀にて、輝虎賢き武略を以て、合戦の終りまで跡に謙信は残り、只今《ただいま》乱れたる時、旗本へかゝるか」と思し食し、信玄公宣ふは、勝ちたる軍《いくさ》に怪我なさるまじきとある儀にて、「千曲川広瀬の渡りを越し、引きこみて備へをたてよ」と信玄公下知《げぢ》なさるゝ。そこにて義信公へ御使に「先へ川を越せ」とあり。義信公は、信玄公へ「先づ越し給へ」と父子辞退《じたい》まします。敵近付くとて、信玄公川をはやく越し給ふ。それは信玄公武勇のかけひき達者《たつしや》の故なり。子細は、御父子ながら初合戦に二ケ所づゝ手負ひ給へば、旗本の各々《おの〳〵》過半手負ひ・死人なり。信玄公の先衆は、敵より後《うしろ》にてあり。荒手三百来らば大将の討死疑ひあるまじ。ましていはんや千に余る荒手に気遣ひなきは、大将の大きなる怪我なれば、末代までも国持ち給ふ大将衆、小身にても弓矢を存ずるひとは、信玄公の悪しきとは申すまじ。この節《せつ》内藤修理亮《しゆりのかみ》・原隼人佐・跡部大炊助、この衆脇備《わきぞな》へ・後備《うしろぞな》への衆にてありつるが、信玄公上意《じやうい》を承りて、味方の勢《ぜい》、敵を討つとて散りたる人数をあつめ、川向《かはむか》ひあるいは川中にも備へを立て、敵の様子かゝらずして退《の》くを見届け候て、今の甘糟近江守を追ひ懸け、東道《ひがしみち》四十里追ひ打ちにいたす。敵二方へ敗軍なれば、この筋は犀川追ひどめなり。件《くだん》の甘糟近江守、川を越す時はただ十二、三人に討ちなされ、犀川を越し、敗軍の勢を二、三百揃《そろ》へ、犀川のあなたのはたに一両日逗留《とうりう》する。この合戦ありて十日ばかりは、かの甘糟を「輝虎旗本なり」と沙汰もありつるぞ。

さてまた右荒手の来たるを見て、信玄公千曲川を越し、三町ほど引き籠み、御旗本を備へ給ふに、嫡子義信公詮《せん》なきつよみを思し食し、「引き入れまじき備へを引きたる」とて信玄を誹《そし》りなされ候。義信利根過ぎなされたる若殿なり。それ故永禄五年戌《いぬ》の年の八月二十日に御使を立られ、両方の御存分仰せられ、御仲悪しくなりなさるゝ。亥《ゐ》の年二月、曹洞宗の知識信州岩村田北高和尚・甲州大善寺甲天両和尚、御父子の御仲直《なほ》し給はんとありし時、両方種々仰せられ分《ぶん》御座候て猶《なほ》もつて不和なり。そこにて義信公は、長坂源五郎と談合なされ、詮なき悪儀をたくみ出だし、なさけなくも飯富《おぶ》兵部《ひやうぶ》少輔《せういう》を頼み、謀叛《むほん》の企《くはたて》をあそばしける。「信玄公も父信虎を追ひ出だし給ふ。我も信玄公を討ち奉らん」とあることなれども、信虎公は次男典厩《てんきう》をとり立て、晴信公を他国へ追ひ失はんとの儀にてかくの如し。これは晴信公御道理千万《せんばん》なれども、それさへ信玄公恥しく思し食し、『論語』を終に手に取り給はず。『論語』には一入《ひとしほ》親孝行のこと多し。ことさら義信公御元服の時、菊亭殿をもつて勅意をえられ、光源院殿へ披露なされ、「某《それがし》万松院義晴公より、晴と云ふ字を下され、晴信に罷りなる。せがれの太郎にはあはれ義《ぎ》よしを下され候へかし。末代までの名聞《みやうもん》、または武田の家前代への、苟《いやしく》も信玄が利口に仕つらん」とて御訴訟あり、義信になさるれば、「我等より太郎は果報《くわはう》も何も上なり」とて、殊の外大切に思し食し候。御父を討ち奉らんと思し食し立つ義信公天道違《たが》ひ、こと顕はれ候故、父信玄公の御意《ぎよい》に深く違ひ、子《ね》の年より座《ざ》敷牢《しきろう》に入れまゐらせられ候。

まへ亥《ゐ》の年四郎勝頼公をよび出し、信州伊奈《いな》を進ぜられ、則ち高遠の城主とある時も、義信公へ家老衆をもつて信玄公より訴訟のやうに仰せ入れられ、ことさら武道の異見《いけん》は阿部五郎左衛門、自余《じよ》のことは小原下総《しもふさ》・同丹後守《たんごのかみ》・秋山紀伊守《きいのかみ》この四人を書き立てゝ、これも義信公へ伺《うかが》ひなされ、四郎殿へつけ添へ給ふ。その以前は四郎勝頼公信州諏訪頼重息女の腹なれば、別腹《べつぷく》とありて沙汰もなされず候へども、酉戌《とりいぬ》の年にいたつては、川中島合戦の儀に付きて、悪しくもなきことに義信公利根だてをあそばし、信玄公を誹《そし》り給ふ故、父子の御仲悪しうなる。御仲悪しゝといへども嫡子なれば、義信公へ信玄公は種々の時宜《じぎ》をし給ひたるに、それになんぞ謀叛の企《くはたて》あり。こと顕れて、永禄八年乙丑《きのとうし》の年、この逆心故《ゆゑ》飯富兵部少輔・長坂源五郎御成敗なり。義信公も三十の御歳、永禄十年丁卯《ひのとう》に御自害候。病死とも申すなり。また駿河氏真公へその年の暮に、義信の御前方《ごぜんがた》送りなされ候。この御前は今川義元公の息女、氏真公の妹子なり。翌年永禄十一年辰《たつ》の暮に信玄公駿河へ発向《はつかう》まします。

さて右申す利根の過ぎたる大将、大形《おほかた》武田義信公にて御座候。子細は、地下《ぢげ》へも種々貪《むさぼ》りたることを仰せられ、古屋惣次郎と申す者を惣算用聞《そうざんようぎき》になされ、さま〴〵のことありて百姓・町人のよめ・子どもまで在々所々《ざい〴〵しょ〳〵》に隠し置き、無行儀《ぶぎょうぎ》千万の儀どもありて、古屋惣次郎を始め義信公の衆二十八人首を斬られ申す。その外《ほか》はみな他国へはらはるゝ。これも永禄八年に飯富兵部切腹の時かくの如し。信玄公御道理千万にて候。

ここに釈迦仏の説き給ふ「犛牛《みやうご》の尾を愛するが如し」と。これは尾に剣のある牛なり。尾の剣をねぶれば舌きれて血出づる。血の味《あぢ》はひ酸《すう》して甘し。ここを以て朝暮《あけくれ》ねぶり、終に舌破れて死する。そのごとくに、当座おもしろきことを止《や》めずして、悪しき儀なりとも善悪の弁へもなく、我が利根を先きへたて、専らにまぼり給ふ大将を、利根の過ぎたるとは申すぞ。かやうの大将、父にも敵対し、あるいは科《とが》もなき家老を斬りたがり、終には我が身亡び給へば、はたしては虚《うつ》けの真唯中《まつたゞなか》なり。さるにつきこの四本を合はせて一巻「四君子犛牛の巻」とは名付けたり。

この書置き、長坂長閑老、跡部大炊助殿よく〳〵分別なさるべし。両人御取成しをもつて、信濃の茶売商人《あきんど》など繁昌いたさんと相見え候。信玄公御代には、御弓の番所へやう〳〵来たる八田《はつた》村《むら》新左衛門、信州深志の宗浮《そうふ》、信玄公他界なさるゝ三年このかた、御くつろげ所までねり入るとて、いたはしや三枝勘解由左衛門《さいくさかげゆざゑもん》、この正月十六日に腹を立てゝ、我等に物語申され候つる。当家の侍衆、やがて作法乱れ申すべしと相見え候ものなり。よつて件《くだん》の如し。

天正三年乙亥《きのとゐ》六月吉日　　高坂弾正之を書す

品第十一　領国を失い家中を亡ぼす四人の武将二　利口過ぎる武将のこと

付けたり　北条家、上杉家のこと、および川中島の合戦の物語

一、第二に、利口過ぎる武将について。この武将は、大体において挙動が粗雑で、すぐ天狗になるかと思うと、意気消沈しやすい。すぐれた武士は、大身・小身とも、よいことがあっても驕《おご》ることなく、うまくいかなくてもそれほど意気消沈しない。思慮深く、剛勇な心の持主だからである。無思慮な者は分別がなく心根が柔弱だから、大身・中身・小身ともにあやまちが多い。とくに利口すぎる武将は、邪欲が深いので、家臣に知行地を与えるにも粗悪な地を選んで与える。そのうえ家臣をしめつけ、百貫の知行を持つ武士から課役を負わせて五十貫を召し上げ、五十貫の知行を持つ武士から二十五貫を召し上げる。下の者は上の者を真似るのがつねであるから、家臣は、農民がさきざきどんなに困窮するかを考えもせず、残るところなく奪い取る。利口過ぎる武将は、うわべだけの利口さを持っているから、ひとに非難されまいと考え、武具や馬具、弓や鑓などの諸道具すべてをきらびやかにととのえるが、その費用を町人や農民に物を貸し与えて得た利子や、家臣に課し

た罰金でまかなう。また神社や寺院を建立しても、慈悲や信心からではなく、ひとに見せようがための善根だから、民衆を苦しめ、酷暑・厳寒・風雨におかまいなく、ひとびとに鞭をふるい働かせ、普請を命ずるが、天や仏や神は、正直で慈悲ある者を加護するのであるから、こういう悪善根を憎み、その寺院や神社は完成しない。十に一つ完成したとしても、地震・火事・大風・洪水などでまもなく倒壊する。聞くところによると、京の三十三間堂を後白河法皇が建立されたときには、細工人や日雇いの人夫に申し出の倍の賃銀を与え、土を買うにも十両の土を二十両に買って土盛りをして建立したので、応仁の乱のときの大地震にも倒壊しなかったとのことである。

総じて、すぐれた武将は粗暴にみえても慈悲深い。利口過ぎる武将は、口では立派そうなことをいっていても、心底は無慈悲である。利口過ぎると必ず自惚れがあり、なにをしてもひとに非難を受けまいと思うから、古今の名武将や小身のすぐれた武士の言葉やふるまいを無視して、なにごとも自分の才覚で考え出そうとばかりする。ときには、学問のある僧をよび、話を聞いたり、書物を読もうとすることもあるが、自分の利口さをさきにたて、一部を少し聞いただけで、「わかった」という。経典に、「真の仏法を得ていないのに得たと称し、悟りを開いていないのに悟ったと称する」と説かれているように、十分にわかってもいないのに、「わかった」といい、「昔も今もすぐれたひとの考えることはみな同じである」などという。ときたま昔のひとの事蹟を手本にしても、早合点した部分だけを手本にするにすぎないのである。

七十年前、伊豆の北条早雲が、『三略』について聴こうと学問のある僧を呼んだが、「そもそも武将のなすべきことは剛勇な武士の心を把握することにある」という冒頭の文を聴いて、「もうわかった、やめよ」といったという話をよいことだと考えているのであろう。だが、それは誤りである。早雲公のような武将は仏か神の化身である。というのは、早雲公は、荒木・山中・多目・荒川・在竹・大道寺らとともに七人で武者修行を相談し、伊勢を出、駿河の今川義元公の祖父義忠公の代に浪人として今川家に身を寄せ、才覚により今川家の縁者となってしばらく駿河の片野郷にいた。義元公の父氏親公の代には今川家の権勢を後楯として伊豆に移り、大場・北条あたりの農民に金銭を貸し与え、後には伊豆の大半の武士や農民が早雲公の屋敷に出入りして金銭を借り、一日、十五日には礼のために参上するほどになった。その間も頻繁《ひんぱん》に参上する者からは貸した金銭をそのままにしたのでひとびとは先を争って早雲公の屋敷近くに家を作り、その支配下に入った。荒木・山中・多目・荒川・在竹・大道寺の六人も早雲公の家臣となり、この六人を大将とし、自身をも含めて軍勢を七手に分けて、伊豆一国を支配下におき、断絶して久しい北条家を継ぐべく三島神社に願を立てた。

翌年の正月二日の夜、早雲公は、一匹の鼠が二本の杉の大木をかじり倒し、その後猪になった夢を見て、目が覚めた。夢の通り、管領である両上杉家の仲が悪くなったと聞き、機会を得て関東に軍勢を出そうと、早雲公は二六時中謀りごとをねっていた。扇谷の上杉家の運が末になったのであろう、あるとき姦臣の讒言《ざんげん》によって、家老の太田道灌を誅殺した。上杉家の家老はみな自分の身を守ろうと、身構え、騒然とした。このとき早雲公は軍勢を出して小田原城を乗取り、相模の半分以上を手に入れた。子息の氏綱公の代には相模のすべてを支配下に収め、孫の氏康公の代には伊豆・相模二箇国一万の軍勢のうち二千をあちこちの国境に配備し、八千の軍勢で両上杉家と合戦した。上杉憲政公の居城は上野の平井にあったから、武蔵・下総・上総・安房・常陸・下野・出羽・奥州・越後・佐渡・信濃・飛驒・上野、合わせて十三箇国の武士が平井に出仕して、憲政公を主と仰ぎ、気勢をあげることおびただしい。大森氏頼の書状にも上杉方の人数二十万とあり、少なくも十万余はあったであろう。

享禄三年（一五三〇）氏康公十六歳、憲政公二十七歳のときから上杉方と合戦が始まり、二十二年間の戦いのうち十三回の大合戦があり、いずれも氏康公が勝ち、合戦の場を制圧したが、北条方八千の軍勢に対し、上杉方の軍勢は二万あるいは三万、少ないときでも一万五千を下らなかったから、氏康公は一挙に国郡を奪いとることはできなかった。なかでも川越の夜戦では、氏康公は僅か八千の軍勢で両上杉家八万の軍勢に斬り勝ったが、このとき氏康公は自身薙刀で十四人を斬っている。こうした武功の結果、天文二十年（一五五一）氏康公三十七歳のとき、上杉勢を大敗に追いやる勝利を得、武蔵の天城山に城を持つ藤田康邦をはじめ、小幡景家、成田長泰らが北条方になり、上杉方の家老はみな心変りしてついに憲政公を追い出した。六人の乳母子らは「子息の十三歳の龍若殿をみやげにして、氏康公に仕えようではないか」と相談し、氏康公の許に連れていった。氏康公は小番衆神尾治部右衛門に命じて、龍若殿の首を斬った。不思議なことに神尾の家では今にいたるまで二代とも癲病にかかった。氏康公の小番衆は武田家の近習にあたる。

氏康公の関東諸国の治めかたはなかなか見事で、九年の間に関東諸国の大部分は北条家の味方になった。ただし、安房・常陸は北条家に敵対し、その他五人の武将も管領の上杉家に味方していた。上杉家十六万の軍勢のうち七万余が北条家に従うようになった。ことに古河公方《こがくぼう》足利晴氏が氏康公の聟《むこ》になったので、関東諸国は一層よく治まり、安房の里見家も常陸の佐竹家も氏康公に亡ぼされるかにみえたが、永禄三年（一五六〇）三月、越後の長尾景虎（上杉謙信）が、憲政公に頼まれ、小田原城中蓮池まで攻め入った。謙信は前年の八月に上野の平井に軍勢を出し、関東八箇国に次のような触れ状を出した。「関東管領足利持氏は、かつて永享十二年（一四四〇）京の将軍に攻められ、運が尽きて自害させられ、賢王丸殿・春王丸殿・泰王丸殿の三人の子息が殺されている。にもかかわらず、氏康がその子孫の義氏を公方として取り立てているのは道理に合わない。京から近衛《このえ》前久《さきひさ》殿を招いて公方とし、管領上杉家を安泰にするために、謙信は守護役としてここまで出向いてきた。氏康は北条氏であり、北条氏は平氏である。おのおの方が氏康に従われるのは不都合であろう」。この趣旨に関東諸国の武将が「もっともである」と賛同したので、氏康公はまたもとの伊豆、相模だけになってしまい、小田原蓮池まで攻め込まれたのである。

しかし謙信が管領に成り上り、諸国の武将を俄かに家臣あつかいし、粗暴な治めかただったので、諸国の武将は謙信から離反し、大多数はもと通り氏康に帰参した。なかでも成田長康は、謙信の鶴ケ岡八幡宮参拝の祝事にも同席せず、鎌倉から軍勢をひきつれて領国に帰ってしまった。謙信公の軍勢はようやく上野の平井までひきかえしたが、兵糧《ひょうろう》などの荷物はみな在地の国侍に奪われてしまった。そこで謙信は戯《ざ》れ歌一首、

味方にも敵にもはやく成田殿　ながやす刀きれもはなれず

（成田殿は味方にも敵にもいちはやくなられることよ。あなたの安刀はひどく切れが悪くどっちつかずだ）

と詠んで軍勢を率いて越後に帰った。その後、はじめほどではなかったが、上杉家の軍勢合わせて六万余が北条家に帰順したので、伊豆、相模の軍勢を入れて、今の氏政公にいたるまで北条家の総動員数は七万五百である。近国に対する備えを十分に置いても、現今にいたるまで氏政公の出陣のときは、四万、少なくとも三万五千を下ることはない。このことの起こりを辿るとすべて早雲公に始まっている。早雲公の真似はなかなか思いもよらない。

総じて、ひとは、大身・小身を問わず、運のよいひとの真似をすべきでない。まず運の悪いひとのやりかたを、次に運のよいひとのやりかたを考え、そのなかで危気のないやりかたをもっぱら守っていくべきである。ことに二代目、三代目あるいは五代目、十代目の武将は、一代で成り上った武将の真似を十のうち九つはしてはならない。というのは一代で成り上った武将には天の厚い恵みがあるからである。危なっかしいふるまいがありはしたが、天の恵みがあったからこそ、死の間際まで、大抵のことが運よくうまくいったのである。そのことをよく考えもしないで、先祖代々の譲りを受けた武将が危険を冒すと必ず失敗する。失敗して当然である。天の恵みは何代も続くものではない。

この道理がわからない利口過ぎる武将は、なにごとにも目先だけの、薄っぺらな分別をする。喩えば、切先《きっさき》だけに刃がついていて全体は地金でできている刀のようなもので、たとえ切れても鍔元《つばもと》が曲り、それを押し直そうとすると左右にくねるように、昨日のふるまいを今日は変え、今日きめたことを翌日には変え、明け暮れ、なにかと新しくことをはじめようとばかりしている。賢人の言葉を聞いても、邪欲な心に合わせて、「昼は萱を刈り、夜は縄をなえ」と農民に申し付けたり、町人や僧にも、「障子を張れ、竹釘を削って差し出せ」と命ずるので、それにつけこんで富裕な地下人や町人が、諸奉行に取り入って付け届けをしたり、女人を世話して走廻衆によく思われ、「樹木や竹の税あるいは塩や木綿の税を村々に課してはどうでしょうか」と蔵法師衆や役人たちに教える。彼らはもっともと喜び、すぐ出頭人にいう。出頭人は主君の喜ぶことなので直ちに申し上げる。利口過ぎる武将は邪欲が深いから大いに喜び、町人や地下人から直接に話を聞き、後にはこれらの者どもが主君の前で幅をきかせ、忠功ある旧くからの家臣をふみつけにしながら、あれこれと事を運び、ついには地下人・町人に知行が与えられる。彼らは次男か三男を出仕させるが、富裕なので五十貫か百貫の知行でも、千貫か二千貫の知行を取る家臣ほどの綺羅《きら》を尽くす。そして、傍輩の武士と近づきになり、利得になりそうな者をえらんで、明け暮れもてなしなどをする。このような家中では、家臣百人のうち九十五人は邪欲が深く、諂《へつら》い者だから、もてなしをうけると、出身も考えずに、町人・地下人の子どもらをことさら誉めたてるので家老や出頭人と富裕な者の子とが縁つづきとなる。町人や農民は僅かなことでも高慢になるから、このように出世するとますます高慢になる。

このような家中では、町人・農民であるのに、利口者ゆえ出世したのだと家臣がひどく羨ましがる。旧くから仕えていた家臣も、大身小身、老若を問わず、十人のうち八、九人は高慢で横柄になり、傍輩に対する礼儀作法も乱れ、寄り合いの折の雑談も五つのうち四つは売買や欲得づくの話ばかりで、真実なところがありそうでいて浮薄《ふはく》、分別がありそうでいて無分別、品がありそうでいて実は邪欲という作法になる。このように次第に家臣の作法が悪くなるのは、もっぱら地下人や町人が幅をきかせるからである。

古語に、「水は流れ流れてもとの海に帰り、月は沈んでも空を離れることはない」というように、町人が時を得て武士の真似をしてもやはり町人の心根はなくならない。彼らは羽振りのいい時にできるだけ財産を貯めこんでいずれは出仕をやめようと考えているから、合戦のありように益するところはない。無分別なくせに口先だけは達者で、もともとが町人だから、商売や金銀のことになるとなかなかうまいことを言う。戦ったこともないのに羽振りのいいのにまかせて、知りもしない合戦でのはたらきについて云々するなど笑止の極《きわ》みだが、金銀の力でいろいろなことをうまくしこなし、家老や出頭人をはじめ、歴々の武士と交際し、気に入られるので家臣百人のうち九十五人はこうした町人の性向になり、残り五人ほど武士を立てる者があっても、みなが悪口をいい、頭もあげさせず、衆を頼んでごまかす。すぐれた武士がごまかされるまいと一言いうと、以前の口先での権柄《けんぺい》ずくとはうってかわり、卑屈な返答をするが、かげにまわって、あの男は気がおかしいといいふらすので彼らもなにもいえない。すぐれた武士五人のうち三人が考えをあらためることになる。一命を捨てて合戦の場ではたらくのも所領を得、出世するためなのだから、その時々に羽振りのいい者の気質に合わせていこう。もとは町人だが、家中の家老や出頭人があの者をすぐれていると考えていることでもあり、自分の心さえしっかりしていれば、あの者と交際し、とりなしもしてもらい、利益を得るのもいいであろうと考えて、町人のところへ出入りするようになる。古語に、「水を掬《すく》えば月は手の中にあり、花を摘めば香りが衣に満ちる」とあるように、たびたびつきあっているうちに、すぐれた武士も次第に町人の性向になってしまう。一人、二人のよほどすぐれた武士だけが町人とは交際せず、最後にはその家中を出る。『三略』にいう「どんなに窮しても不義な国の官位につかず、どんなに貧しくても風儀の乱れた国の禄を受けない」という意味合いで、家中を出るのだが、残った愚か者は道理がわからず、出ていったあとでさんざん彼らの悪口をいう。しかし作りごとであるから、愚かものがすぐれた者を非難するいいぶんが場面によってまちまちであるのは必ず嘘をいって猜《そね》んでいるのだと考えるがよい。

こういう家中では、家老・出頭人をはじめ、雑役をつとめる悴侍《かせざむらい》や小者まで邪欲でひとを出しぬこうとし、主君は金銭をろくに与えずに家臣をこき使おうと考え、家臣は主君に忠節・忠功を尽くさず、番・普請・供・使者もせずに偽って扶持を得ようとする。悴侍や小者は金銭を貯めこむと奉公をやめていくから、家臣の大部分が、塩売りや魚売りの商人になるのである。

すぐれた武将のもとでは、町人も奉公人になりたがるが、家臣たちは町人を召し使わない。農民は一徹なところがあって後に名のある武士になることも多いが、町人はうわべをかざる者であるから武士にはなれない。また、すぐれた武将のもとでは、家臣は大身・小身ともに慇懃を心がける。たとえ粗暴にみえることがあっても真実なところがある。卑しいことをいうかにみえても、品がある。芸事ができないようにみえても、武士としての嗜《たしな》みは身につけている。乗馬・弓射・剣術・鉄炮をはじめ、能舞・立花・礼儀作法、なにごともに恥をかくようなことはない。とくに合戦でのはたらきについてはつね日頃怠ることなく、祖父・父・兄弟・親類をはじめ、知人のなかで名のある武士のもとに出入りして、注意深く雑談をきき、心にとめておく。それ故、十五、六歳で一度も合戦に出たことがない者でさえ、作法のよくない家中での名のある武士よりは思慮深く、武士としてのふるまいかたをよくわきまえており、一言口にすることも、首尾がととのい、筋道がたっているのである。

総じて、すぐれた武将は、合戦でのはたらきについてはいうまでもなく、芸文についても嗜みがあり、慈悲深い。行儀がよく、ふだんは温雅であるが、怒ると殿中はもちろん、一国中の泣く子も泣きやむほど峻厳である。国持ちの武将をはじめ、大身・中身・小身ともに、名高い武士は総じて行儀がよいものである。たとえば、世の中の裸虫はすべて草木の葉を食べ、食べ尽くすと巣を作り、姿を変えて蝶となり、子を産み、翌年またもとの裸虫になるが、このなかで、蚕だけは、桑の葉ばかり食べて他の草木の葉を一切食べない。行儀がよいので、他の裸虫と成長の過程は変らないのに、この蚕だけが世の宝となり、大切にされる。そのように末代までも名武将と評判される国持ちの武将に、行儀のわるい者は一人もいない。すぐれた武将は行儀がよいから、義理を重んずる。義理を重んずるから分別がある。分別があるから慈悲深い。慈悲深いから、たとえ外見が粗暴にみえる場合でも、冷静にそれぞれの家臣をよくみきわめて召し使っているので、一人として恨む者はいない。ときに町人や農民を召し出すこともあるが、台所の片隅などのきまったところに置き、用のあるときによび出し、町人には商売のこと、農民には農作のことや村での噂、その他不審なことをいろいろ尋ね、用が終ると町や村に戻らせる作法なので、町人や農民は、家臣にはもちろん小者・中間・若党であっても家中の者とみると、かしこまり、端によけて道をあける。また蔵を預る蔵法師衆も、農民を大事にし、郷村を豊かにし家中の物を私することなく、家臣をうやまう。これらはすぐれた武将がよい者を召し使うからである。

右にいう利口過ぎる武将は行儀が悪く、第一に女好きで、そのことでもひとびとの恨みを買い、悪評を蒙る。大身、中身、小身を問わず、女好きなことはとがむべき道理はないし、女人にたよるのは非難さるべきことではない。というのは、立身出世に応じての武士の楽しみは女人であり、子孫の繁栄のためにもよい女人をえらぶことは必要だからである。ただ、道理にはずれた女好きを行儀が悪いというのである。

行儀の悪い武将は義理を知らず、無慈悲で、分別がないから、うわべをかざるために嘘をいう。合戦に勝ったときなど、自分は五里、十里も後におり、すぐれた家老が先きにたって戦ったのに、自分が手を下して勝ったかのように言い、嘘がばれるのを恐れて罪もない家老を猜んで、後で追い出したり、誅殺したりする。これが利口過ぎる武将の作法である。すぐれた武将は、自分の采配によって勝っても、自分の武功とせず、近習・小姓・小殿原・若党・小者・中間衆までも誉めそやし、「みなあれらのはたらきで合戦に勝ったのだ」といわれるので、このような武将のもとでは、大身・小身の武士をはじめ、足軽・徒《か》歩《ち》若党《わかとう》・小者・中間衆にまで、戦いに秀でた者が多く出るのである。

信玄公は、「武将が戦場で馬に乗っているときは、徒歩若党・小者・中間衆が側近の者である」といわれ、二十人衆・小者・中間衆にはことに念を入れて見分け、自身でえらび、二十人衆を目付、小者・中間衆を横目と名付け、先陣にさしむけ、すぐれたはたらきがあると褒美を与えたので、後には、衆目を集めるような武功を七、八度もたてる者も出たのである。そうした二十人衆を二十人衆頭、小者・中間衆であれば小者頭と名づけ、知行を与え、騎乗を許し、二十人衆頭には徒歩若党を十人あるいは二十人預け、小者頭には小者・中間衆を二十人あるいは三十人預けた。こうした二十人衆頭および小者頭がそれぞれ十人あったのである。このことによって信玄公の徒歩若党・小者・中間衆は、出世の望みをもって精励したから、放し討ちに処せられた者を成敗することをも含めて五、六度の武功をたてない者はほとんどなかった。そこで現今でも、目付には二十人衆頭、横目には小者頭が任ぜられるのである。徒歩若党を上杉家では身脇衆、信玄公家では二十人衆、氏康方では手脇衆、家康方では走り衆とよんでいる。甘利昌忠の同心頭《どうしんがしら》米倉重継は、合戦に出ること十三回、多くの頸をとったがなかでもすぐれた武功が八回あった。そのうえ敵味方の軍勢の強弱を見わけ、作戦についての考えを申し上げたのだが、信玄公の若年の時以来、誤りはほとんどなかった。そこで、はじめは二十人衆の一人であったが、取り立てられて甘利昌忠の同心頭となった。ともあれ、二十人衆・小者・中間衆に力を入れ、大切にするのはすぐれた武将の道理にかなったやりかたである。

また、「小才が利《き》いてどっちつかずなさまを、下賤な者の喩えに才太郎畑《さいたろうばたけ》というように、利口過ぎる武将は真の智恵がないので、何を習っても最後までやりとげず、仏の教説を半分聴いただけで、開山の僧になろうと考えたり、仮名で書かれた書物を漢字に書き直し漢字の書物を仮名に直そうとしたり、郷村をみて廻ると田を畑にし、畑を田にせよと命じ、民百姓を無益に苦しめる。たとえていえば、大工の作法を知らない農民が大工道具を質にとり、この道具をただ置いておくよりはこれを使って家を建てようとして、鑿《のみ》でほるべきところを錐《きり》でもんだりするのは、下手なやりかたといっても、奥へ深くほる点で少しは似ているが、なにもわかっていない者は、鉋《かんな》で削るべきところを鋸《のこぎり》でひき、鑿でほるべきところを才槌で打ったりする。利口過ぎる武将の領国の治めかたはこのようなものだ」と策彦周良が、座興に信玄公に話された。

利口過ぎる武将は、分別がなく、物事を深く思慮しないから、家臣の武功も知らず、無手柄もわからない。いらぬところに剛勇さを示し、旧くからの家老をなんの過《あやま》ちもないのに憎んだり、親不孝で父との仲も悪くなり、非業の死を遂げることになるから、「御子息の幼少時の御守りは大事である」と策彦周良はいわれた。

太郎義信公はそのようにして死んだ。ことの起こりは、永禄四年（一五六一）の川中島合戦にあった。戦いは午前十一時ごろには終り、十二時ごろ謙信方の後陣甘糟景時は、約千人の軍勢を謙信流の円陣形にととのえ、少しも騒がず静かに退却した。追い散らされ陣を乱した謙信方の軍勢や直江実綱の小荷駄方の軍勢、信玄方の先陣に討ち洩らされた者の大部分は、甘糟景時について越後の方へ退いた。信玄公の旗本組は、越後への道をふさいで備えをたてていたから、逃げる謙信方の軍勢はみなこの旗本組に遭遇せざるをえなかった。旗本組の軍勢は力を尽くして敵勢を追い散らし、敵を討ちとる者、首を取って主を探す者、味方の小旗を見つけて陣に帰る者などがある。一方、敵勢は旗本組の備えの左手に逃げる者は少なく、右手の犀《さい》川の浅瀬を目指し、三分の二以上はこの方角から引き退いた。敵を討ちそこねた味方の軍勢はみなこの敵勢を追っていった。味方の本陣は人少なになり、残る者は負傷者や戦いに疲れはてた者ばかりになったところへ敵方の新手、しかも千人以上の軍勢が攻めこんできたのである。これが、謙信方の後備え甘糟景時であることは後になってわかったが、このときには、おそらく謙信自身であろうと思われた。かねてから謙信が、信玄公とぜひに手と手をとっての一騎打ちを望んでいるという噂が、折にふれて流れていたので、「あるいはそのねらいで、謙信の巧みな武略で最後まで謙信が残り、陣立ての乱れたときをねらって本陣に攻めこんできたのか」と信玄公は思われ、勝ち戦さの軍勢に疵《きず》をつけまいとの配慮で、「千曲川を渡って引き退き、備えを立て直せ」と命令されたのである。そして義信公に、「さきに川を渡れ」と伝えた。義信公は、「信玄公こそさきに川を越えられるように」と辞退した。ぐずぐずしていては敵勢が近づくであろうとみて、信玄公はさきに川を越えた。信玄公が戦いの駆け引きに練達していたからである。というのは、最初の戦いで、親子ともに二カ所ずつの手傷を負った激戦であったから、それぞれの旗本の軍勢の半数以上は負傷し、あるいは討死している。信玄公の先方《さきかた》勢は敵勢の後方にあり、ここで三百人の新手の敵勢に攻めこまれたらならば、大将の討死は必定である。まして、千人以上の新手に対して用心しないのは武将として失態であるから、末代までも、国持ちの武将、あるいは小身であっても戦いを知る者は、信玄公の策があやまっていたと批判しないであろう。このとき、内藤昌豊・原昌胤・跡部勝資らが脇備えおよび後備えであったが、信玄公の命をうけて、敵勢を迎え討つために散らばっていた味方の軍勢を集め、川向うあるいは川の中に陣立てをととのえ、敵勢が攻めこむことなく退くのを見届けて、甘糟景時を追いかけ、東道四十里追い討ちにした。敵勢は二手に分かれて逃げたので、この方角では犀川で追い止めとしたのである。甘糟景時は川を越えるときは残り僅か十二、三騎に討ち取られていたが、敗れた軍勢を二、三百騎集めて、犀川の向う岸に、一日、二日とどまっていた。合戦から十日ほど後までは甘糟勢が「謙信の本陣である」と伝えられていたのである。

この新手が攻めてきたのをみて、信玄公が千曲川を越え、三町ほど引き退いて本陣をととのえなされたことについて、義信公は、無用な剛勇さに固執し、「信玄公は引き退くべきでない陣立てを引き退いた」と主張し、非難した。義信公は利口過ぎる若殿である。それゆえ永禄五年（一五六二）八月二十日に使者が立てられたのだが、双方とも思う通りを言いあって、不和になった。翌年二月、曹洞宗の僧である信濃岩村田の北高全祝と甲斐大泉寺の甲天総寅の二人が父子の仲直りに努めたが、双方ともにいろいろな言い分があって仲は一層険悪になった。そのとき、義信公は長坂源五郎にはかって愚かな悪事をたくらみ、飯富《おぶ》虎昌を頼んでなさけなくも無益な謀叛を企てた。「信玄公も信虎公を追い出しなされている。自分も父を討ちとろう」ということなのであろうが、信虎公は、次男の信繁公を取り立て、信玄公を他国へ追放しようとして逆に追い出されたのであり、信玄公に十分の道理があったのだが、それでも信玄公はそのことを恥じて『論語』をついに手にしなかった。『論語』には親孝行の事蹟が多くしるされているからである。また信玄公は、義信公の元服のとき、今出川公彦殿を通じて将軍足利義輝公に、「自分は先代義晴公から晴の字をいただき晴信と名のったが、倅の太郎にはどうか義の字をいただきたい。もしいただければ末代までの名誉であり、先祖代々に対するわたくしの手柄ともなりましょう」と願い出て、義信という名としたので、「太郎は果報の点でも自分にまさっている」といわれ、とくべつ大切にされていたのである。その父を亡ぼそうとする、天にそむいた企《たくら》みが露顕し、信玄公の機嫌を損じて、永禄七年（一五六四）義信公は座敷牢に入れられた。

前の年に四郎勝頼公を召し出し、信濃伊那を与え、高遠の城主に任じたときも、義信公のもとに家老衆を使いとして遣わし、義信公に願い出るかたちでいい出され、武道の後見役に安部勝宝、その他の事柄の後見役として小原下総守、小原丹後守、秋山紀伊守の四人を書き出し、これも義信公の同意を得て、勝頼公に添えられたのである。勝頼公は、母が信濃の諏訪頼重の娘で妾腹でもあり、それ以前にはとくべつの沙汰もなかったのだが、永禄四年、五年（一五六一、六二）に義信公が、川中島合戦の非難すべきでもない信玄公のふるまいを利口ぶって非難し、父子の仲が不和になってからこのような処置をしたのである。不和になったといっても、義信公は嫡子であるから信玄公はいろいろと礼を尽くしておられたのに、なんということか謀叛の企みが露顕し、永禄八年（一五六五）飯富虎昌、長坂源五郎が成敗された。義信公も永禄十年（一五六七）三十歳で自害した。病死ともいわれる。その年の暮、義信公の奥方を駿河の氏真公に送り返された。奥方は今川義元公の息女で氏真公の妹にあたる。翌永禄十一年（一五六八）暮、信玄公は駿河へ軍勢を出した。

右に述べた利口過ぎる武将は、大体のところ義信公にあてはまる。というのは、義信公は地下の者にもいろいろ強欲なことをいい、古屋惣次郎という町人を勘定役にしてさまざまなことをしでかし、農民や町人の女人や子どもをあちこちに隠しておくなど、ひどく行儀が悪かったのである。古屋惣次郎をはじめ、義信公の側近衆二十八人は首を斬られ、残りの者はみな他国へ追放された。永禄八年飯富虎昌は切腹したが、どうみても信玄公に道理があるのである。

釈迦仏は、「犛牛《みょうご》尾を愛するが如し」と説いている。これは、犛牛という尾に剣のある牛がいて、尾にある剣をなめると舌が切れて血が出る。血の味は甘酸っぱく、美味なので明け暮れ尾をなめているうちに舌が切れ、犛牛は死ぬ。そのように、当座面白いことを止めることができず、悪事であるにもかかわらず善悪をわきまえずに自分の利口さをさきにたて、それに固執する武将を利口過ぎる武将というのである。こういう武将は、父にも敵対し、あるいは過ちもない家老を斬りたがったりして、ついに自分の身を亡ぼすのであり、結局は最も愚かな武将である。そこで、この四品を合わせて一巻とし、「四君子犛牛の巻」と名づけたのである。

この書き置きを、長坂長閑老、跡部勝資殿よくよく分別してほしい。御二人のとりなしで、信濃の茶売商人などが出世しようとしているとか。信玄公の代にはようやく弓の番所まで参上することを許されていた蔵衆の八田村新左衛門や信濃深志の宗浮が、信玄公が亡くなられて三年もたたぬうちに、くつろぎ所にまでも出入りすると、三枝守友が気の毒にも、正月十六日立腹のあまりわたしに語った。武田家の家臣の作法がやがて乱れるのではないかと思われてならない。

天正三年（一五七五）六月吉日　　高坂弾正忠昌信記す

品第十三　四君子犛牛《みやうごの》巻三　弱過ぎたる大将の事　付けたり　両上杉幷《なら》びに

北条家生起《なりたち》、合戦物語の事

一、第三番に臆病《おくびやう》なる大将は、心愚痴《ぐち》にして女に似たる故《ゆゑ》、ひとをそねみ襟元につき、意地不甲斐なくして、いかにも無穿鑿《ぶせんさく》に分別なく無慈悲にて心至らねば、ひとを見知り給はず、機《き》のはしりたることなく、氷堅《こほりかたまり》たるやうなれどもひよんなり。これ偏《ひと》へに弱き大将の、女のごとくにありて、心愚痴なるをもつてかくの如し。かやうのひとも大将といへば、しかも大名にて二万、三万、あるいは五万、六万の人数を持ちても、辱《かたじけな》く存ずる者は百人の内外《うちそと》ならでなし。定まりて未練なる大将は、心せばく、意地むさけれど、器用だてをあそばし、知行・所領・金銀・米銭を善悪のあてごともなくひとにくれ、工夫なけれども分別あるふりをして、ことのほかねちみやくにて万事ねばし。これを喩へば、杖《つゑ》つき虫のまた、よく強き大将に物を畜《たくは》ひ、手の離れざるもあるべし。これを喩へば、杖つき虫の身をちゞむるやうにて身をのぶるごとく、なにぞゆく〳〵大儀《たいぎ》なる望みありてか、さては子孫のためか、これはいづれも憶意《おくい》ありて貪るやうにしたまふを、愚人どもは知らずして、

「意地きたなし」と取り沙汰するを聞き給へど、強き大将はふまへどころあるにつき、下劣の口に侵されず生《むま》れ付きたるごとくにありて、俄かに器用も立てずしてまします。これも心の剛なる故ぞかし。必ず心の剛なる大将は、主《ぬし》の意地にあてがふて目利きなさるゝにより、少しも崇敬《そうきやう》ある侍に柔弱なるはなし。たとひ十人のなかに一、二人弱き者あれども、それはまた何ぞとりえのあること一、二箇条もこれあり。とかくして、むてなるはさのみなし。それ〴〵の得ものを目利きなされて召しつかはるゝは、これ心の剛なる大将のわざなり。心剛なれば義理深し。義理深ければ行儀よし。行儀よければ、時にあたりて色を好み、遊山などあそばせど、ひとの恨み申すやうなる儀毛頭もなされず。義理を専らまぼり給ふなれば、我に忠節の者には大綱《たいかう》をば多く、細心操《ほそこころばせ》をば少しづゝもあておこなひ、無足《むそく》なるひと一人も候はで、たとひつねには器用だてなしとも意地きたなしとは申しがたし。

さてまた臆病なる大将は、義理をばわきになし、外聞《ぐわいぶん》を本《ほん》にし給へば、襟元につき忠、不忠にもかまはず、末の考へもなく、けなげ、臆病《おくびやう》にもとりあはず、ただ大勢の方を専ら守り、罰《ばち》も利生《りしやう》もなく、心の勇まざる、これは弱き大将のしかたなり。この大将のもとにて諸奉公人の様子悉《ことごと》く無心懸《ぶこころがけ》にて、憶意はなまりて、いかにも口たけ、無穿鑿《ぶせんさく》にて、贔《ひ》負《き》々々《〱》に物をいひ、一段がさつにて、きれたる意地少しもなく、何事もひとかはばかりに分別し、おのれが弱きむねをひとにたくらべ、相手はこらへんとばかり存ずるにつき、世間にひとのよく沙汰する者にたま〳〵寄り合ひては、このひとに一言なりともいひ勝ち、我が友達への利口にせんと思ひ、見るたびにあてことばを申すといへども、よき者は憶意定まりたるにより、少々のことは取りあはず、詮《せん》なき小事を申し出だし、勝負をつけ、親・妻子に物を思はせていらぬことゝ堪忍《かんにん》するを、かの弱き者どもは、我に怖ぢて物いはぬと覚悟いたすをもつて、なほ〳〵すりかけてかさむ。そこにては強き者も一言いへど、弱き者つれ多ければ、面々《めんめん》口々に徒《と》党《たう》をたて、口論には弱きも強きも同事なれば、件《くだん》の弱き者ども我が仲間にてよりあふ衆にあふて、ひとの名を呼ぶ者にはをぬきて、思ふさま〳〵勝ちたると語る。それからはかのよきひと、「こらへまじき」と分別きはめて果すになれば、徒党申したる弱き者ども鍮鉐色《ちうじやくいろ》になり、そこにて思案出だし、親・兄・叔父《をぢ》などに叱らるゝとことよせ、日来《ひごろ》は不奉公なれども俄かに御前《ごぜん》につめ、あるいは毎日出仕す。無嗜《ぶたしなみ》の者なれど芸に取かゝりすりまはる。

さて本人は弱しといへども、相手本《ほん》の兵《つはもの》にて、申しかゝりてより、必ず討ちをかねば、了簡なくがさつ者出でゝ、勝負の時は、連々《れんれん》の様子には大きに違ひ、悉く逃げて後《うしろ》など斬られてころびまはる。諸傍輩《はうばい》おりあひて取りさゆれば、諸傍輩の扱ひにて当座は生きのびれども相手兵《つはもの》にて、思ひ定めて斬るにつき、生きるやうには斬らざるゆゑ、終《つひ》には死するといへども最期《さいご》悪しうしてなかなか批判に及ばぬなり。さて相手は何とぞ仕合せよくして立ちのくことあれば、また跡《あと》にて弱き者の親類・近付き寄合ひ候て「是非《ぜひ》とも敵《かたき》討たん」といへど、口ばかりにてみな偽りなり。これ偏《ひと》へに臆病なる大将のもとにて、奉公人の行儀上《かみ》を真似てかくの如し。

よきひともこの大将の家中にて、後には、弱き者ほどこそなくとも少しは悪しくなる。ここをもつて『三略』にも、「善悪同《おなじ》きときんば功臣倦む」と云々。しかれば近代において、右に沙汰する大将に少しも違《ちが》はずして、家中の大身・小身ともに諸侍形義《かたぎ》悪しうなり、終にその家滅却《めつきやく》する。これを誰《たれ》ぞと申すに、関東の管領《くわんれい》上杉義綱公の嫡子則政公にてとゞめたり。先づこの上杉殿、由来をもつて委しく糺《ただ》せばこと長し。略してあら〳〵ここにしるす。

そもそも源頼朝公代々の公方《くばう》、末には絶えて、北条家久しく天下をたもつといへども、後代相模入道高時悪逆無道《あくぎやくぶだう》の故、足利《あしかゞ》治部《ぢぶ》大輔《のたいふ》尊氏《たかうぢ》公・新田義貞公両源君《りやうげんくん》にて相模入道をほろぼし、その後尊氏・義貞取り合ひあり。さて義貞公「武勇の誉れまことに日本国始まりてもさのみ多くましますことなし」と上下ともに沙汰仕つる名人なり。かくの如くの大将なれども、果報は少なうして亡び失せ給ふ。これによつて尊氏公天下を取つて、静謐《せいひつ》に治め、就中《なかんづく》源家専らの世となる。しかも右大将以後、公方家代々の式法を取り立てゝ、まつりごとをよく行ひなさるゝこと、中興に尊氏公よりあそばす。いかにもことを全く仕置をし給へば、両公方と定めらるゝ儀尤もなり。すでに都公方に義詮《よしあきら》公御下《した》に、武衛《ぶゑい》・細川・畠山、これ三管領なり。一色・山名・京極・赤松、これまた四職《ししき》なり。さて鎌倉の公方に基氏公をし据ゑ参らせられ、御下に両上杉、もとは藤原内大臣冬嗣《ふゆつぐ》の子孫にて兄弟なり。舎兄《しやきやう》は鎌倉にて山内《やまのうち》に屋形ありて則ち山内と申す。舎弟《しやてい》は扇谷《あふぎがやつ》に屋敷ある故、扇谷といふ。しかるに京・鎌倉ともに代々の後、様子ありて、都の公方より鎌倉の公方を絶やし給ふこと、永享十二年庚申《かのえさる》なり。

さるほどに鎌倉の公方を守護し奉《たてまつ》る国々は、相模・武蔵・上野《かうづけ》・下野《しもつけ》・安房・上総《かづさ》・常陸・下総《しもふさ》・出羽・奥州・佐渡・越後・信濃・飛騨、この国々の侍衆大身・小身ともに悉く守護豊饒《ぶねう》の様子なり。しかしながら御公方世が世にてましますときより、上杉諸侍の棟梁とある上意を承りて推量《おしはかり》候へば、諸国の侍大小みなこの管領一人の采配を守る。両上杉とは申せども、先づ山内殿を肝要に用ふる故、結句《けつく》後には公方をわきへなし奉りて、十人は七人山内殿、二人扇谷へと申して、公方様へは一人もやう〳〵出仕いたす躰《てい》なるにより、公方の御仕合せかくの如くに候へども、山内殿に楯《たて》をつく侍一人としてなき故、少しも子《し》細《さい》なく治まる。さて持氏公子孫御座なさるゝといへども、久我《こが》のあたりに指し置き奉り、用ふることさのみなし。さなくして山内・扇谷両上杉、君を仰ぎ申すに付いては、都よりこと故なく持氏公退治《たいぢ》はあそばしにくからんものを、鎌倉公方の御切腹も、且《かつ》は両上杉殿うへ見ぬ鷲《わし》とはゞかり給ふ故ぞかし。されども果報いみじく国治まり、一段と安泰に二代なり。

就中《なかんづく》両上杉家中作法の儀、山内殿は上野平井に居城ありて、大石・小幡・長尾・白倉これ四人の老《おとな》なり。扇谷殿にては上田・大田・見田・萩谷《はぎのやつ》と申して、これもまた四人の老《おとな》ありて、居城は相州大場《さうしうだいば》といふところなり。ことさら両上杉、根本《こんぽん》兄弟の筋なれば仲よく候て、山内を悪しう仕つりたき者は扇谷をかね、扇谷に敵《あた》たはんと存ずるひとも猶《なほ》もつて山内を怖ぢ、両旗《はた》なれば、右の公方様御代より一入《ひとしほ》物いひもなく、各々平井へ出仕して囲《ゐ》遶渇仰《ねうかつがう》するほどに、その勢《せい》二十万騎とは申せども、国をもつて積もれば十六万はこれあるべし。これほどなる大身日本国中に三人とましまさねば、国の静まることこそ尤もにて候へ。国静かなれば、遊山・見物・乱舞・歌・連歌、花奢《きやしや》・風流に模様《もやう》どもうちあがり、大小・上下ともにさゞめきわたり、喩へば万年過てもこの世《よ》乱れんことかたし。まづ第一、管領へ敵し申すべき者北東に一人としてなければ、末々は海道七箇国も上杉殿へ随身《ずいじん》ならん。さありて終には都の仕置きも平井よりなさるべしなどゝ各々申すは理《ことわり》なり。

かゝる国のよく治まりたるところに、大事になるみなもと一つ出で来る。子細は、扇谷殿に中次彦四郎、曾我伝吉とて両人の殿ばらあり。この者二人ながら仲よくしていひあはせ、分別もあれば、奉公よくして扇谷殿の心をとりうけ、後には扇谷へ諫めを申すほどに仕つり出づる。運の末の眼前《がんぜん》にて、かの両人申すこと打続き吉事《きちじ》の故、その後は両人に官途させ、中次主馬《しゆめ》介・曾我右衛門佐《すけ》になされ、悉皆《しつかい》扇谷殿は曾我・中次申し次第なり。ある時両人談合《だんかふ》して、己々《おのれおのれ》が所領たくさんに取らんと思ひ、扇谷殿へ申しけるは、「御台所《みだいどころ》入《いり》これなくして、こと不弁《ふべん》にましますに、家老衆は江戸・河（川）越の国中《くになか》に徘徊《はいくわい》の儀《ぎ》、末の御世にはあの衆の子ども、扇谷御子孫へ敵対申し、御子孫は公方様のごとくになりなされ、家老衆は両上杉殿御仕合せに少しもたがひ申すまじ。御分別なされよ」と申す。そこにて扇谷殿、武州江戸太田道灌を召し寄せ殺し給ふ。これを聞きて残る上田・見田・萩谷を始め道灌が一類、城主どもことは申すに及ばず、少しも身を持ちたる衆、大形《おほかた》身構へをいたし、居館《ゐだて》々々へ引き籠《こも》る。しかうして後、この儀に付きて、山内殿と扇谷殿とその年中に取り合ひ起って、羽入《ばにふ》の峰・岩戸の峰・ふく田の郷《がう》・奈良梨などゝ申すところにおいて、大きなる合戦ありて、味方も敵も見えわかず、日来《ひごろ》無心懸《ぶこころがけ》の奉公人ども働くすべも知らずして、こねつ返しつうろつきまはる。小旗を捨て、あるいは鑓《やり》を切り折り杖につき、逃げる者は跡を見せず、主を捨てゝ大場方も平井衆も、敵味方ともにおのれが在所々々へ長《なが》逃げいたしたる者、一備へに二人、三人づゝこれあり。もちろん関東国・奥《おく》・北国にても、たび〳〵の覚えを取りたる大剛《たいかう》の者ども数多《すた》ありといへども、世が末になるしるしやらん、若武者のことにもあはぬ、しかも十人の中に八人、九人は無心懸のゐち者どもにこね返され、年来《としごろ》ことをしつけたる衆も、おのづから身構へをして何の手柄もならざる。子細は、味方討ちを仕つる故なり。

この時節《じせつ》伊豆の宗雲出でゝ小田原を乗つとること、明応四年乙卯《きのとう》と承り及び候。但し前代の儀なり。しかも他国のこと、ひとの雑談《ざふたん》にて書きしるし候へば、定めて相違なることばかり多きは必定なれども、たゞこの理屈《りくつ》を取りて、今、勝頼公御代のたくらべになさるべし。長坂長閑老、跡部大炊助殿。

されば、世間によき大将と名を取り給ふは、それ〴〵に生れつきの様子替はること大形《おほかた》四つあり。君子は千里同風《せんりどうふう》とて、御心中はいづれもひとつところへ御座なされ候を、喩へば、人間の小袖《こそで》色々を着《ちゃく》して各々寄り合ふ時、見ては面々《めんめん》格々なれども、その寒きを防ぐことは同意なり。必ずよき大将は道理・非をよく分けらるゝをもつて、名大将とは申し奉る。名大将は、道理・非をわかること、敵も味方も同風なり。さてまた道理・非のわからざるは心の至らざればなり。心の至らぬ大将をさして、悪しき大将と申す。

先づ一番に、よく心静かなる大将の、たび〳〵軍《いくさ》に勝ち、威光強ければ、一入《ひとしほ》おも〳〵しく見え候。君子の重きは、奥深く候て少しも越度《をつど》なし。その下の侍、大小・上下ともに念をつかひ、義を全うする故、邪欲なうして、私なる意地なければ、善悪の沙汰敵味方のことなりともありやうに、申しごとは一つも首尾違はざるやうにと心がくるにつき、侍衆大・小ともに越度なること稀なり。右の静かなる大将を、心の至らざる悪しき大将の真似給へば、一段ねばく候。ねばき大将のもとにては、侍大・小ともに分別なくして分別だてを仕つり、万事長々しくて埒《らち》あかず。又諸侍、老若ともに、大事なきことを深く取り成し、耳談合《みみだんかふ》などをして、やうがましきひとの分別を鼻へ出だすは無分別のみの時なり。

二番に、よく強き大将のたび〱軍《いくさ》に勝ち、賞罰天地のごとく明らかなるは、けんきやうに見えてひとの怖《おぢ》るを、心のいたらざる大将の真似給へば、短気になり給ひ、科《とが》もなき家老をねめつけ、その外《ほか》の侍衆をも少しの儀に成敗あり、明暮《あけくれ》機嫌わろく、老《おとな》の異見も聞かず、むたと宮・社頭《しやとう》の木などを切り、あるいは荒馬《あらうま》に好いて落ちてはあやまちをし、久しく煩ひ親類・家老、各々内衆《うちしゆ》に気遣ひさせ、蛇のすむ池などゝ聞きては替へてみたがり、またひとに潜らせ我も潜りて、詮なき腕立てなされ候へば、その下の奉公人朝夕いひごとをして、少しのことにも腹をたち、近付《ちかづき》・知音《ちいん》にはをぬきて、勝負もつかぬ喧嘩好きいたし、せで叶《かな》はぬ武辺《ぶへん》などの時は、人並よりは内にして、それを苦にせぬ奉公人多し。

三番に、よく平かなる大将の、慈悲深うして、しかもたび〱軍《いくさ》に勝ち、仏法・世法に立ち入り、文武二道をあそばすを、心のいたらぬ大将の真似給へば、物よみ坊主のごとくにて、そのもとの奉公人公家衆の形義《かたぎ》になり、男道無嗜《をのこだうぶたしなみ》にて武辺無案内なり。

四番に、よく手がるき大将の、たび〱の軍《いくさ》に勝ち、ひとの誉むるを、心のいたらぬ大将の真似給へば、ひよんになり、敵の国などへ深入りをし、敵かさめば大きに噪《さわ》ぎ、退《の》き口あらく逃げ給ふ。そのもとの奉公人、善悪も知らず無《ぶ》穿鑿《せんさく》にて少しの喧嘩・口論にもとばつくものなり。

就中《なかんづく》右に申す両上杉取り合ひの儀、山内の家老・扇谷《あふぎがやつ》の家老うちより両大将へ異見して、昔のごとく無事になり、年月積り両上杉ながら父は他界《たかい》ましく、山内は則政公、扇谷は朝義公の代になる。山内則政は永正元年甲子《きのえね》の誕生なれば、享禄三年庚寅《かのえとら》に二十七歳にて家督に直《なほ》る。扇谷朝義もこの時代なり。これは歳承《としうけたま》はらず候。

さてまた北条家は、宗雲公・氏綱公二代にて、伊豆・相模両国治め、しかもその年享禄三年庚寅《かのえとら》には、氏綱公子息氏康公十六歳にて初陣に武蔵の府中へ出でらるゝ。敵は両上杉なり。北条家の果報いみじき故か、上杉家滅却《めつきやく》の瑞相《ずいさう》か、両上杉また仲わろくなり北条家と両上杉と取り合ひの儀、喩へば三方論議《さんばうろんぎ》のごとし。されども北条家をば小身とていやしみ、氏康公出で給へども上杉家の人数《にんじゆ》二万、三万向かひ、神奈川・品河・武蔵の府中・高井戸・所沢・世田谷などゝいふところにて、氏康と両上杉と都合《つがふ》八年の取り合ひに、則政公一度も出で給はず、少敵とていやしめど、上杉家大将出でざる故、大合戦《おほがっせん》にもこぜり合ひにも、上杉衆みな負けて、氏康一度も勝たずといふことなし。まことに北条家弓矢巳《み》の時とかゞやき、万事まつりごとよろしければ、上杉家の功者ども「さてあぶなし」とつぶやく。

されども管領則政公にて、両出頭の菅野大膳《だいぜん》、上原兵庫これを聞き申さるゝは、「北条宗雲元来伊豆のいかにも小さきところより出でたる孫の氏康が、なにの深きことあるべし。伊豆・相模両国持ちても、北条二人、三人合はせたるほどの大身衆、越後・関東・奥両国へかけては則政公御旗下《はたした》に五、六人もこれあり、上杉家に伝はる衆にも、北条ほどの者はあるべし。げにはびこるに付いては、則政公旗を出だされ、たゞ一陣に北条家を押しつぶし給はん」と菅野、上原両人の口にて、若侍ども、則政公御馬出で北条家をつぶすと今日、明日のやうに各々沙汰あれど、則政未練ぎあひにてちと臆病《おくびやう》にましますか、今年、来年と申せども以上に山内殿馬出だし給ふことさらになければ、「管領の御馬にて出でかぬる」と申すはこの時代より始まりぬ。さてこそ上杉公はわろく重ければ、ねばき大将とこれをいふ。さて伊豆の小国より出でたる北条といやしむは、一段悪しき沙汰なり。さあらば奥州の大将はみなよからんか、非義《ひぎ》なり。

ここに長尾伊玄入道とて、上杉家の功者《かうしや》にて、北条家のこと則政公へたび〳〵諫めを申す。則政公合点《がてん》ありて、また崇敬《そうきやう》ある菅野、上原に相尋ね給へば、上原兵庫、菅野大膳両人申し上ぐる。「伊玄入道流石《さすが》の者にて候へども、老耄《らうまう》仕つり功者もあとになる分別にて候。子細は、かの北条少敵にて候へば、押しつぶすこと何時にも罷りなるべし。それはあまり安きことなり。さるにつきては、たゞ御手前の大身衆によくしみられ給ふやうなるを、我々は肝要《かんえう》に分別仕つり候。大身衆の思ひつき申すことは、先づ関東中の久しき家にて、その大将の幼少なるには、その家の覚えある老《おとな》どもに、則ち主の知行を分けて下され、「守《もり》たてよ」と仰せ付けらるゝに付いては、主も被官《ひくわん》も異儀《いぎ》なく管領公の御為大切に存ずること日々に新《あらた》なるべし」などゝ申す。これも一理は尤もなれば、管領則政公大きに合点まします故、関東にて結城《ゆふき》に多賀谷、千葉に原、原に高木・両酒井などとて、主より大きなる知行取りのあるは、この時代より始まる。その知行取る者ども「さて則政公は名大将にて、管領始まりてなき御仕置」と誉め奉るにより、則政公おぼしめすは、「面白き分別として我に名を取らする」とて、菅野、上原次第《しだい》に何事も則政公なさるゝ故、余の家老衆の諫め少しも許容を加へ給はず候。

しかれども長尾伊玄入道、工夫をもつて井又左近太夫、本間江州両人を北条家へたばかり、奉公にさしこす。本間はその歳四十一、井又左近は三十九歳、この両人は父上杉公代にも北条氏綱と取り合ひの境目へ平井より検使にゆき、十八、十九の歳よりたび〳〵の手柄をあらはしたる者どもにて、父山内殿旗本足軽《あしがる》大将のなかに若手の覚えの者なり。さりながら本間、井又四年このかた則政公御意《ぎよい》に背く。子細は、則政公家督の砌《みぎり》より鹿狩《しゝがり》をかたく法度《はつと》にあそばし、両出頭の菅野大膳、上原兵庫奉行に仰せ付けられ候。しかれば本間、井又、両出頭衆と知行所近し。また菅野、上原内の者ども奉行の被官なればとて、誰とがむるひともなきにより、法度を破つて鹿狩をする。本間、井又、菅野殿、上原殿が内衆《うちしゆう》に頼み、ひとつになりて狩をする。そこにて則政公大きに立腹なされ、本間、井又がことばかり言上する。目付衆、菅野、上原ことは隠して、本間、井又生害《しやうがい》に及ぶところにやう〳〵逃げのび、在地の躰《てい》なり。家老衆わびごと申したけれどもたゞはならず。かの両人、「奉行衆内の者どもに理《ことわり》を仕つりたる」と申せば、両出頭衆の前如何《いか》がにて年月去つて四年の間閑居《かんきよ》なり。その内に北条家と取り合ひの境目にてたび〳〵心操《こころばせ》あれどさらに取り次ぐひともなし。

前に申す長尾伊玄入道、上杉家にて弓矢の功者ならぶかたなし。この伊玄入道は諸人の批判にかはり、北条家の弓矢を上杉の大癪《たいしやく》の虫と見届け、右の本間、井又を伊玄入道ところへ呼び、「則政公御前かた〴〵両人出仕《しゆつし》の儀、疑ひあるべからず」と伊玄入道自筆にて誓言《せいごん》をいれ、手形を書き、本間江州、井又左近両人方へ渡し、このひと〴〵の妻子をば長尾伊玄入道の領分に隠し置き、「上杉家をば沽却《こきやく》したる」と内々《ないない》披露《ひろう》あり。本間、井又は北条家へうつる。この本間、井又を北条衆も一入《ひとしほ》知りて、多目殿、大藤近嶽二人の肝煎《きもいり》をもつて、大道寺殿奏者《そうしや》にて氏康公へ礼を申し上ぐる。氏康公その御年十九、二十なれども、政道かしこくまし〳〵て、少しも肌を付け給はず、働きある時は本間、井又を大事のところへ指し越し、悪しく取りまはし候はゞ、心のそまぬ仮り主のために討死しつべしとおぼゆる。されども四年の間罷りあり、大形《おほかた》様子を聞きとゞくれば、大身の分《ぶん》に北条家へ心を添へざる衆、両上杉家に長尾伊玄入道をはじめ、たゞ九人ならでなし。

しかうして氏康の躰《てい》をよく見るに、先づ静かに心剛《かう》にして、罰《ばち》・利生《りしやう》明らかに、善にも上・中・下を糺《ただ》して褒美《ほうび》あり、悪をも上・中・下を糺して折檻《せつかん》まし〳〵、軽き大将かと思へば重し。歌をよみ、花奢《きやしや》にして、如何《いか》にもいつくしきかと思へば、怒り給ふ時は自身太刀・長刀を取つて、異国の韓信《かんしん》・樊噲《はんくわい》もたゞこれほどぞあるらんと思ふほど威光強し。ひとをもよく見知り給へばこそ、崇敬《そうきやう》あるひと〴〵たび〳〵の手柄を顕《あらは》し、手傷をかうむる。若手の衆は、氏綱の代より名を取りたる老功のひとに先きはさすまじと仕つる。もとより老功の衆、若手を誉めたてゝ、なにさま踏みとめたる手柄は我々なりと心に自慢《じまん》ありと見ゆれども、若き衆をば取り立て、また若手は、心に強みを存ずれども一つも年増《としまし》を執《しつ》して、なか〳〵見ごと聞きごとなる儀言語《ごんご》に及ばず。就中《なかんづく》御座を直し給ふ久島《くしま》殿、氏康公と同年なるを、当年二十二歳にて御そば奉公をゆるしあり、北条左衛門太夫と申す。この仁《じん》は四十、五十のひとより弓矢の鍛錬《たんれん》甚《はなはだ》しゝ。その舎弟久島弁千世《べんちよ》殿と申す、当年十六歳になり給ふが、このひとまた氏康公の御座を直さるゝ。これもましてたゞびとならずとあひ見ゆる。この家中伊豆、相模二箇国と申せど、祖父宗雲公の代に畜へ給ふ金銀・米銭をもつて、諸牢人《しょらうにん》を扶持《ふち》しなされ、国・郡の外に奉公人多し。

はたしては上杉家の大事なりと見届け、また聞くことは、北条家三代先き宗雲公かねがねいひ置きに、「金銀・米銭も我より三代目までのこと、三代目には上杉滅却《めっきゃく》して、必ず予《よ》が子孫関東仕置《しおき》疑ふべからず。さありて、四代目には国数《くにかず》の余慶《よけい》をもつて支配するものなれば、これは至りて金銀をさのみ畜ゆるに及ばず。しかれば宗雲が後、二代の間、侍扶《ふ》助《じょ》のこと、二十以前七十以後は、大小ともに我が畜へ置く金銀・米銭をもつて切符《きりふ》にあてがふべし。老若ともに楚忽《そこつ》に知行を与へ、隠居の者死にて後、その知行を子孫のあるにくれずして取り上ぐれば、なにとよきやうにいふても心中は恨《うらみ》あり。さてまた心も知らぬ若者は、後になにたる耄者《ほれもの》やらんも存ぜずして、穿鑿《せんさく》なしに知行をくれ、たび〳〵越度《をつど》あるにその所領を取り上ぐれば、本人ばかりに限らず、親類・部類の、しかも用に立つ者まで恨に思ふなり。それを勘《かんが》へて、戯《たは》け者に知行をくれ、そのまゝ置けば、この家中にはなにたる馬嫁《ばか》もむさと知行を取るぞと心得、若者ども行儀無嗜《ぶたしなみ》になるものなり。さりとては、また我が家中の侍衆を、老若ともに他所へ越すべからず。とかくとして、切符に本領なければ老若には切符なり。就中《なかんづく》上杉家のこと重畳《ちようでふ》して今より後は家のよき作法を一代に五箇条、十箇条づゝ取り失ひ、上杉家この指次に全くみな取り失ふべし。

我が相模へ発向《はつかう》の時は、今の山内二十二歳なれば、若気《げ》にて両上杉と地取り合ひを始むる。その時刻を見合せて、某《それがし》小田原へ討ち入り乗つとる。その後数年かの家を勘へみるに、次第々々に作法衰へゆく。作法衰ゆるとても、あのやうなる大家の則時《そくじ》には破れぬものなり。小さき家は怪我あればそのまゝ破るゝぞ。喩へを取りて申すに、癰《よう》・疔《ちやう》といふ腫《はれ》物《もの》は、二十年も催さねば出できぬものなり。さるにつき人間の四十を越さねば病まぬ腫物《しゆもつ》とこれをいふ。さやうに催す故、破れてからは癒《い》えかぬるぞ。たゞそのごとく上杉家よき作法衰への催《もよほし》きはまりてかの家破るゝこと、大形某から三代目と勘へ候。ことにもつて両上杉仲さへ悪しくば、また宗雲が子孫は居ながら繁昌《はんじやう》する」と宗雲申し置かるゝを、本間江州、井又左近太夫両人よく聞き届くる。

さるほどに本間、井又、北条家のこと、見て見届け、聞いて聞き届け、一つ書きにして、もつて右の本間、井又は北条家にて少しの作悪《さくあく》をいたし、出入り四年にして小田原を退《の》き、上野《かうづけ》平井へ参り、長尾伊玄入道方へ書付けを渡す。

その箇条は、両上杉家の大身・中身衆、九人の外《ほか》尽《ことごと》く九十人にあまり北条へたよること一つ。宗雲いひ置かるゝ上杉家破れの時刻、見はからふこと二つ。氏康を始め家老各々侍ども、行儀作法よきこと三つ。両上杉仲の悪しきを、北条家にてよろこびのこと四つ。氏康、譜代衆老若をあはれみ、隠居の者をも大小ともにそれぐ\に扶持し、まして若き者ども家に久しき侍達、二番目、三番目の子をもよび出だし、切符にて召し遣ひ、手柄あるをばひとにとり立られ候間《あひだ》、この家中、老たるも若きも望みを存知《ぞんぢ》、心がけ強くして、しかも氏康にしみ、この君の用にたち討死《うちじに》仕つる命少しも惜からじと思ひ候によりて、法度なけれど、むさと喧嘩などさのみなくて、一段奥ふかく見え候こと五つ、とこの五箇条をもつて、長尾伊玄入道に申し渡す。

伊玄入道これを請取り、よろこび、即時《そくじ》に則政公へ申し上ぐる故、「各々大身衆の次男、三男あるいは弟、甥悉く平井へつめて奉公申せ」と触れらるゝに付き、みな平井へつむるなり。

その後また伊玄入道思案して、管領則政公旗本に三箇条の法度を立つる。

一、武具その外《ほか》侍に入る道具、ふだんに調《こしら》へべき事。

一、饗応《ふるまひ》、大身・小身ともに一汁一菜《いちじふいっさい》の事。幷《なら》びに衣裳《いしやう》、紬《つむぎ》より上着べからず。

一、乱舞・遊山《ゆさん》・見物、無用の事。

と書きて諸侍へ触れ渡す。仕置《しおき》若やぎて、則政公旗本よろしく相見ゆる。さて長尾伊玄入道侘言《わびごと》申され、右の本間江州、井又左近太夫、則政公召し出ださるゝ。「この両人上杉家の重宝《ちようほう》なり」と管領宣《のたま》へば、平井の諸侍、本間、井又を羨《うら》やむこと限りなし。羨やむも道理かな。余の国にも伝へ聞く、上杉家を奥ふかく存ずるは、この本間、井又が武略にて、北条家の様子を見て見届け、聞きて聞き届け、上杉家の勝利を全く談合させ奉《たてまつ》る。両人を則政公秘蔵とあるこそ尤もなれ。

惣別《そうべつ》、武略よくする侍は、久しき家にならでなきものなり。子細は、久しき家の奉公人、大小・上下ともに、その君を大切に存じてかくの如し。新しき家はみな新参なるにより、その君をあまり大事に思はず候。新しき家にも似あはしく譜代衆はあるべけれども、計策する者はあれども、武略よくするひとは侍千人の中にやう〳〵一、二人あるものなり。また武略と計策は別なるべし。計策とは、長遠寺など大坂・泉の堺衆・近江の浅井・伊勢の長島・越中の侍衆、右の各々へ信玄公よりの御書などもちて参ることなり。あなたからも五度申し入るれば、四度は長遠寺ごとくの出家なれば、これは武辺《ぶへん》なうてもなることなり。これをさして計策《けいさく》といふ。

さて武略は、武辺をする人の武功より分別し出だすをもつて、敵の強弱その外一切の見所・聞き所を見聞きはからふて、味方の大事なきやうに仕つるを武略とは申すなり。但し物知りのうへには、計策も武略も一つに沙汰あるとも、物を知らざるひとは、それ〴〵に名をつけていはねば重ねての用の時こととみだりになりて隠すこと広まるものにて候。武略の時は武辺者、計策の時は出家、百姓、町人もしかるべし。

昔より語り伝へて聞く、奥州の四郎兵衛忠信、賢き謀《はかりごと》をもつて吉野山にて義経公大事をのがれ給ふ。これを武略と申すべし。富樫《とがし》が館《たち》にて、弁慶法師畏れ多く源義経公を打《ちやう》擲《ちやく》申し奉るも、同く勧進帳の真似をよむも武略なり。伊勢三郎、駿河次郎この両人は計策なり。当代にも尾州織田弾正忠、子息信長、二代の家なる故、よき家老森三左衛門と申す者、信長よりたばかりの文を駿河《するが》今川家へ持ちて行く時、商人に出で立つて武略をしすまし、笠寺の新左衛門を義元公に成敗させ申す。これはまた状を持ちて行きても、一入《ひとしほ》大事の武略なり。無案内なる各々は、書物を持ち行けばみな計策と云ふ。武略の状に七仏あり、一字あり。信玄家の秘書口伝あり。

また武略なうして叶はざる敵、三所あり。先づ一番に大敵。二番に、味方の大将より敵の大将覚えなうして大身なるに武略しかるべし。その子細は、覚えのひとが覚えなきひとに対々《たいたい》にもすれば、前の覚えを無にして、敵方に名をとらする。まして負れば勿躰《もつたい》なし。この理をもつて武略尤もなり。三番に、強敵《がうてき》はことさら味方へ手だて聞きたきことなれば、これによつての武略なり。武略には、見たるばかりも首尾とゝのはず、聞いたばかりも危ふし。その品々に心つけること肝要なり。さてこそ上杉家の本間、井又をば、近国までもひゞきわたり、信玄公十六歳にて聞き給ひ、「両人を絵に描きても我が内の者どもに拝ません」と仰せられけるよしを甘利備前守たび〳〵雑談《ざふたん》申され候。就中《なかんづく》この次からしてよくよみわけ給へ。長坂長閑老、跡部大炊助殿。

さるほどに上杉家にて、長尾伊玄入道、長野信濃守その外《ほか》四、五人寄合談合《よりあひだんかふ》して、上杉則政公万事よきやうに仕置あるところに、また菅野大膳、上原兵庫取り成しをもって則政公旗本にてはゞめく親類、傍輩《はうばい》どものなかに、分別ある者四、五十人あつまり、談合仕つり、この五箇条を書き付け、両人して則政公へ申し上ぐるは、

一、北条宗雲は、古来伊勢の国より乞食《こつじき》をいたし、駿河今川殿被官になり、今川家かげをもつて伊豆へ移り、唯今《ただいま》かくのごとくに候へば、元来伊豆の狭《せま》きところより出でたる宗雲が子孫、少しも深きことなく候。宗雲子北条氏綱は、甲州の武田信虎に大きにし負け申す。これは駿河愛鷹《あしたか》山の下、東さほの原にてのこと、そのきほひをもつて氏綱手に入れたる富士川北、悉く《ことごと》信虎に取らるゝ。この時興国寺の城主青沼飛驒《ひだ》、ひと先きに信虎被官になるに付いて、青沼息子与十郎と申す者を、信虎家中足軽大将の小幡入道日浄と申す侍の聟に、信虎下知《げち》をもつて仕つる。唯今は駿河今川義元、信虎聟になる故、息女の仮粧田《けはいでん》として信虎より今川へ渡す。これとても、父宗雲が今川のかげをもちて、小田原までも発向する、その恩を子息氏綱が代になり忘れて、替《かは》り目を見合せ、今川の持ちを取りつれども、氏綱義理違《ちが》ひ申すに付きて、おもしろふまはり、このところ今川へ帰るは天道より北条家を憎むにて候。ことさらこのほど我々両人、小田原へよき者を指し越し、承り候へば、北条家にはただ何の沙汰もなく、上杉則政公御旗を出だされば滅亡に究《きは》まりたり。その意趣は、氏綱が子氏康当年二十二歳に罷りなるが、武辺のこと一円心がけず、たゞ歌ばかりよ

みて罷りあり。さては若衆好きをいたし、何の役にも立つべき者にてこれなし。内の者に多目と申す侍と、大藤近嶽と申す根来《ねごろ》法師、たゞ二人ならでは武辺仕つりさうなる侍なく候ところに、当家の家老衆、北条家をこともなのめにおぞみ給ふこと、一段《いちだん》聞えぬ儀なり。また本間江州、井又左近両人、武略をよく仕つりたるとのこと。かの両人上杉家へ帰参申したしとて、皆偽りの作りごとと聞え候。たとへよく仕つりても、武略は大敵にこそ用ふるものにて候へ。上杉家の被官よりは小さきものに何の気遣ひにて武略をなさるべし。当家の各々おかしきことを申され候。国主の武略と申すは、我より大敵へのことなり。右に申す甲州武田信虎家老荻原常陸と申す侍、武略をいたし遠州の久島を討ち取る。これは久島、遠州・駿河の人数《にんじゆ》が壱万五千引卒《いんぞつ》して、すでに甲府まで押しつむる。信虎が内の者ども大形《おほかた》身構へいたす故、武田の人数二千ばかりなれば、さてこそ武略の入るところこれなり。昔も源義経内衆、たび〳〵武略を仕つる。それは、舎兄頼朝機《き》に違うての時なり。これは猶もつて大敵なり。少敵の北条に武略なさるれば、結句《けつく》あなたをよき者に取り立つるやうに相似たり。また時々境目へ氏康が出で申すは、御当家を殊の外怖《お》ぢ奉《たてまつり》て身構へに罷り出づるを各々大事と存ぜらるゝ。

近国にても、前に申す甲斐の武田信虎などは、信濃の平賀成頼と一日に八度の合戦仕つり、終《つひ》に信虎勝ち候。武田が内にて、横田備中、多田三八両人、八度ながら鑓《やり》を入れ始めたると承る。また信州葛尾《かづらを》の村上頼平も、越後長尾為景と日中に十一度の合戦をして、終に村上が勝利を得候。この時村上内にて丸田市右衛門、石黒弥五丞、金井原弾正この三人、十一度ながら仕つりすぐるゝ。かやうの合戦いたすひとは、日本国中にも五頭《いつかしら》とは御座あるまじく候。小身なりとも武田・村上などならば、自然何かと存じごともあるべし。氏康のせがれに武略、計策とあること、甲信両国において侍ども批判もいかゞに候。西国に大内殿、東国に上杉殿とて、忝《かたじけ》なくも日本に両殿の大将にてましますに、小身の北条などをばただいままでのごとく家老衆に仰せ付けられ、げにはびこり候はゞ、そこにては御馬を出だされおしつぶし御尤ものこと。

一、前代に御一家の扇谷殿家老太田道灌を殺しありてより、この家中大きにさだち、今にいたるまで十人に八人は御当家山内様へ出仕し申すところに、それを御存知ありながら、本間、井又が作りごとにまかせ、各々御家の大身ども、人質を召しおかれ、恐怖をもたせ給ふこと勿躰《もつたい》なく存じ候。以来この衆表裏においては、我々両人に堅く御かゝりなされべく候。すでに大身衆は、「則政公御代を千年」と願ひ申す。子細は、「御家督《ごかとく》つぐ年より六年このかた、詰奉《つめ》公を免《ゆる》し給ひ、一年中に正月元日ばかり出仕して、残る月日は面々が居城に罷りあり、楽《らく》をいたし、平井へ三十里の間にてもたゞの時は出仕御免《ごめん》の儀、上杉家始まりて則政公御恩一入《ひとしほ》過分」と小幡・大石・藤田・白倉各々口をそろへていつも我等両人に申すこと。

一、三箇条御法度《ごはっと》のことは、堅く仰せ付けられ、これ尤ものこと。

一、平井において、手柄の者をば、又被官《ひくわん》なりとも取り上げられ、このたくさんなる御知行下さるべし。北条が家にては、根来《ねごろ》法師が一、二をあらそふものなれば、なにやうの者をも御扶持尤ものこと。

一、本間、井又、七年御意にそむき罷り出で候者を当年からはや御懇《ねんごろ》候へば、上杉家にひとのなきやうにて候間、十年とは存ずれどもせめて七、八年も遠々《とほどほ》しくなされ、尤ものこと。

付けたり、扇谷と御無事にては御損多く候。

と書き付けて、菅野、上原両人にて直《ぢき》に則政公へ上《たてまつ》る。則政公披見《ひけん》あり、北条家をいやしむ儀、その外《ほか》なにもかも気に入りて、長尾伊玄入道をはじめ四、五人のこと、少しも則政公貪着《とんぢやく》なし。結句《けつく》後には、四、五人の衆上杉殿御前《ごぜん》十分なし、まして本間、井又をも、則政公「表裏《へうり》者の偽りいひ」とて悪しく仰られ候間、平井衆ことごとく本間、井又をそねみて悪しう取り沙汰するにより、両人公界《くがい》せず。北条家へ内通したる大身衆この儀をよろこび、菅野大膳、上原兵庫両人へ使者をつめさせておく。両出頭衆の門外に駒《こま》のたてどもなし。

それよりして平井の旗本侍衆《はたもとさむらひしゆう》大小ともに行儀悪しくなる。武具の支度もやめ、乱舞法度《はつと》あれども、表むきは小謡《こうたひ》を一つうたはねど、屋敷の裏《うち》に座敷を立て日々夜々乱舞をする。またそのころ、ごうぎり・しやうぎり・松ぎり・藤ぎり・桜ぎりとて、五人の白拍子あり。この下にいたいけ美人・しづさと美人などゝて七、八十人もあり。その中に桜ぎりは菅野大膳、藤ぎりは上原兵庫、両人が二人の白拍子にちなみ、内々にて日夜の遊山故、諸侍ことぐ〵く両殿をまねび、行儀わろきことなかく〵申すに絶えたり。

ここをひとつ高坂弾正が口ずさみに申し置くを聞き給へ。長坂長閑、跡部大炊助殿。喩へば、すぐれてみめのよき女一人、中《ちゆう》の女一人、みめの悪しき女一人、この外《ほか》はかたわなり。中の女が批判《ひはん》は、我よりましのみめをば、よその美人をひきかけ悪しく取りなす。これを猜《そね》むと申すなり。我より劣りのみめの女をば、さんぐ〵手くぼにあひしらひ、かさをかけて悪しういふ。これをいやしむとは申すなり。さるほどに女人に似たる男が、ひとを猜み、ひとをいやしむと聞え候。猜む、いやしむは女のわざ、さてまたひとを誹る、けすは男のわざなり。

その誹る、けすと申すは、先づよく剛強《かうきやう》にたけたる男一人、それにあまり劣らぬ男一人、右二人のあとにつく男一人、この外《ほか》は人並の男なり。別して本《ほん》の未練者《みれんもの》は、千人のなかにもさのみなし。さて右申す大剛のひと、数度《すど》の手柄のこと申すに及ばず。そのひとに続く中の男も形《かた》の如く手柄あるを、贔負《ひき》の衆多ければ、上の男よりましのやうに申しなす。そこにて、よく剛強なるひと、中にすくやかなるひとの手柄を語らせて聞き、我が剛《こは》く強きより少し劣りなれば、我がむねにもあて、「あまりそれほどにもなきことを、こともなゝめに申すは、そのひとの主《ぬし》が贔負のひとの前にて、なにほども強くこそ語るらん。それほどの儀は、大略のひとびとみな致さんに、聞き及びたるほどのひとにてあるまじ」といふを、誹るとは申すなり。また人並の男が、少し抜き出でたることをして、千人のなかにも二人、三人にすぐれたるほど自慢するを、上と中の男が聞き、「あのつれをこそ大きなることゝ思ふらん」と申して笑ふをけすとは名づけて申すなり。

この謂《いはれ》なる故、名大将のたけき誉れ多き君子のもとにては、ひとを誹るとけす侍はあるといへども、ひとを猜み、いやしむ武士一人もなし。さるほどに、若き主まで作法よくして、ひとを猜み、いやしまず。たけき武士は、我がむねにあてがひ、兵《つはもの》同志が寄り合ひて、一言申して双方堪忍なければ、さて果たすなり。詮《せん》なきことに打果《うちはた》し、主の用にはたゝずして、しかも妻子を路頭にたて、屍の上の恥辱とあとさきを分別して、むたとひとを悪しういはず、道理がつまりて申せば、我と我が身を観じて、敵のいふは尤もなりと合点するにより、よき武士は先づ慇懃《いんぎん》に、惣別《そうべつ》、ひとの腹立つことを、我が方からはせず。誹るもけすも無案内なる者ども、おのれが贔負のひとを誉むればよきことゝ存知《ぞんぢ》、むたと誉め、世間に類《たぐひ》まれなる男をも誹れば我が贔負のひと威光あがると思ふひとは、これも女人の穿鑿《せんさく》なり。誹るもけすも、無穿鑿《ぶせんさく》の近付衆が分別なき取り沙汰より出来する。さなくば、またよきひとは、各々ひとつ道理に参るにつき一段仲よきものにて候ぞ。近代我等式《しき》、身にかけて覚え候。

敵、味方なれども、越後謙信は信玄公を誉むる。信玄家にては輝虎《てるとら》を誹らず。まして猜むこともなし。近き間の若手なれども弓矢たけからんと思へば、家康も信玄を誉むると聞く。もとより信玄公も若手をやさしく思し召し、「輝虎に劣らぬ弓取《ゆみとり》」と家康を誉め給ふ。越後の沙汰は、大熊、城意庵、布施《ふせ》その外《ほか》来りてかたる。三河侍《みかはざむらひ》も多きなかに山県三郎兵衛同心《どうしん》に小崎三四郎・河原村伝兵衛、一条殿に堀無手右衛門・中根七右衛門・浅見清太夫、これらは若手に利口者なりと聞く。虚言《きよごん》なく、三河の沙汰にも、信玄公を誉め奉ると申す。

また某《それがし》関東の侍たちに、野馬の目きゝを問ふたれば、当歳にて母に離《はなれ》ぬもよき馬になる。離れて草を食ふは猶《なほ》よき馬になる。つきつ離れつする馬は、後夫馬《ぶむま》になりても、重き荷持つことならず、遠き路もならず、やす馬とこれをいふ。かくの如く畜生《ちくしやう》さへ気の展転《てんでん》するは悪しきに、いはんや日本六十余州において、西国に大内殿、関東に上杉殿とて、都を持つひとよりは人数持ちの大身が、よき家老のよき諫《いさめ》を聞きしらで、しかも我に忠節したる本間江州、井又左近を、菅野、上原両人に讒言《ざんげん》せられて、始め誉めたる口を引きかへ、また悪しう仰せらるゝはたゞ二つ三つの童《わらべ》のごとし。

世の中に親の子思ふはめづらしからず。但し男女のあはれむこと各別なり。子細は、おさなき者虫気《むしけ》なるに、男は灸《きう》を仕つる。童《わらべ》は泣きて父を怖ぢてよりつかず。されども後は薬となる。母は童泣くをいたはりて灸をせず。それによりて当時母にはしとつくといへども後病《やまひ》つのりて眼つぶれ、悪しく取りまはせば死する時、母後にくゆる。そのごとく、則政童のごとくにて、菅野、上原が当座気に入るとて、北条家を誹るをまことゝ思ひ給ふ。

則政公陣をいやがる憶意《おくい》は臆病なる故なり。始めは伊玄入道が諌を合点ありて、菅野、上原にいはれ、のちの変改《へんがへ》は馬畜生にも劣りて悪しき夫馬《ぶむま》のごとし。これもいたりて臆病の故なり。北条家を悪しくいふとて、武田信虎公平賀成頼に勝ち、村上頼平公長尾為景に勝つ合戦のことまで申し出だし、氏綱をわろくいふは、全躰《ぜんたい》女が我とひとつ位の美人を悪しういはんとては、また我よりみめのましなる女を引き出だし、「あれがあれほどみめよくとも、そんぢやうそれには劣りたる」といふて猜む心は、則政公の北条家悪口するをよろこび給ふ、これもいたりて臆病なる心なり。さてこそ未練なる大将は、女に似たるとは申すなり。それによつて、上杉家諸侍百人の内、九十九人は人を猜み、いやしむ男多し。

今より二十年さきに、都妙心寺に大休和尚とて名智識まします。この和尚の前にてひとがひとを誉むれば「それは死したるか」と問ひ給ふ。「今に存生《ぞんじやう》なり」と申せば、そこにて大休御申し候は、「誉むること無用、何たるしぞこなひあらんことも存ぜず」と宣ふ。またひとがひとを悪しういへば大休問ひ給ふ、「そのひとは死したるか」と仰せらるゝ。「今に生きてゐる」と申せば、大休宣ふは、「誹ること無用。また何たる手柄あらんもしらず。ひとの善悪は死後にならで申さぬもの」と大休和尚のつねの言葉なりと策彦和尚の信玄公へ話しなさるゝ。武士は猶もつてその心あり。怪我ある者は、重ねて是非と存ずるにより、いやしむに及ばず。怪我なきひとは、とても一世に、少しも怪我あるまじきとて嗜めば、これもつてひとをいやしむことなかれ。さやうに存じてひといやしまぬはきはまりて我が心にあてがふにより、たけき武士は、ひとの腹立つやうになされずして、いかやうなる小者《こもの》、中間《ちゆうげん》にもそれ〴〵に慇懃《いんぎん》なり。

さてこの則政の家中には、何たる手柄人をも小身なるをばいやしみ、小身にてもよき分別あるひとをば猜み、また出頭の上原、菅野が親類ども、大身衆のよし贔負をば何たる耄《ほれ》者《もの》をも猜まず。若きひと〴〵のいんげんに、名を取りたる者ならば是非ともすりかけんとうでだてを申せども、これも小身にしてひとの名をよぶ者へは自然日《ひ》比《ごろ》申すごとく一言《ごん》もいへども、仕合せよくして手柄あるひとには、かげにてはいへども向ふては珍重癈亡《はいまう》する。とかく意地きたなふて、身上《しんしやう》の大なるに怖ぢるは、臆病のいろなり。

古語に曰く、「一善を廃《はい》するときんば衆善《しゅぜん》衰ふ、一悪を賞ずるときんば衆悪帰す」とあるごとく、上杉家、菅野、上原、五人の白拍子を愛するにより、菅野、上原ふるまふ者どもは、先づこの白拍子をよび、「公界《くがい》へは法度なり」とて裏座敷にて乱舞あり。さやうに馳走する者は、則政公御ため思ふひとなりとて、大形《おほかた》加恩を受くる。それを見聞きて、平井の諸侍老若《らうにゃく》ともにさだち、浮き、そゞろに心得、一汁一菜の法度《はっと》をも破り、右五人の白拍子のこでわきどもに、菊夜叉《きくやしゃ》・桔梗《ききやう》・花・おしまなどゝいふ女どもをかなたこなたへ引きまはり、平井の侍 悉《ことごと》く不弁《ふべん》して、召し遣ふ者どもに無足《むそく》をさすれば上杉家に盗人《ぬすびと》はやる。

ある時、高野聖半弓にて盗人を一人射殺したれば、手柄者とて則政公へ呼び出だし、千貫の知行を給はり、しかも足軽大将になさるゝを、悪しき諸人、則政公を「武辺好きにてかくのごとし」と誉めたつる。憶意は、北条家にて大藤近嶽といふ根来法師《ねごろ》に覚えの者の足軽大将のあるに負けまじきといふことわりなり。さやうに知行取り新しく際限なきにより則政公台所入たゞ二千貫ならでなし。さてこそ右に申す臆病なる大将の器用だてこれなり。また北条家へ武略にゆく両人のうち井又左近太夫、酉《とり》の三月付子《ぶす》害にて死する。則政公仰せには「我が下の大身ども、北条家へ心もよせぬ者どもを、偽りを申しかけたる罰《ばち》にて頓死《とじに》仕つりたり」と仰せ出され候間、諸人悉く井又左近を憎まぬ者はさのみなし。さて上杉家のよき家老一両人寄り合ひ、「管領家これほどには末になりたり」とて、忍びて井又左近太夫が跡《あと》を弔ふて泣けどもさらにかひぞなき。

しかれば北条家氏康二十三歳にて扇谷城河越《かはごえ》を乗つとる。そこにて行きあたり、右にいやしみたることは一両年の間に忘れ、両上杉家殿俄かに和談し一つになり、河越を取り返さんとて、八万あまりの着到を作る。北条家にて実否《じつぷ》一定《いちぢやう》の合戦なれば、こなたには氏康が罷りある。合戦は疑ふべからず、さありて城をよくもたねば、後詰《ごづめ》はならぬものなり。後詰ならねば、有無の合戦は仕つりがたし。氏康ほどの者をこめてこそとて北条左衛門太夫を河越にこめらるゝ。

さて両管領旗本は、武蔵の柏原といふところに、両上杉ながら動座あり。八万余りの人《にん》数《じゆ》をもつて河越を取り巻く。氏康種々謀《はかりごと》ありて、四度目に疑ひを切つて合戦と定めらるゝ。敵大軍なれば、旗本を切りくづすとも先衆は巻きつめべし。必ず城よりついて出づべからずとある儀を、城内へしらせたきとありければ、北条左衛門太夫弟久島弁千世とてその年十八歳になりつるが、氏康へ申し上ぐる。「これは大事の御使なり。書状を越し給はゞ、道にて捕へられ、今夜の合戦なるまじい。今夜合戦なければ、またいつの世に大敵をよき場所へひき受け給はん。十が九つあらはるゝは必定《ひつぢやう》よ。あらはるゝこと危ふしとて、口上に仰せ付けらるゝに付いては、拷問せられて落ち申すべし。それなれば状にてあらはるゝも、問ひ落されてあらはるゝも、道理はひとつところへ参り候。おそれながら弁千世を指し越し給はゞ、捕へられて糺明《きうめい》にあひ、たとへばかうべを賽《さい》ほどにすらるゝとも落申すことあるまじ。これに罷り在り、御前にて心ばせを仕つりたけれども、それは両上杉を一度に討ち取りたるより、今夜のてだてを城内へ危げもなくしらせ申すが、屋形の御ためにはましかと存じ候」とてよき馬に乗つて、舎人《とねり》をも連れず、一騎河越城内へ何の造作《ざうさ》もなく敵のやうにたばかりて乗りこむ。氏康公、御座を直す悴《せがれ》なれば一入名残《ひとしほなごり》を惜しみ給ふ。

さてその夜の夜半に合戦ありて、氏康公斬り勝ち給ふ。上杉家悉くし負け、敗軍して一万あまり討死する。右に北条家といひ合せたる大石・小幡・白倉・藤田・由良《ゆら》・見田・萩谷・筑日《つくひ》悉く氏康へ礼を仕つる。されども氏康少敵なり。ことに夜軍《よいくさ》なれば、両上杉なら討死なく、則政公平井へ帰陣なる。右武略する本間江州、兼《かね》て用意し、朱《しゆ》の九つ挑燈《ぢやうちん》に九つながらに火をたて、「眼《まなこ》のあかぬ君のために、本間江州は今夜夜軍《よいくさ》の目あかしなり」と名乗りて、大道寺と出で合ひ、「本間江州を討つてこの差物を北条家のあらんかぎりは差し給へ」と申して討たるゝ時のいひ置きなり。敵なれども大剛《たいかう》の者の言葉なれば、今にいたるまで北条家の大道寺九つ挑燈を金《きん》にしてもたする。これによつて、小纏《こまとい》は北条家よりはじまる。その後上杉殿、「本間江州、井又左近が申したることあたりたり」と則政公宣《のたま》へば、諸人また右両人を誉むる。

さて菅野大膳、上原兵庫、則政公よりさきへ逃げて帰れどもよきひとは討死する、残る者はみな逃げたる侍なれば、べつに悪しき沙汰もなし。この合戦、天文七年戊戌《つちのえいぬ》七月十五日の夜なり。

山内管領上杉則政公臆病にまします故、無穿鑿《ぶせんさく》にて、悪しき上原兵庫、菅野大膳次第になされ候てかくの如し。『三略』に曰《いは》く「内は貪り外は廉《れん》にして、誉《ほまれ》を詐《いつは》りて名を取り、公を窃《ぬす》んで恩と為《な》す。上下をして昏《くら》からしむ。躬《み》を飾《かざ》り顔《かんばせ》を正し、もつて高官を獲る、是《これ》を盗《ぬすびと》の端《はし》と謂《い》ふ」。また曰く「賢臣内なるときんば邪臣外《ほか》なり、邪臣内なるときんば賢臣斃《たふ》る、内外《ないげ》宜《ぎ》を失《しつ》するときは、禍乱《くわらん》世に伝ふ。大臣主を疑ふときは、衆姦《しゆうかん》集り聚《あつま》る」とあるに、伊玄入道異見をきかず、時の軽薄によきやうに申す者のことを用ひ給ふほどに、この本を「犛牛《みやうごの》巻」と名づくるなり。よって件《くだん》の如し。

高坂弾正之を書く

天正三年乙亥《きのとゐ》六月吉日

長坂長閑老

跡部大炊助殿

参《まゐる》

品第十三　領国を失い家中を亡ぼす四人の武将三　弱過ぎる武将のこと

付けたり　両上杉家および北条家の成り立ちと合戦の物語

第三に、臆病な武将は、気性が愚痴っぽく、女人に似ている。それ故、他人を猜《そね》み、こびへつらい、意志が弱く、物事を深く吟味することがなく、分別がなく、無慈悲で、思いやりがないから、ひとを見る眼をもたず、機敏さに欠け、融通がきかず、妙に常人と変っている。これらは、みな臆病な武将が、女人に似て気性が愚痴っぽいからである。だから、武将であって、しかも二万、三万あるいは、五万、六万の家臣を抱える大国の武将であっても、心服している家臣は百人いるかいないかである。臆病な武将は、必ず心が狭く、陋劣でありながら器用ぶって、知行・所領・金銀・米銭を、善悪の根拠もなく、ひとびとに分け与え、思慮もないのに、分別顔をして、ことをこねくりまわしすべてを遅怠させる。剛勇な秀でた武将は、物を貯え、物惜しみをすることもある。喩えるならば、尺取虫がいったん身体を縮め、それによって身体を伸ばすように、なにか将来に大望を抱いているか、それとも子孫のためか、いずれにせよ、心中深く期するところがあって、一見強欲であるようにふるまうのであるが、愚かな者はそれがわからないから、「陋劣《ろうれつ》である」と悪口をいう。剛勇な武将は、それを耳にしても、己れに恃《たの》むところがあるので、愚かな者の悪口に左右されることなくそれが生まれつきであるようにふるまい、にわかに器用ぶることはない。気性が剛勇だからである。また剛勇な武将は、自らの気性に合わせてひとをみるから、崇敬している家臣に臆病な者はいない。たとえ十人のうちに一人、二人いたとしても、他になんらかの取り柄が一、二ある者である。いずれにせよ、何の取り柄もない者はいない。それぞれの特長を見分けて召し使うのが、剛勇な武将のやりかたである。剛勇な武将は、心根が剛勇であるから義理をよくわきまえている。義理をわきまえているから、行儀がよい。行儀がよいから、ときたま女色におぼれたり、物見遊山もするが、ひとびとの恨みを買うようなことは決してない。義理を必ず守るゆえ、忠節を尽くす家臣であれば、大功の者には多くの知行を、小功の者にも少しの知行を与え、何も与えられない家臣は一人もない。だから、たとえ、いつもはことさら器用ぶったふるまいがなくとも、陋劣とはいいがたいのである。

一方、臆病な武将は義理をかえりみず、外聞をもとにふるまうからこびへつらい、忠・不忠を考慮せず、ただ当座ばかりで剛勇・臆病もとりあわず、むやみに大勢に従うばかりで賞罰も不明確で、家臣の勇む気持をなくさせる。これが、臆病な武将のやりかたである。

このような武将のもとでは家臣はみな奉公をおろそかにし、本心は愚鈍であるのに、口先だけは達者で、物事を深く吟味せず、贔屓贔屓で口をきき、粗雑で、心根が率直さに欠け何事もうわべだけで判断し、自分の臆病さで相手を推しはかり、相手も我慢するだろうとしか考えない。すぐれた評判の高い武士とたまたま同席すると、この者に一言でもいい勝ち、傍輩に自慢しようと思って、逢うたびにあてこすりをいうが、すぐれた武士は心底における覚悟が定まっているから、些細なことにはとりあわない。つまらぬことをいい出して刀を抜き、親・妻子に苦労をかけたくないと思って堪忍しているのを、臆病な家臣は、自分を恐れて返答しないのだときめこみ、かさにかかってなぶりかかる。そこで剛勇な武士も一言いうが、臆病な家臣は仲間が多いから、徒党を組んでそれぞれが口々に言い立てる。口論では弱者も強者も同じだから、臆病な家臣は、寄りあう傍輩に逢っては、剛勇と評判のある武士といい合いをして、思いのままにいい負かしたといいふらす。ここにいたって、剛勇な武士も「もはや堪忍しがたい、果たし合いを」と心をきめる。すると徒党を組んでいた臆病な家臣たちは、土気色になり、思案をめぐらし、親・兄弟・叔父に叱られると口実をつくり、日頃は怠けているのに俄かに御前に精勤したり、毎日出仕したりする。

好きでもないのに武芸に身を入れて、逃げまわる。

当人は臆病であるが、相手は剛勇な真の武士であるから口に出したら打ち果さずにはおかない。臆病な無作法者は軽率にとび出し、勝負となるが、ふだんの様子とは全く違い、逃げるばかりで背中を斬られて転げまわる。傍輩が折り重なって間に入り、その仲裁で当座は命拾いをするが、相手は剛勇で、覚悟を定めて斬るので、助かるような斬りかたはしないからついに一命を失うが、死に際の見苦しさは話にならない。相手の武士が無事に家中を立ち退くといった事態になると、臆病な家臣の親類・知人が寄り集まり、「ぜひとも仇を討たねばならない」といいはするものの、口先だけで偽りである。臆病な武将のもとで、家臣が行儀を上の者に見習い、このありさまである。

この家中では、すぐれた武士も、臆病な家臣ほどではないにせよ、のちのちには少し劣るようになる。『三略』にも、「家臣の善悪の見分けをしないと、功臣の気力はくじける」とみえる。右に述べた臆病な武将と寸分違わず、家中の大身・小身の家臣の気性が悪くなり、ついに家中が滅んだ現今の武将は誰かといへば、関東管領上杉義綱公の嫡子憲政公である。上杉家の由来をくわしく語ると長くなる。略して大体をしるそう。

将軍源頼朝公代々の血筋が絶えて後、北条氏が久しく天下を治めていたが、後代の北条高時が悪逆無道だったので、足利尊氏公・新田義貞公の両源氏が高時を亡ぼし、その後尊氏と義貞の争いとなった。義貞公は、「日本国始まって以来稀な武勇である」と上下のひとびとに噂されたほどすぐれた武将であったが、運にめぐまれず滅んだ。そこで尊氏公が天下を取り、世を安泰に治め、もっぱら源氏の世となった。尊氏は、頼朝公以来の将軍家の式目を整え、すぐれた治政を行ない、中興の実をあげた。何事にも万全の処置をし、二人の公方を置いたのももっともな治世であった。すなわち、京の公方としては足利義詮を置き、そのもとに斯波・細川・畠山を三管領に、一色・山名・京極・赤松を四職に任じた。また、鎌倉の公方としては足利基氏を置き、そのもとに両上杉を管領に任じたのである。両上杉家は、もともと藤原冬嗣の子孫で、兄弟であった。兄は鎌倉山内《やまのうち》に屋敷があったので山内家といい、弟は扇谷《おおぎがやつ》に屋敷があったので扇谷家といった。京・鎌倉の公方ともに何代か経て後、永享十二年（一四四〇）、京の公方義教が鎌倉の公方持氏を討伐するという事件が起きた。

そのとき鎌倉の公方を守護していた領国には、相模・武蔵・上野・下野・安房・上総・常陸・下総・出羽・奥羽・佐渡・越後・信濃・飛騨があり、これらの領国の武士は、大身・小身とも、公方を守護する役を立派に果していた。しかし、公方が公方として東国を治めていたときから、上杉家が武士の棟梁となるようにという上意をうけていたので、諸国の武士は、大身・小身とも、管領上杉家の命にのみ従っていた。両上杉家といっても、山内家が中心であったから、結局後々は公方を脇にして、十人のうち、七人は山内家へ、二人は扇谷家へ、公方へはやっと一人出仕するかしかないかというありさまだったのである。そこで公方が討伐された後も、山内家にたてつく武士は一人としておらず、紛争もなく、よく治まっていた。討伐された持氏公には子孫がいたものの、下総の古河の近くに置かれ、用いられることはなかった。そうではなく、山内・扇谷の両上杉家が、公方を主君として仰いでいたならば、京の公方もそうやすやすと持氏公を討伐できなかったであろう。持氏公が切腹したのも、ひとつには両上杉家が、上見ぬ鷲と幅をきかせていたからである。持氏公の死後も上杉家は運に恵まれ、東国はよく治まり、一層安泰となって二代が過ぎた。

両上杉家のありさまをいえば、山内家は上野の平井に居城があり、大石・小幡・長尾・白倉の四人が家老である。扇谷家にはやはり上田・太田・見田・萩谷の四人の家老がいて居城は相模の大場《だいば》である。両上杉家はもともと兄弟の関係にあったので、仲もよく、山内家にさからう者は扇谷家にもさからい、扇谷家に敵対する者は山内家にも敵対し、双方を相手にしなければならなかったから、持氏公の死後は一層紛争も少なくなり、東国の武士はみな平井の城に出仕して畏《おそ》れうやまった。その軍勢は二十万と称されたが、国別に見積って、かたく十六万はあったであろう。これほど大身の武将は日本国中に三人となかったから、領国が安穏に治まったのももっともであった。安穏が続いたので、物見・遊山・能舞・和歌・連歌など派手で華やかな風俗が盛んになり、大身・小身、上下ともに浮かれさざめき、一万年たっても戦乱はないだろうと思われた。第一、上杉家に敵対する者は北国にも東国にも一人もないし、ゆくゆくは海道の七箇国も上杉家に仕えるようになるであろう。そして、ついには京の仕置きも上野の平井からなされるようにもなるであろうなどとひとびとが言い合ったのも、もっともであった。

　このように国が安穏に治まっていたところに大事をひき起こす原因となる出来事が起きた。というのは、扇谷家の家中に、中次彦四郎、曾我伝吉という二人の家臣がいたが、二人は仲が良く、互いに相談し合い、それなりの分別もあり、熱心に出仕して、定正公に気に入られ、定正公に諫言するまでになった。これが運の末の寵臣で二人のいうことがどれもうまくいくので、その後二人に官位を与え、中次主馬助、曾我右衛門佐とし定正公はすっかり彼らのいいなりになってしまった。あるとき二人は、それぞれの所領を増やそうと相談し、「扇谷家の財政が窮乏し、不足勝ちなのに、家老衆は江戸や川越で勝手なふるまいをしている。ゆくゆくは彼らの子孫が扇谷家の子孫に敵対し、扇谷家の子孫は公方のようなありさまになってしまい、家老衆の子孫が、両上杉家のような権勢をふるうようになるであろうことは疑いない。しかるべく配慮なされよ」と定正公に申し上げた。そこで定正公は、武蔵の江戸の太田道灌を召し寄せ、誅殺した。これを聞いて、残りの家老衆、上田・見田・萩谷をはじめ、道灌の一族、それに城主はもちろん少しでも所領をもつ家臣はみな身を守るべく身構え、それぞれの居館にひきこもった。そして、その年の内にこのことが原因で、山内家と扇谷家との間に所領争いが起こり、羽入の峰・岩戸の峰、ふく田の郷、奈良梨などで大きな合戦があった。敵も味方も見わけがつかず、日頃奉公を疎かにしていた家臣たちは戦いかたもわからず、右往左往し、うろうろするばかりであった。指物《さしもの》の小旗を捨て、槍を折って杖として逃げる者は後も見ず、主君を捨てて自分の在所へひきこもってしまう者が、扇谷家にも山内家にも、敵味方ともに一備えに二人、三人と出る。関東・奥州・北陸道の国々に何回もの武功をたてた剛勇な武士が多勢いたのだが、家運が傾いた徴候であろうか、若年の武士にも負けてしまい、しかも十人のうち八、九人は戦いかたも知らない柔弱な武士に押しまくられ、年ごろ合戦に馴れている武士も自分の身を守るに精一杯で、何の武功もたてられない。味方の中で同士討ちがなされたためである。

このとき、伊豆の北条早雲が軍勢を出し、小田原を乗っ取った。明応四年（一四九五）のことであったときいている。これらは前代のことである。そのうえ他国のことをひとの雑談をもとに書きしるしたから、おそらく誤りも多いであろうが、ただこの筋道を了解して、当主勝頼公の代の参考としてほしい。長坂長閑老、跡部勝資殿。

世の中ですぐれているという評判をとる武将はそれぞれに、生まれつきひとにまさっているところが四つある。君子は千里離れていても似ているというが、すぐれた武将の心根は究極においては同一である。さまざまな小袖を着てひとびとが寄り集まるとき、生地や模様はいろいろでも、寒さを防ぐためであることは同じであるようなものである。すぐれた武将は、道理と非道理をよく見わけるので、名武将とよばれる。名武将は、道理と非道理を見わける点で敵も味方も変りがない。道理と非道理を見わけることができないのは思慮が足りないからである。思慮の足りない武将を悪しき武将という。

さて、第一に、沈着な武将は、たびたびの合戦に勝ち、犯し難い威厳をもつのでことさら重々しくみえる。重々しい君子は、思慮深く、少しの誤ちもない。すぐれた武将のもとでは、家臣も、大身・小身、身分の高下を問わず、心をくばり義理を守るので、邪欲がなく、私心をたてないから、善悪の吟味は、敵味方を問わず、ありのままに行ない、一言でも首尾の食い違うことがないように心がけるから、家臣も、大身・小身ともに、めったに誤ちがない。思慮の足りない悪しき武将が、沈着な名武将を真似ると、ことがむやみに長びく。愚鈍な武将の下では、家臣も、大身・小身ともに思慮がないのに思慮のあるふりをするから、すべてのことが長々しくなり、埒《らち》があかない。老若を問わず家臣が些細なことを重々しくあつかい、ひそひそ耳うちなどして勿体ぶって分別顔をするのは、無分別のしるしである。

第二に、剛勇ですぐれた武将がたびたびの合戦に勝ち、賞罰が天地のように明らかであるのは、常人と異なるところがあって、ひとが畏怖するが、思慮の足りない武将が真似ると気短になり、罪もない家老を睨みつけ、家臣をも些細なことで誅殺したり、いつも機嫌が悪く、老臣の意見もきかずむやみに寺社の境内の樹を切ったり、暴れ馬を好んで、落馬し、長患いをして親類衆・家老衆・側近衆に気遣いさせたり、蛇の棲む池と聞くと水を掻い出させたり、家臣を潜らせ自身も潜るなど、無意味な強がりをするので、その下の家臣も明け暮れ言い合いをし、少しのことにも腹をたて、親しい者や知人に対しても暴言を吐き、果し合いにまでいかないような喧嘩を好み、なさねばならない戦いの場でのはたらきは人並み以下のはたらきしかしないのに、それをなんとも思わない者が多い。

第三に、穏やかですぐれた武将は、慈悲深く、しかもたびたびの合戦に勝ち、仏法を深く信じ、俗世のしきたりを重んじ、文武二道を嗜むのを思慮の足りない武将が真似ると、物読み坊主のようになり、その下の家臣は、公家衆の気性になり、奉公を疎かにし、戦いのことに無案内になる。

第四に、機敏ですぐれた武将がたびたびの合戦に勝ち、ひとびとに誉められるのを、思慮の足りない武将が真似ると、がさつで騒々しくなり、相手の国の内にむやみに深入りして、敵勢の数が多いと、あわてふためいて、なりふりかまわず逃げる。その下の家臣は、善悪を知らず、思慮がなく、些細な喧嘩や口論にも大騒ぎをする。

右に述べた両上杉家の争いであるが、山内家と扇谷家の家老が寄り集まってそれぞれの主君に意見し、以前のように仲が良くなりことがおさまった。年月が過ぎ、両上杉家はともに主君が死んで、山内家は憲政公、扇谷家は朝義公の代となった。山内憲政公は永正元年（一五〇四）の生まれで、享禄三年（一五三〇）二十七歳で家督を継いだ。扇谷朝義公もこの頃家督を継いだが、その正確な年はきいていない。

一方、北条家は、早雲公・氏綱公二代で、伊豆・相模両国を手中に収めていたが、同じ享禄三年、氏綱公の嫡子氏康公は十六歳で初陣の軍勢を武蔵府中へ出した。相手は両上杉家である。北条家の運がよかったのか、上杉家滅亡の徴候か、両上杉家の仲がまた険悪になり、北条家と両上杉家との争いは三つどもえの様相を呈していた。しかし、憲政公は、北条家を小身と卑しめて、北条方では氏康公自身が出陣しているにもかかわらず、上杉家は軍勢を二万、三万と出すだけで、神奈川・品川・武蔵の府中・高井戸・所沢・世田谷などにおける前後八年に及ぶ合戦に、一度も大将として出陣しなかった。小敵とあなどってはいたものの、憲政公が出陣しないため、大合戦にも小ぜり合いにも上杉勢は敗れるばかりで、氏康公が勝ちを収めないときはなかった。北条家の武力はますます隆盛に向い、治政もすべてうまくいっていたから、上杉家の老臣は「これでは危い」とつぶやいていた。

しかし、出頭人である菅野大膳、上原兵庫助の二人は、これを聞いて「伊豆の小国から成り上った北条早雲の孫である氏康などにどれほどのことができようか。伊豆・相模の両国を持っているといっても、憲政公の旗下には、北条家を二つ、三つ合わせたぐらいの大身の武将が、越後・関東・陸奥・出羽にかけて、五、六人もおり、上杉家代々の家臣のなかにも、北条家ほどの家臣はいよう。氏康が幅をきかせるようであれば、御自身出陣され、ただの一合戦で北条家は押しつぶされるであろう」といった。菅野、上原の言葉で、若侍たちは、憲政公が出陣され、北条家をつぶすのは今日明日でもあるかのようにいいあっていたが、憲政公は少し臆病で合戦嫌いなのか、今年、来年というものの一向に出陣しない。「管領の馬ゆえ出でかねる」などといわれるようになったのはこの時代からである。このように憲政公はひどく愚鈍なので、鈍重な武将という。伊豆の小国の出であるからといって北条家を卑しめることは全くよろしくない。もしそうなら、陸奥や出羽のような大国の武将はみなよい武将であることになるが、そのようなことはない。

上杉家に長尾伊玄入道という老臣がいて、北条家のことで憲政公にたびたび諫言した。憲政公は納得して、崇敬している菅野、上原にたずねると、両人は次のようにいった。「伊玄入道はひとかどの武士であるがなにぶんにも年老いてしまい、武功についても分別の用いどころがずれています。北条家は小敵ですからいつでも押しつぶせます。しごく簡単なことです。われわれは憲政公が大身衆に慕われるようになることの方が肝心であると考えています。大身衆の名望を得るには、関東の旧い家柄で、当主が幼少である家中については、声望ある老臣に当主の知行を分け与え、「当主をよく守り育てるように」と命ぜられるならば当主も家臣も異議なく、憲政公の御恩に感じ、御為に尽くそうと思うこと、日々に新たでありましょう」と申し上げた。これも一理はあることなので、憲政公はおおいに合点し、関東に、結城家に多賀谷氏、千葉家に原氏、原家に高木氏、両酒井氏など、主家より多い知行をとる家臣がこの代から生まれた。知行を得た家臣たちは「憲政公はすぐれた武将で、管領が始まって以来の善政である」と誉めそやすので、憲政公はうまい分別をして自分の名声を高めてくれたといって、なにごとも菅野、上原のいう通りにし、他の家老衆の諫めを少しもききいれようとしなかった。

伊玄入道は思案をめぐらし、上杉方の本間江州、猪股左近の二人を謀《はかりごと》により北条家に仕官させた。本間はこのとき四十一歳、猪股は三十九歳であった。この二人は、父の憲房公の代にも、北条氏綱との戦いの際に平井から検使役として国境に出向き十八、九歳からたびたび武功をたてた者たちで、憲房公の旗本の足軽大将の中でも評判の高い若手の武士であった。本間、猪股は、ここ四年ほど憲政公の機嫌を損じていた。というのは、憲政公は、家督を継いで以来、鹿狩りを堅く禁じ、菅野、上原の両出頭人を監視の奉行としていた。本間、猪股の知行地は菅野、上原の知行地の近くにあったが、菅野、上原の家来は監視の奉行の家来であってとがめる者もないので制禁を破って鹿狩りをする。本間、猪股は、菅野、上原の家来に頼み、一緒に鹿狩りをした。目付衆は、菅野、上原の家来のことは隠し、本間、猪股のことだけを言上する。憲政公は大いに立腹し、本間、猪股は死を賜わるところだったが、ようやく逃げのび、在所に閉居していた。家老衆は詫びを入れようとしたが、思うようにできなかった。二人は「監視の奉行の家来の内諾を得ておりました」と申し立てたのだが、菅野、上原の手前があって言上できず、本間、猪股は四年間ひきこもっていた。その間にも北条家との合戦で、国境においてたびたび武功をたてたが、取り次ぐ者がいなかった。

長尾伊玄入道は、武功にかけては上杉家中にならぶ者がなかった。伊玄入道は他の者と異なって、北条家の武力は上杉家にとって命取りになると見抜き、本間、猪股の二人を呼び寄せ、「二人を必ず憲政公の御前に出仕させる」という自筆の誓言に花押をして二人に手渡し、二人の妻子を自分の領内に隠し置いて、「二人が上杉家を逐電した」と内々に披露した。本間、猪股は北条家に移った。北条家でも彼ら二人をよく知っていて、多目長宗、大藤近嶽二人の肝入りで大道寺政重を介して氏康公に仕官の礼を言上した。氏康公はそのとき十九、二十歳であったが、為政にすぐれており、彼ら二人に心を許さず、合戦があると、彼らを激戦のところへさしむけたので、一歩誤まると心にもない仮りの主君のために討死するかと思いもした。しかし四年間辛抱し、北条家の大体の様子を聞き届けてみると両上杉家の大身衆で北条家と内通していない家臣は、伊玄入道をはじめ僅か九人にも満たなかった。

氏康公の様子をよく見届けると、沈着かつ剛勇で、賞罰は明らかであり、家臣の上・中・下の理非をよく究明したうえで善を賞し、悪を罰し、機敏で身軽かと思えば重々しさがある。和歌を詠み、華やかでいかにも優美であるかと思えば、怒りを発してみずから太刀、長刀を取るときは、唐土の韓信、樊噲《はんかい》もかくやと思うほどに峻厳で威光がある。家臣を見る眼をもっているので、崇敬している家臣は手傷を負ってまでもたびたび武功を立てる。若手の武士は、氏綱公の代から名のある老功の武士に先手をとられまいと励む。老功の武士は、敵勢を支え、踏みこたえた武功は自分らにあると思っていても、若手の武士を誉めそやし引き立てる。また若手の武士は、内心剛勇さをほこっていても、一歳でも年長の武士に対して気を配り、大事にする。作法のよさは言葉に尽せない。なかでも、側近く仕える久島《くしま》綱成殿は、氏康公と同い年、当年二十二歳で、御側奉公を許されており、北条左衛門太夫と名乗り、四十、五十の武士よりも合戦に熟達している。弟の弁千代殿は当年十六歳だが、やはり側近く仕えており、これも兄にもまして凡常な武士とは見えない。この家中は、伊豆・相模二箇国というが、祖父早雲公の代に蓄えた金銀米銭で浪人を抱え、国郡の武士のほかにも仕える者が多い。

案の定上杉家にとって大事なことであると見届けたが、さらにまた次のようなことを聞いた。祖父早雲公のかねての遺言に、「金銀米銭は三代後までのものである。三代目には上杉家は滅び、自分の子孫が関東を治めることは疑いない。四代目には国数が増え、豊かになるから、金銭の蓄えの必要はない。したがって、自分の後の二代の間は、家臣を抱えるに際し、二十以前七十以後の者には、大身・小身ともに、自分が蓄えて置いた金銀米銭を宛て、切符《きりふ》を与えよ。老若を問わずうかつに所領を与え、隠居しあるいは死んで後、子孫にその所領を与えず取り上げるならば、不満のないようなことをいっても内心に恨みが残るものだ。また、気性の知れない若武者は後日どんな愚か者になるかわからないのに、無思慮に所領を与え、たびたびの誤ちがあってその所領を取り上げるならば、本人ばかりでなく、その親類縁者で役に立つ者まで恨みに思うものだ。それを考えて、愚かな家臣に所領を与えたままにしておくと、この家中ではどんな愚かな家臣であってもあれぐらいの知行をとることができると思われて、若手の武士の行儀作法が疎かになる。そうかといって、自分の家中の武士を、老若ともに、他の家中へやるようなことがあってはならない。あれこれ考えるに、切符には本来の領有ということがないから、老若の武士には切符で金銀米銭を与えるがよい。上杉家は今後ごたごたが続き、よい行儀作法を一代に五箇条、十箇条となくし、ついに全てを失ってしまうだろう。

自分が相模に軍勢を出したときは、山内家の当主は二十二歳で、若気にまかせ両上杉家の間で所領争いを始めたときであった。それをみはからって小田原へ乗り込み、城を乗っ取ったのである。その後数年、上杉家の様子をみるに次第次第に行儀作法が衰えていく。衰えたといってもあれほどの大身の家中だからすぐに亡びはしない。小身の家中なら失態があればすぐにも亡んでしまう。喩えていえば、癰《よう》や疔《ちょう》などの腫れものは二十年もたたないと表に出てこない。これらは四十過ぎにならないと病むことがない腫れものという。二十年もかかって表に出る腫れものであるから、一度表に出ると治りにくい。そのように、上杉家のよい行儀作法は次第に衰えている。衰えがきわまって上杉家が亡びるのは大体自分から三代目であろうと考えている。とくに両上杉家の仲さえ悪ければ、自分の子孫はいながらにして隆盛となるであろう」という早雲公の遺言を、本間、猪股はよく聞き届けてきたのである。

本間、猪股の二人は、北条家の様子をよく見届け聞き届け、箇条書きにし、北条家に対し故意に些細な悪事を為し、四年間仕えた小田原を出て、上野の平井へ帰り、書付けを伊玄入道に手渡した。

その箇条は、一に、両上杉家の大身衆・中身衆は、九人を除き、残り九十人以上の者がすべて北条家に内通していること。二に、早雲公が遺言で上杉家滅亡のときを予言したこと。三に、氏康公をはじめ家老・家臣の行儀作法がよいこと。四に、両上杉家の仲が悪いことを北条家では歓迎していること。五に、氏康公は譜代の武士を老若にかかわらず大切にし、隠居した武士にも大身・小身を問わず、扶持を与え、若年の武士は、譜代の武士の次男、三男でも召し出して、切符を与えて召し使い、武功があれば一人前に取り立てる。それゆえ、この家中では老いも若きも望みを抱き、奉公に励み、氏康公の恩義を深く感じ、氏康公の御用に立って討死しても、少しも命は惜しくないと考えており、禁制がなくともむやみな喧嘩などなく、なかなかあなどりがたいこと。以上の五箇条を伊玄入道に伝えた。

伊玄入道はこれを受け取るとよろこんで直ちに憲政公に申し上げた。「大身衆の次男、三男あるいは弟、甥は、みな平井に居を置き、出仕するように」との命令が出され、彼らはみな平井に詰めさせられることになった。

その後伊玄入道は思案を重ね、憲政公の旗本の武士に対し次の三箇条の法度を定めた。

一、武具その他武士として必要な道具を日頃から用意しておくべきこと。

一、饗応《ふるまい》は大身・小身ともに一汁一菜とすること。また衣類は紬《つむぎ》より上等の布を着てはならない。

一、能舞や物見遊山は禁ずる。

以上を書きしるして武士たちに触れた。若々しさにあふれた処置で、憲政公の旗本の行儀作法もよくなったかとみえた。また伊玄入道の詫びをきいれて、憲政公は本間、猪股を召し出し、「二人は上杉家の家宝である」と賞讃したので、平井の家臣たちは二人を大層羨んだ。羨むのも道理である。本間、猪股が、武略で北条家の様子を見届け、聞き届けて、上杉家の勝利を万全にしようとはかったと伝え聞いて、他の領国は上杉家をあなどりがたく思った。二人を秘蔵の家宝であると憲政公がいわれたのももっともである。

総じて、武略にすぐれた家臣は旧い家柄の家中でないといない。というのは、旧い家中の家臣は、大身・小身、上下ともに、主君を尊崇しているからである。新興の家中では、家臣はみな新参だから、それほど主君を尊崇していない。新興の家臣にもそれにふさわしい譜代衆もあろうし、計策を行なう家臣もあろうが、武略にすぐれた家臣は千人のうち一人、二人あるかないかである。武略と計策とは異なる。計策とは、たとえば、実了師慶が、石山本願寺・堺の町人衆・近江の浅井家・伊勢長島の一向衆・越中の一向衆のそれぞれに信玄公の書信をもっていったことである。先方からの使者も五度ほど来ていることでもあり、こちらからの四度の使いは実了師慶のような僧で、武功のない者であってもつとまる。これを計策という。

武略は、戦場で戦う家臣が武功から考え出した智略であって、敵の強弱その他戦場での戦いに必要なことすべてをよく見聞きし、味方の失策がないようにはかることをいう。学問のあるひとは計策も武略もひとつに考えるかもしれないが、学問のない者はそれぞれに名をつけて区別しないと、二度目に用いるとき混乱して、隠さねばならないことがひろまったりもする。武略のときは、武功のある武士でなければならないが、計策のときは、僧、農民、町人であっても足りる。

吉野山で源義経が奥州の佐藤忠信の巧みな謀りごとによって窮地を脱したと昔から語り伝えられているが、これが武略である。富樫の邸で弁慶が畏れ多くも義経を打擲《ちようちやく》したのも、勧進帳を読む真似をしたのも、武略である。他方、伊勢三郎義盛や駿河次郎清重のしわざは計策である。現今でも、二代続いた家柄であるから、尾張織田信秀の嫡子信長は、すぐれた家老森可成を駿河の今川家へ謀略の書信をもたせてつかわしたが、森可成は、商人姿となって武略をなし終え、義元公に笠寺の戸部新左衛門を誅伐させた。これは書状を持っていったのだが、重要な武略であった。無思慮な者は、書状を持っていくのは、みな計策であると考えるが、そうではない。武略の書状には七仏・一字ということがある。これについては信玄家の秘伝口伝がある。

また、武略がなくては戦いにくい敵に三つある。第一に、大敵。第二に、味方の大将より敵方の大将に武功がなく、しかも大身であるときは、武略が有効である。というのは、武功のある者が武功のない者と戦って五分五分の勝負であれば、それまでの武功が無になり、敵方に名をなさしめる。まして負けては一大事である。その道理からいって武略を用うべきである。第三に、強敵。強敵の場合は、味方にとってとくに敵方の戦いの手だてを知りたいところで、それ故の武略である。武略は、ただ見ただけでは不十分であり、ただ聞いただけではあやふやである。見聞したひとつひとつの事柄に十分な注意が払われていることが肝心である。それがなされていたからこそ、上杉家の本間、猪股の名が近隣の領国までひびきわたったのである。信玄公は、十六歳のときこのことを聞き、「二人の肖像を描かせ、家中の者に拝ませたい」といわれた、と甘利虎泰は雑談の折たびたび語った。さて、とくに心してこの次を読んでほしい。長坂長閑老、跡部勝資殿。

上杉家では長尾伊玄入道、長野業正ほか四、五人が寄り合い相談して、憲政公の為政がうまくいくようにはからっていたのだが、一方、菅野大膳、上原兵庫助のとりなしで憲政公の旗本として幅をきかせていた親族や、その一味のなかで分別のある四、五十人が集まって相談し、次の五箇条を書き付け、菅野、上原を通じて憲政公へ申し上げた。

一、北条早雲は、元来伊勢で乞食をしていたが、駿河の今川家の家来となり、今川家の威勢を借りて伊豆へ移り、いまのようになったのである。もともと伊豆のような狭小な国から成り上った早雲の子孫に奥深いところは少しもない。早雲の嫡子氏綱は甲斐の武田信虎に大敗北を喫している。駿河の愛鷹《あしたか》山の下、東さほの原の合戦である。その結果氏綱は手中にあった富士川の北の領国をみな信虎に取られている。このとき興国寺の城主青沼業久は、他の者より先に信虎の家来となったので、信虎の命により、子息与十郎を、信虎家中の足軽大将小幡入道日浄の婿とした。いまは、駿河の今川義元が信虎の婿となっているので、信虎は、娘の化粧料の地として、義元公に渡してある。これにしても父早雲が今川家の威勢を借りて小田原までも軍勢を出せるようになったのに、その恩を、氏綱の代になって忘れ、代がわりの時を見はからって、今川家の領国を奪ったのだが、氏綱のふるまいが義理に反していたから、めぐりめぐって今川家に戻ったのは北条家のやりかたが、天の憎むところであったためである。また、このたび、とくに我々両人がすぐれた家来を小田原へ遣わし様子を聞いたところでは、北条家にはこれというほどのことはなく、憲政公が出陣されれば、その滅亡は火を見るより明らかである。というのは、氏綱の嫡子氏康は、当年二十二歳になるが、合戦の場での戦いのことを少しも心がけず、ただ和歌ばかり詠んでおり、また若衆狂いをするなど、何の役にもたたぬ者である。家臣には多目長宗と根来法師の大藤近嶽の二人以外は合戦ではたらきそうな武士はいないとのことである。それにもかかわらず、当上杉家の家老衆がむやみに北条家を恐れているのはどうにも納得できない。

また、本間、猪股の二人がよく武略を果したとのことであるが、二人は上杉家への帰参を望んで偽りの作りごとを申し上げたものと思われる。たとえ武略をよく果したにせよ、武略は大敵に対し用いるものである。上杉家の家臣にも及ばない小身の敵になんの気遣いがあって武略を用いる必要があろうか。当家の家老衆はみな埒《らち》もないことをいっている。武将の武略は自分より大敵に対して用いるべきものである。右に述べた甲斐の武田信虎の家老荻原常陸介が、武略を用いて遠江の福島正成を打ち破ったことがある。福島正成が遠江・駿河の軍勢一万五千を率いて甲府まで攻めこんだとき、信虎の家中の者は大部分信虎に敵対していたので、信虎の軍勢は二千ほどしかなく、ここでこそ武略が必要であった。昔も義経の家来がたびたび武略を用いている。義経が兄頼朝の機嫌を損じて後のことであり、やはり相手が大敵であったからである。小敵の北条家に武略を用いるのは、結局相手方を立派な武将に仕立てあげるようなものである。氏康がときどき国境へ軍勢を出すのは、当上杉家をことのほか怖《お》じ恐れて身構えているにすぎないのを家老衆は重大事と考えておられるのである。

近国でも、右に述べた甲斐の武田信虎などは、信濃の平賀成頼と一日に八度の合戦をし、遂に勝ちを得たが、信虎の家中では、その折、横田高松、多田満頼の二人が八度ともまずはじめに鑓を入れたときいている。また信濃の葛尾の村上頼平は、越後の長尾為景と一日のうちに十一度の合戦をして勝っているが、このとき村上家中の、丸田市右衛門・石黒弥五丞・金井原弾正の三人は、十一度とも戦いぶりが群を抜いていたという。これほどの合戦をする者は日本国中にも五人といないであろう。小身であるとはいえ、武田・村上などであれば、おのずから何かと考慮すべきこともあろうが、氏康ごとき小倅に、武略だの計策だのということは、甲斐や信濃の武士の評判も気がかりである。忝《かたじ》けなくも、西に大内殿、東に上杉殿といわれる日本国に二人の武将であるのだから、小身の北条家などのことは今までのように家老衆にいいつけておかれ、もし勢力を張るようであれば、そのときは御自身出陣なされ、押しつぶされるがよいであろう。

一、先代のとき扇谷家の定正公が家老太田道灌を誅殺したため、その家中が大いに動揺し、今までに扇谷家の家臣十人の中八人が当山内家に仕えるようになったことを御存知でいながら、本間、猪股両人の作りごとを鵜呑みにして、家中の大身衆から人質を召し出し、彼らに恐怖心を抱かせるのは如何かと思われる。これらの大身衆が裏切るようなことがありはしまいかということについては、我々両人を堅く御信頼いただきたい。大身衆はみな「憲政公の代が千年も続くように」と願っております。というのは、「家督を継がれて六年このかた、平井への勤番を免除なされたので、一年のうち、出仕は正月元日だけで、残りの日々はそれぞれの居城にいて安楽に暮らせ、平井へ三十里の近さにいる者も、平常は出仕の必要がありません。上杉家始まって以来の憲政公の勇断であり、その恩恵の深さはひとしお身にしみます」と小幡・大石・藤田・白倉らの大身衆は口をそろえて、つねづね我々両人にむかって申しています。

一、三箇条の御法度は、いうまでもなく堅く守るよう仰せつけらるべきです。

一、当家中において武功を立てた者は、たとえ家臣に仕える家来であっても取り立て、それにふさわしい多くの知行を与えらるべきである。北条家では根来法師が一、二を争うほどに重用されていることでもあり、どのような身分の者であろうと扶持なされよ。

一、本間、猪股両人は、七年もの間御意に逆らっていたにもかかわらず、はやくも当年から懇ろにあつかわれたのでは、上杉家にはよい家臣がいないかのようで、見苦しいから十年、せめて七、八年は疎々《うとうと》しくあつかわれるべきです。

付けたり。なお、扇谷家との間が無事では、かえって当家の損失が多いと考えられる。

以上を書きつけ、菅野、上原両人の手で直接憲政公に差し出した。

憲政公はこれを読んで、北条家を卑しめることをはじめ、すべてが気に入り、長尾伊玄入道ら四、五人のいうことには少しも耳をかさなかった。結局、後には、菅野、上原をはじめ四、五人が憲政公をいいようにあやつり、本間、猪股についても憲政公は「表裏のある偽り者である」といわれた。平井の武士たちも二人を猜《そね》んで悪口したので、二人はその場に出ることができなかった。北条家に内通していた大身衆は、これを喜び、菅野、上原両人の邸に使者をつめさせたから、両出頭人の門外は馬をつなぐ場もないほどの混雑であった。

それ以後、平井の旗本衆は、大身・小身ともに行儀作法が悪くなり、武具の用意は疎かになり、能舞禁制の法度があるので表向きは小謡いひとつ謡うこともないが、屋敷のなかに桟敷を設け、毎日毎夜、能舞が興行された。その頃、こうぎり・しょうぎり・松ぎり・藤ぎり・桜ぎりという五人の白拍子がおり、その下にいたいけ美人・しずさと美人など七、八人の遊女がいた。なかでも菅野大膳は桜ぎりに、上原兵庫は藤ぎりに馴染み、隠れて日夜遊山にふけったので、家臣もみな二人を真似、行儀作法の悪さは言語に尽くせないほどであった。

そこで高坂弾正がざれごとをかりていい置くことを聞いてほしい、長坂長閑老、跡部勝資殿。たとえば、美しい顔立ちの女人が一人、中程度の女人が一人、醜い顔立ちの女人が一人あるとする。これ以外の女人は問題外である。中程度の顔立ちの女人は、自分より美しい女人の顔立ちについて、他の美人を引き合いに出して悪口をいう。これを猜むという。自分より醜い顔立ちの女人については、いいたい放題いい散らし、かさにかかって散々に悪口をいう。これを卑しめるという。それゆえ、女人のような武士がひとを猜み、卑しめるというのである。ひとを猜み、卑しめるのは女人のすることであり、武士はひとを誹《そし》り、貶《けな》す。

武士は、剛勇な上の武士、それにあまり劣らぬ中の武士、この二人に続こうとする下の武士があり、これ以外は、人並みの武士である。真に臆病な武士は千人のうちにほとんどいない。剛勇な上の武士には何回もの武功があるのはいうまでもない。中の武士も、型通りの武功があるが、贔屓する者が多いときには、上の武士よりすぐれているかのような評判をとることもある。そのとき、剛勇な上の武士は、中の武士の武功を語らせて聞き、剛勇さが自分より劣っていれば、自分の身にひき当てて、「それほどでもない武功を非常な武功であるかのようにいうのは、きっと主君かあるいは贔屓の者の前だったので大げさに語ったのだろう。それくらいの武功は大抵の者がしていることであり、評判ほどの武士ではあるまい」という。これを誹るという。また、ひと並みの武士が、ひとより少し抽《ぬ》きんでたはたらきをして、千人のうちに二、三人というほどのすぐれた武功であるかのように自慢するのを、上と中の武士が聞き、「あの程度のはたらきを大層な武功だと思っているのか」といって笑う。これを貶すという。

それゆえ、剛勇のすぐれた武将のもとには、ひとを誹り、貶す武士はあっても、ひとを猜み、卑しめる武士は一人もいない。そこで年少の武士も、行儀作法がよく、ひとを猜み、卑しめることはない。剛勇な武士は、自分の身にひき当てて武士同士の寄り集まりのとき、一言といえども双方が堪忍できないことがあれば、刀を抜く。つまらないことで主君の御用に立つこともないままに、妻子を路頭に迷わせるのは死後の恥辱である、とことの前後をよく分別し、むやみにひとの悪口をいわず、道理のあることであれば、自分をふりかえり、相手のいうことももっともであると納得するので、剛勇な武将は物腰が慇懃で、総じて、ひとの怒りを招くことを自分の方からすることはない。誹ることも、貶すこともわからない者たちは、自分の贔屓の武士を誉めさえすればいいと思って、むやみに誉めそやし、世間に類のないすぐれた武士であっても、その悪口を言いさえすれば、自分の贔屓する武士の威光があがると考える。これは女人の智恵である。誹るのも貶すのも、無思慮なまわりの者が分別もない評判をするために生ずるのである。すぐれた武士はそれぞれが同一の道理に従うから、だれよりも仲がよいものである。最近わたしは身にしみて感じている。

敵味方の間であるが、越後の謙信は信玄公を誉める。信玄家でも謙信を誹ることはなく、まして猜むことはない。近頃の若手の武将であるが、戦いの場のはたらきを心がけている家康も信玄公を誉めると聞いている。もとより信玄公も、若手だが殊勝であり、「謙信に劣らない武将である」と家康を誉める。越後での評判は、大熊備前守・城景茂・布施らが来て語った。多くの三河武士のなかでも山県昌景の同心衆小崎三四郎・河原村伝兵衛、一条信龍の同心衆堀無手右衛門・中根七右衛門・浅見清太夫らは若手のすぐれた武士と聞いているが、彼らは、間違いなく三河でも信玄公を誉めているといっている。
関東の武士に野馬の見分けかたを尋ねたことがある。一歳で母馬から離れようとしない馬は良馬になる。母馬から離れて草を食べる馬は一層良い馬になる。母馬についたり離れたりする馬は、その後荷を運ぶ馬になっても重い荷を運べず、遠路にも耐えられない駄馬である。駄馬をやす馬というとのことであった。馬でさえ、気の移りやすい馬は駄馬である。まして、日本国六十余国のなかで西に大内殿、東に上杉殿とよばれ、京を治める武将より多くの軍勢をもつ大身の国持ちの武将が、すぐれた家老のよい諫言を聞きわけられず、しかも自分のために忠節を尽くした本間江州、猪股左近を最初誉めておきながら、菅野、上原の讒言にのせられて、前言をひるがえして叱責するなどは、まるで二歳か三歳の幼児である。

　親が子を可愛がるのは、世間に珍しいことではない。しかし男親と女親とでは可愛がりかたが違う。幼児が病気になると男親は灸を据える。子供は泣き、父を怖れてよりつかない。しかし後には灸が薬になる。女親は幼児が泣くのが可哀そうで灸を据えない。だから子供は、当座は、母にまとわりつく。しかし、後には、病状がすすんで眼がつぶれたり、悪くすると死ぬことにもなる。女親は、そのときに後悔する。そのように、憲政公はまるで子供のように、菅野、上原が当座の気に入るように北条家の悪口をいうのを真実だと思ってしまう。

憲政公が出陣を嫌った真意は、憲政公が臆病だったからである。はじめ伊玄入道の諫言を納得していながら、あとになって菅野、上原にいわれ、前言をひるがえすなど馬にも劣る。役立たずの駄馬のようなものだ。これもひどく臆病であるからである。北条家の悪口をいうために、信虎公が平賀成頼に勝った合戦や、村上頼平が長尾為景に勝った合戦まで引き合いに出して、氏綱を卑しめようとするのは、女人が、自分と同じ程度の顔立ちの女人を卑しめようとして、自分より顔立ちの美しい女人を引き合いに出し、「あの女がどれほど美しいといっても、所詮あの美人に比べれば劣る」といって猜むようなものである。憲政公が北条家の悪口を喜ぶのは、女人が相手の女人を猜むのと同じ道理であり、所詮ひどく臆病だからである。だからこそ臆病未練な武将を女人のような武将という。このありさまだから、上杉家の家臣のうち百人に九十九人はひとを猜み、卑しめる者たちなのである。

今から二十年前、京の妙心寺に大休宗休という名僧がいた。大休のまえでひとを誉めると「そのひとは死んだのか」と聞く。「まだ存命です」と答える、と大休は「誉めてはならない。これから後どんな失策をするかわからないではないか」という。またひとを誹ると「そのひとは死んだのか」と聞く。「まだ存命です」と答えると大休は「誹ってはならない。これからさきどんな手柄をたてるかわからないではないか。ひとのよしあしは死んでからでなくてはいうべきではない」といつもいわれた。この大休の言葉を、策彦周良が信玄公に語ったことがあるが、武士には、なおのことこの心がまえがある。失策をおかした武士は、この次こそはぜひにと心がけるから卑しめてはならない。失策のない武士は、このさきも失策のないようにと心がけるからなおのこと卑しめてはならない。剛勇な武士はそう考えてひとを卑しめることなく、いつも自分にひき当てて考えるから、ひとが腹を立てるようなふるまいをせず、小者や中間《ちゅうげん》に対しても慇懃なのである。

憲政公の家中では、どれほど武功があっても小身であれば卑しめられ、すぐれた分別をもっていても小身であれば猜まれ、出頭人上原、菅野の親類縁者や、大身衆に親しかったり、贔屓にされている家臣は、どんな愚か者であっても、悪口を言われなかった。若手の武士は、高慢して、名の高い武功のある武士に対してぜひにも勝負をしかけようと腕自慢をするが、これも、小身で武功のある武士に対しては、日頃いいちらしているようにいいかけはするものの、武功があって主君の覚えがめでたく出世した武士に対しては、蔭ではいろいろいっても、面と向うと腰を低くし、礼を尽くす。ともあれ心根が陋劣で、大身衆に対して卑屈なのは、臆病の至りである。

古語に「一善を廃すれば衆善衰え、一悪を賞すれば衆悪がはびこる」とあるが、上杉家中では菅野、上原が五人の白拍子を寵愛したので、菅野、上原に取り入ろうとする家臣は、まず白拍子を招き、「表向きは禁じられている」といって裏座敷で能舞を興行した。このようにして二人をもてなした者は、大抵、憲政公の御ためを思う家臣であるとして加増された。それを見聞した平井の家臣は、老若ともに、ざわめき、浮かれ、落着きを失い、一汁一菜の禁制を破り、五人の白拍子の妹分である菊夜叉・桔梗・花・おしまなどの遊女をひきつれてあちこちと遊びまわり、平井の家臣はみな金銀が足りなくなり、召し使う者に十分な禄を与えないので上杉家では盗みが横行した。

あるとき高野聖が半弓で盗人を一人射殺したところ、武功の者であるとして憲政公に呼び出され千貫の知行を与えられ、しかも足軽大将に任ぜられた。よからぬ者どもは、憲政公が「武功を好まれるからである」と誉めそやした。だが、真意は、北条家に大藤近嶽という根来法師で名高い足軽大将がいるのに負けまいということにあった。このように新たな知行取りを際限もなく抱えたので、憲政公自身の石高は二千貫にも足りなかった。これこそ臆病な武将の利口ぶったふるまいである。また武略のため北条家に仕官した二人のうち、猪股左近は、天文六年(一五三七)三月毒殺された。憲政公は、「家臣の大身衆が北条家に内通してもいないのに、内通していると偽りをいい、濡れ衣を着せた罰が当って頓死した」といったので、猪股左近を憎まない家臣はなかった。上杉家のすぐれた家老一人、二人が寄り集まり、「上杉家はこれほどまで衰えたのか」と嘆き、ひそかに猪股左近を葬って涙を流したが、どうしようもなかった。

北条氏康は二十三歳のとき、扇谷家の川越城を乗っ取った。そのときになって、つい一、二年前まで北条家を卑しめあなどっていたことを忘れ、両上杉家の当主は俄かに和議を結んで一体となり、川越城を取り返すべく八万余の軍勢が勢揃いした。北条家では、興廃を賭けた合戦なので、氏康自身が出陣した。合戦は不可避である。だが川越城を守りきらなくては後備えができない。後備えができなければ、興廃を賭けた合戦を戦いぬくことはできない。氏康は、自分に匹敵する武将を城にこもらせるべく、久島綱成を川越城の城代とした。

一方、両上杉家は旗本を武蔵の柏原に置き、両上杉家の当主がともに出陣し、八万余の軍勢で川越城をとり囲んだ。氏康公はさまざまな策を練り、四度目に疑点の検討をすべて終えて、勝負に出ることに決定した。「敵は大軍だから旗本の軍勢を斬りくずしても、先手の軍勢は城を取り囲むであろう。決して城を出て戦ってはならないと城内に報せたいのだが」と氏康がいうと、久島綱成の弟の当年十八歳の久島弁千代が、氏康に申し上げるには、「これは大切な使いです。書状を遣わされれば途中で捕えられ、今夜の合戦ができなくなります。今夜の合戦でなければ、またいつのとき大敵と恰好な場所で相対することができましょう。十のうち九つは敵方に見つかるに違いありません。だからといって露顕を恐れ、口上で伝えようとすれば、拷問され、白状させられるでしょう。書状が見つかっても、白状させられても、ことは失敗に終らざるをえません。畏れながら弁千代に使者を命ぜられるならば、たとえ捕えられて拷問にあい、鈍刀で頭を押しきるように賽の目に斬りきざまれても、白状しません。ここにとどまって御前で御役に立ちたいと思いますが、両上杉殿の首を一度に取るはたらきよりも、今夜の戦いの手だてを城内に間違いなく伝えることこそ殿の御ために大切かと思います」といって、駿馬を駆り、口取りの者も連れず、上杉方の武士を装ってただ一騎川越城内にやすやすと入った。弁千代は寵愛する側仕の若衆であったから、氏康公はひとしお名残りを惜しまれた。

その夜半に合戦があり、氏康公は上杉勢に斬り勝った。上杉勢はことごとく敗退し、一万人余りが討死した。かねて北条家に内通していた大石・小幡・白倉・藤田・由良・見田・萩谷・筑日らはみな氏康方に寝返った。しかし氏康方は少勢であり、ことに夜戦でもあったので、両上杉殿はともに討死をまぬがれ、憲政公は平井へ帰陣した。北条家に武略に行った本間江州は、かねて用意していて、朱色の九つ提灯に九つとも火を入れ、「目のあかぬ主君のために今夜の夜戦の目明かしをつとめる」と名乗って、大道寺政重と遭遇し、「わたしを討ってこの差物《さしもの》を北条家の続く限り差してほしい」といい置いて、討死した。

敵方というものの、剛勇な武士の遺言なので、当代までも北条家の大道寺は九つ提灯を金でつくり、差物としている。小纏《こまとい》は北条家のこの差物にはじまったのである。その後、「本間江州、猪股左近のいったことはやはり事実であった」と憲政公はいい、家臣らはまた両人を誉めたたえた。

一方、菅野大膳、上原兵庫は、憲政公よりさきに逃げ帰ったが、すぐれた武士はみな討死し、残った者は逃げてきた武士ばかりであったから、とくに非難もされなかった。この合戦は天文七年（一五三八）七月十五日の夜のことであった。

管領山内憲政公が臆病であったために、無思慮に姦臣上原兵庫助、菅野大膳のいうがままになったのは右の通りである。『三略』に「内は貪りながら外は廉直を装い、誉れを偽り高名を詐取し、報賞・官位を盗んで恩恵を一人じめにする。上下を欺き、身を飾り、もっともらしい顔つきで、高官を得る。これを盗人の始まりという」とある。また「賢臣が側近くにいると邪臣は遠ざかり、邪臣が側近くにいるときは賢臣は身命を失う。この遠近をあやまると戦乱が何代も続き、家臣が主君を疑うときには姦《よこしま》な者が集まる」とある。憲政公は、伊玄入道の諫言を聞かず、耳ざわりのいいその場かぎりの追従をいう者の言葉を取りあげたので、この品を「犛牛《みようご》の巻」と名づける。

天正三年（一五七五）六月吉日　　高坂弾正忠昌信記す

長坂長閑老
跡部勝資殿へ

品第十四　四君子犛牛《みやうごの》巻四　強過ぎたる大将の事　長篠合戦の次第

付けたり　信長公、家康公智謀深き事　同《おなじく》三方原《みかたがはら》合戦物語の事

一、第四番に、強過ぎたる大将は、心たけく気はしりて、大略弁舌も明らかにものをいひ、智恵ひとにすぐれ、何事につきても弱みなることを嫌ひ給へど、しかもつねには短気なることもなく、少しも喧狂《けんきやう》にあり給はず、いかにも静かに奥深く見え奉る故《ゆゑ》、家老の諫めを申し上ぐるも、「何ぞ弱めなることを言上《ごんじやう》して、気に違《ちが》ひ申さんか」と存ずるにつき、十箇条の儀は五つもやう〱申せども心に気遣ひあるにつき、五箇条のことも三箇条はその理屈聞えかね候ものなり。それによつて「家老のものいふことみな戯言《たはこと》」と思《おぼ》し食《め》して、主《ぬし》の心を本《ほん》として我がまゝなる思案ばかりあるといへども、前代の父また名大将にてましませば、親父《しんぷ》へ礼儀のために、心に合はねど先づ家老を召し集めてたび〱談合《だんかう》などあそばし候へども、気のたけすぎたる大将の下にて各々申し分一つも役に立たざる様子を、悪しき侍の、頭ばかりに分別ありて前後を弁《わきま》へず当座《たうざ》〱と思案する意地のきたなきひと罷り出で、前代家老衆ばかりに口をきかせつるうらやましきに、「このたび代替りに大将の

気に合ふて、我々もよき家老の内にならん」と思ひ、心のむさき者ども一両人いひ合はせ、大将の気に合ふなり。まことに久しき家の奉公人なれば、文学をも少しは仕つり、古語を引きても強きことを穿鑿《せんさく》なしに申し上げ、大将の気に合ふやうに諫め申せば、そこにて大将思し食すは、「さらば我ばかりにてもなし。内の者にも我とひとつの工夫ありて、ことさら古人の詞《ことば》をも申し聞かすれば、いづれに某《それがし》思案するところ少しも悪しからじ」と強き大将思し食す。その古語は、「途中の受用は虎の山に靠《よ》るが如し」と申して、虎は猛き獣《けだもの》なれば、餌《ゑ》をはみて、そのところへ少しも貪着《とんぢやく》なく山へ行くを、猛き大将に喩へまゐらせ候ぞ。「必ず前代の大将より、後代の大将は一入《ひとしほ》強みをなされねば、ひとは誉めぬなり。前後ひとつなれば、後のを弱きと申して、諸侍のことはさてをきぬ、地下人《ぢげにん》・町人までも大将をあなどり、下知《げち》を承らず」などゝ申すにつき、この諫めにてはその大将なほ強み過ぐるは大物怪《おほもつけ》なり。

さてまたいづれの家にても、勝利を失ひ給ふ大将をば、諸人誉めながらもかろく存ずるぞ。先づ信州平賀成頼、「いかばかり覚えの名大将」と申したるげに候へども、武田二十六代目信虎公に討ち負けて討死すれば、その名は申し伝へず。越後長尾為景、越中のしかと大将なき我《われ》もちの侍どもにあふて討死なれば、子息輝虎の十分一も四方にて名をよばず。信州更科の村上殿、「浅からぬ覚えの大将」と申せども、武田二十七代目の信玄入道晴信公にし負けて、村上我が持ち分を捨て越後へ立ち退き、我より若き輝虎をたのみ給へば、これもつて、諸人村上殿を誉めず候。但し、「長尾輝虎、越中・加賀の衆に負け給へど、何とて名高くいふぞ」とおぼしめすべし。それは、輝虎のちまた工夫ありて、「加賀・越中の大将なきわれ〳〵もちの侍を、北条氏康、武田信玄などのやうに真《しん》にあてがふて遅れをとる。一揆《いつき》にはみだりにあてがはん」とて輝虎、家中をわれ意地ましにかゝらせ給ふ故、翌年の合戦は大きに輝虎勝ち、加賀の尾山といふところまで追ひ討ちにあそばす。これはおほかたならぬ弓矢の上手にて、日本国中に末代《まつだい》までも手本にならん。しかれども下劣は武勇をも恐れず、歌に作りてうたふ。その歌は、〽さても越後の輝虎様は、関東おもてはおてらしあるげな、加賀の鑓《やり》にはおくもりあり候〳〵、とうたふ。

また、尾州織田信長は、日本にて上杉管領入道輝虎につゞきては織田右大臣信長とて、信玄公他界まし〳〵て後は、両大将を弓矢の花のもとに申す。なかにも信長は、六年このかた都の異見なれば、武辺《ぶへん》の強みなる場数《ばかず》は輝虎といへども、結句《けつく》大形《おほかた》信長と名をよぶ者多し。この信長をも下臈《げらふ》の作り歌に、〽一にうきこと金崎《かねがさき》、二にはうきこと志賀の陣、三に福島・野田ののき口〳〵、とうたひ申す。その越前金崎の時、三河家康、信長をすけて若狭国へ働く。浅井備前、越前をすけて金崎へ後詰《ごづめ》といふを聞き、信長は家康を捨て敗軍なるを、家康はまた若狭侍を存分のごとくしつめ、尋常にまかり退《の》く。近国へ聞ゆる若き者剛《かう》なる心操《こころばせ》なり。家康二十六、七歳の時分かと覚え候が、「信長に十双倍も強からん」と信玄家にても批判あり。

また信長、野田・福島の時は、美濃国土岐殿譜代筋稲葉伊予守といふ侍を、信長譜代衆をも「この伊予守が下知につけ」とて、信長自筆の手形を稲葉に給はる。尾州譜代衆、「美濃先方の采配につかんこと口惜しき」とて、腹立つは理《ことわり》なり。さて敵は大坂・堺衆へ、阿波・播磨よりも加勢ある。しかも大将なき寄合衆なれば、ひよんなる評議ありて、何時《なんどき》しかくる事も存ぜず。信長の旗本は木幡山にましませば、いずれ大事と心得、稲葉伊予守が下知をもつて、惣陣《そうぢん》のまはりに堀をほり、柵《しやく》を付け、莚《むしろ》・薦《こも》を張り、内のみえぬやうに仕つり、「篝《かゞり》を焼《た》くべからず」「用心よばはるべからず」などと法度《はつと》すれば、信長譜代の大身衆申すは、「陣にて篝焼かず、用心よばはらず、その上敵の大将は一向坊主《いつかうばうず》なるに、柵《しやく》を付け、莚《むしろ》をはり、気遣ひする」とて稲葉伊予守を大小・上下ともに悪口《あくこう》いたす。

さて信長は「叡山敵になり、また越前を引き出だす」と注進を聞き、坂本にて義景と対陣にこり給ふ故か、野田・福島の先衆へ飛脚ばかり越し、捨てて信長は早々岐阜へ立ち退《の》かるゝ。この一左右《いつさう》を聞き、信長先衆夜中に引き取る時、稲葉伊予守右《みぎ》に定むる様子ことごとくよきことなれば、各々悪しう申したる衆、稲葉伊予守を誉むる。これとても信長その時分は若けれども、よき大将故、「ひとの目利《めき》き上手にてまします」と信玄公御家にても誉むる。

就中《なかんづく》信玄公は、十六歳の極月《ごくげつ》より五十三歳の四月十二日他界の日までも、終《つひ》にまきたる城をまきほぐし、あるいは敵の向ふと聞き、先手を捨てて甲州へ逃げ給ふこと、日本の諸仏・諸神も照覧あれ、かりそめにもなし。昔の儀は、当屋形勝頼公は御存知あるまじ。長坂長閑よく知り給ふべし。右のごとく強みなる大将故、敵の国にて、信玄公を雑人《ざふにん》も歌にうたふたる沙汰もなし。かほどよく剛強《がうきやう》なる大将、前代にもさのみなし。さて末代にもあまり多くはあるまじい。されども文武二道の嗜《たしな》みあそばし、物ごとを花奢《きやしや》に強くとあるにより、合戦に勝ちなされても敵の大将を誹《そし》らず。勝利を得てはなほもつて大事に思ひ、分国境目《さかひめ》三河にては設楽《したら》郡、美濃にては土岐・遠山、遠州にて二俣、相模にて真庄、上野《かうづけ》にて石倉・鷹巣、越中にて神保・椎名、飛騨の江間、信州にては越後の境目各々へ、「用心きびしく仕つれ」とある書状を指し越すことを全く仕置なさるゝ。

また天文十三年に信州戸石にて合戦の時、甘利備前守・飯富兵部少輔・板垣駿河守・小山田備中、信玄家にてむねとの先衆、村上義清に切りくづされ、信玄衆こと〴〵く敗軍して、ことに先手《さきて》の侍大将甘利備前守討死する。旗本より検使の横田備中も討死なり。同十郎兵衛は、その年二十にて、朝のせりあひに村上家にて覚えの足軽大将小島五郎左衛門を組打に仕つり、深手を負《の》ふて退く。その外《ほか》横田備中が同心ども、このせりあひによき者二十人にあまり手負ひ・死人ある故、横田備中返して討死の時、一入《ひとしほ》早く討たれぬ。

　さありてこの合戦、信玄公の負けなるを、山本勘助と加藤駿河と見切《みきり》をよくして、諸住《もろずみ》豊後・小山田備中・日向大和・今井伊勢守、この四頭《よかしら》をもつてもり返し、敵を三百二十余り討《う》ちとり、やう〳〵芝居《しばゐ》をふまへ給ふ。戸石くづれとて、この合戦は信玄公大形《おほかた》負け給ふやうにあれども、芝居をふみしづめなさるれば、村上終に敗北して、信玄公のこれも勝ちなり。負け合戦に、芝居は何としても場所ふまへられぬものなり。無案内のひと〴〵は「よき者あまた討死仕つりたるほどに信玄公の負けか」と申せども、昔義経公八島の磯の合戦に二千余りの旗本を八十三騎に討ちなされ給へど、場を立ちのかざれば敵は敗軍して義経公の勝ちなり。惣別《そうべつ》、軍《いくさ》は、唐《から》・日本にて昔の様子をもつて批判なさるべし。さりながらこの戸石合戦、信玄公の御代に一《いち》の無手際なる合戦なり。この時節は、信玄公少しも大事になされず、帰陣ありてより何の仕置の沙汰もなく、猿楽を集め、七日の間能をさせて見物ある。若くましまする時よりも、みなひとの存ずるに各別《かくべつ》なるは信玄公なり。

　その子細は、武辺専らかと見申せば、能に好き、歌をよみ、詩を作り、花奢《きやしや》・風流《ふうりう》にして、遊山《ゆさん》・見物専らかと思へば、諏訪《すは》の春芳、甲州の八田村、京の松木珪琳などゝ申す地《ぢ》下人《げにん》・町人を召し寄せ給ふ。この者ども出頭してうはもるかと見れば、信玄公御詞《ことば》のしげくかゝるほど日々に慇懃《いんぎん》になり、諸侍をあがむる。また大工をも崇敬《そうきやう》あり、数百両の金子を下され、都へのぼせ、菊亭殿御肝煎《きもいり》をもつて、この大工を飛騨になされ候へば、飛騨定めて諸侍に無礼をもいたすかと思へば、小人《こびと》・中間衆《ちゆうげんしゆう》までに珍重廃亡《ちんちようはいまう》する。かくの如くひとを召し遣ひ給ふにより、番匠小路《ばんしやうこうぢ》は飛騨承りてたつる。たくみ町・銀《しろがね》町各々町中も地《ぢ》下《げ》も、八田村・春芳・珪琳《けいりん》それ〴〵に肝煎る故地下も細工《さいく》人《にん》も繁昌して、諸侍事欠くことなし。『三略』に曰く「四民用《も》つて虚《むなし》きときは国乃《すなは》ち儲《たくはへ》無し、四民用《も》つて足るときは国乃《すなは》ち安楽なり」とある儀にてもあらんか。また一向宗の長遠寺を崇敬ある。かの僧他国へゆき、計策の後二、三度目には、必ず日向《ひなた》源藤斎を越し給ひて、疑ひもなく味方に定めらるゝ。これもまた『三略』に曰く「計策に非ざればもつて嫌《けん》を決し、疑ひを定むること無し」といふ心をも、強過ぎたる大将は、計策・武略の智恵をば、弱きに相似たるとて嫌ひなさるゝ。その意地をさして強過ぎたると申すなり。

過ぎて悪しきことを、高坂弾正が物にたくらべて申すを、よく聞きて非太刀《ひだち》を打ち給へ、長坂長閑老、跡部大炊助殿。先づ世間に土は、重宝なる物にて、田地・家をも土の上に作り、ひとを助くる物なれど、自然岸ぎはなどに風を防ぐとて、家持つたる者あるに、長雨にて蛇崩《じやくづれ》して、重宝なる土が必ずひとを殺すは、過ぎて悪しきことなり。水は、人間の食ぶる物をしたゝめ、万《よろづ》に重宝なれども、大水の時は迷惑いたす。これまた過ぎてあしき物なり。さて火といふ物は、これもひとを助くる重宝なれども、過ぐれば焼亡《ぜうまう》と申して迷惑なり。また温天《うんてん》の時分に風ほどうれしき物はなけれども、吹き過ぐれば大風とて、ひとの損すること多し。これもつて過ぎて悪しき物なり。さるほどに大将の強過ぎ給へば、いくたりのひとを大小ともに非業《ひごふ》の死《しに》をさせ給ふものなり。よき侍を非道《ひだう》にて失ひなさるゝは、国持つ大将の大いなる損にて候。

惣別《そうべつ》、侍には、いろいろなきやうにても四人《よつたり》あり。第一に剛強にて分別《ふんべつ》・才覚《さいかく》ある男、上。第二には剛にして気のきいたる男、中。第三に武辺《ぶへん》の手柄を望み、一道に好く男、下。第四に人並の男なり。

一、上の剛強なる男の仕形《しかた》は、平生《へいぜい》も、陣の時は猶もつてひとにかまはず働き、前にも我がことわざを分別にて工夫し、その場へ出でては気のきいたる才覚をもつて手柄をせんと思ふにより、ひとにも一円《いちゑん》構はぬ者なり。一、中の気のきいたる男は、上のひとに負けじと気をきいて馳り廻り、上のひとに劣りて見えぬ者なり。一、下の男は、ただ何の儀もなく、上・中のひとがゆかば我等もまゐらむとて、二人のひとに目を付けて付きそひ廻る者なり。一、その外《ほか》の男は、みな人並と申す者なり。

上の男は侍百人のなかに二人、中の男は百人のなかに六人、下の男は百人のなかに十二人、残りて八十人は人並なり。その人並のうちに、無心懸《ぶこゝろがけ》なるひとをさして、世間に申し渡る臆病人なり。物前にて腰たゝず無性《ぶしやう》になるひとは、本《ほん》の臆病者とて、結句《けつく》兵《つはもの》よりも稀《まれ》なれば、侍千人のなかにもやう〳〵一人あり。

また右すぐれて二十人のごとくなる者、千の備へには歩者《かちもの》に侍小者《こもの》へかけて、二、三十もあるべし。それは勝頼公も御存知あらん。定めて長坂長閑、跡部大炊助は猶もつて知り給はん。原美濃が小者ほつせん、小幡山城が小者藤右衛門、多田淡路が小者新六、これらはたび〳〵の手柄を仕つれば、結句《けつく》悴者《かせもの》・小者にて手柄者あらん。

さてまた一切の侍衆のうちにも四人と、また高坂弾正が小眼《こまなこ》より見立てゝ候。聞き給へ、長坂長閑老、跡部大炊助殿。一番に少しも戯《たは》けずして兵《つはもの》あり。二番に馬嫁《ばか》にて兵あり。三番に利発にて臆病なるひとあり。四番に馬嫁にて臆病なるひとあり。
一、利発にて心の剛なるひとをば、世間の者憎むなり。一、利発にて臆病なる者は、ひとの気に入りて走り廻り、近づき多し。一、馬嫁にて兵は、手柄をいたしても、あまりひとが存ぜぬ者なり。一、馬嫁にて臆病なるをば、ひとの嬲者《なぶりもの》になり、結句として衆人多し。
さてまた国持つ大将の戯け給ひて、家老のよきは鉄炮打《てつぱう》つ敵に向ふごとし。敵の時、聞いて奥深くして、無事になりて、その大将の様子を見て、「造作《ざうさ》もなく、敵になりても勝たん」と思ふごとく、鉄炮は一町の内外にておぞめども、手と手を取り合ふ時は、薬《くすり》もつがせぬものなり。大将よくしてよき家老のなきは、兵法つかひの上手のごとし。敵の時その家中よき者なければあさく聞けども、無事になりて大将につきあひ、金言妙句を宣《のたま》へば、

「この大将の前にては卒爾《そつじ》に物もいはれず、敵になりて大事なり」と存ずるごとく、兵法つかひをば他国にて聞きてさほど思はねども、打ち合せ勝負をしてひと手とらぬものと見え候へば、これもつて遠慮なされざるは勿躰《もったい》なきことにて候。勝頼公のそれ〴〵に気遣ひなさるゝ儀、偏《ひと》へに長坂長閑老、跡部大炊助殿よき分別肝要なり。

ことさら強過ぎたる大将の作法は、遠慮もせず、何事をも強みとばかりあそばすにつき、その下の諸侍遠慮もなく、少しのこぜりあひにも討死の人多し。右に申す百人のなかにて、上・中・下合せて二十人の兵《つはもの》みな死に失《う》する。子細は、数人のうちより選み出だされたる大剛の者ども遠慮せず、強みと心がくれば死ぬより外《ほか》別事なし。たとひ生きてもかたはになる深手を負ひ、以来思ふさまの手柄ならねばなきと同事なり。さては残る百人のうち、八十人の侍ばかり居て、何事につきても中篇《ちゆうへん》に思案仕つり、よく知りたることをも知らぬやうに取りなし、ことのほか身を大事にして、「とかく強過ぎたる大将の下にて討死などして、妻子どもに別れんより、引きこまん」と存知《ぞんぢ》、物《もつ》をしたむるとて虚病《きよびやう》をかまへ、軍《ぐん》役《やく》を欠き、武具をも嗜まねば、「もしあらはれやせん」とてそこにて出頭衆へ草づとを恵む。ここをもつて、古人も「世《せ》滞《たい》流《る》布《ふ》は猿の檻《かん》に投ずるに似たり」とは、身を持ちたがり、あがきまはる侍のうはさなり。

その侍が、必ず奉公の忠節・忠功もなくして、知行を欲しがるは、蔵《くら》や土《ど》蔵《ざう》のしりを切る盗人よりは劣りなり。そのいはれは、盗人はあらはるれば、また命を失ふ。この侍、武士の働き、三十に余り四十に及べどもよきこともなくて、所領を望むは、盗人のうちにても一入《ひとしほ》未練の盗賊なり。ここをまた長閑聞き給へ。悪しき人並の侍も、名大将のしやうにて大《おほ》合戦に勝ち給ふ時は、件《くだん》の盗人侍ども、捨頸《すてくび》の一つ二つは拾《ひら》ふて、また、よき大剛の衆にひと討ちはぐるゝこともあるべし。これたゞ国持つ大将の肝要に分別なさるゝところなり。信玄公かやうの批判、なか〳〵日本のことは申すに及ばず、大国にもさのみ稀《まれ》ならんと存ずるほどなり。強過ぎたる大将は、我が働きばかりに構ひ、何の穿鑿《せんさく》もなきものなり。

さて右に申す猿のごとくなる人並の侍、身に余りたる欲を思ひ、あがき廻るを、天道の憎み給へば、もとより強過ぎたる大将、聞き出だし給ひてから、猿のごとくなる侍を、悉《ことごと》く方薬払《はうやくばらひ》といふものになさるれば、よき衆は討死し、残る久しき者は払はれ、ひとにこと欠き給ふにより、結句右の猿侍に劣りの地下人どもをよび出し、近習と名付け、置き給へど、終《つひ》に公界をいたさねば、心は猿のやうにて、始めの衆より作法を知らず。その知らぬ分が劣りにてさん〴〵悪しき家中ぶりとなるは、偏《ひと》へに大将の強み過ぎて、十の儀を十ながら勝つやうにあそばす故なり。信玄公御在世《ございせい》の時宣《のたま》ふは、「十のもの六つ七つの勝ちは十分なり。十分に勝てば怪我ありて、後《のち》は一分《いちぶん》も勝ちはならぬ」と我等ばかりにてもなし、各々家老衆へたびく仰せられ候。そのごとく、駿河義元公あまりかさみて、信長に負け討たれ給ひて後、よき衆はわきへなる。猿のごとくの侍を氏真公崇敬につきて、諸侍よき作法をとり失ひ、厩別当《むまやべつたう》の小身なる三田村が茶碗《ちやわん》一つを三千貫にて買ひつるを氏真公御前衆、所望してこれを見て三田村茶碗と名付くる。「これを買ふは七度の鑓《やり》より手柄」とて誉むる。これみな作法知らぬ猿のごとくなる侍の、身のほども知らず、大身衆・有徳人の真似をして、堺の紹鷗が流の茶の湯に好く故なり。

さて大将強過ぎ給へば、つねにきほふて終に怪我あり。怪我あれば負けて、よき侍は大《おほ》形《かた》果つる。よき者果つれば、猿のごとくなる侍ども残り居て作法悪しくなる。作法悪しければ武辺はなほも弱し。弱ければ、強み過ぎたる大将も弱き名を取り給ふ。さてこそ、前に強過ぎたる大将、末に弱き大将にひとつなりと書きしるす。かくの如くの大将を誰《たれ》ぞとたづぬるに、武田二十八代目の四郎勝頼公にて御座候。そのいはれは、このたび長篠にて分別違ひて、去年戌《いぬ》の極月備へ定めの談合を破り、待ちて勝つ敵に此方《こなた》より競《きほ》ひかゝつて合戦の儀、沙汰外《ぐわい》なり。

子細は、敵の大将強みも分別も四十二歳なれば、年いづれもさかりの信長父子三人、海道一番の家康三十四歳なれば、これも分別巳《み》の時なり。しかも嫡子の三郎当年十七歳なれども、三十の男より打上りたるすくやか者にて結句家康にも非太刀《ひだち》を打たんとかゝるじやれ者と、家康も父子二人、合せて五大将が十四箇国半の勢《せい》なり。但し三箇国を各々境目の押へに置くべし。これは、中国毛利家の押へばかり。越前は七年以前、永禄十二巳《み》の年六月二十八日に、信長・家康両人にし負け候へば、これもつて我が身の用心にて、信長国を望むにはあらず、押へ四千ばかりにてしかるべし。伊賀の国その外に一万、中国に一万、合せて二万四千。但し三箇国の人数《にんじゅ》大づもりかくの如し。残りて家康の国を添へて、十一箇国半なり。大国・中・小をゆり合せ、一国に八千づゝの大づもりにすれば、かたく九万二千なり。

また、味方の国は、信濃・甲州・駿河三箇国。さて遠州半《なかば》・上野《かうづけ》半合せて一国。この外三河一郡・美濃二郡・越中二郡・飛驒半国・武蔵の内少し、取り合すれば中の国一国ほどなり。以上五箇国の人数は、右の如くにつもれば四万なれども、信玄公御在世の時なされやうにて信州に人数多うしてちとよけいあれども、駿州小国にてたゞ五千ある故、甲州家の惣着到《そうちやくたう》四万八千なり。小田原北条家の惣着到に二万二千五百少なし。北条家は七万五百と聞く。信玄公の時、各々家老衆大づもりこの分《ぶん》なり。我等なき後にても、御心得のためかくの如くに候。長坂長閑老、跡部大炊助殿。

さてこのたび長篠にて信長の人数九万二千五百といへども、かたく七万あまりあるべし。子細は、遠き国の衆は役儀《やくぎ》をへらすをもつてかくの如し。

さて味方は遠州、家康と分持《わけもち》なればこの人数動かず。駿河は、信玄公御他界より三年このかた北条氏政表裏《へうり》のやうにてこの用心に駿河勢働かず。上野衆も武蔵、氏政のもちなる故後に人数を残し置く。三河・美濃・飛驒・越中、勿論《もちろん》境目なれば、加勢をこそ尤《もつと》もなれども、さなくてはこの人数よぶに及ばず。信州勢は、越後の謙信公大強敵《だいがうてき》の老功にて、ことにこのごろは加賀・越中かけて六箇国に及び手に入れたまへば、この押へに一万三千の人数を置き給ふこと、信玄公の時より備へ定めかくの如し。冬甲州勢の多きは、越後の押へ入らざる故なり。

さありて、このたび長篠にて勝頼公の人数、甲州衆、上野原に加藤丹後を残し置き、その余は一円《いちゑん》にたちて、これ八千なり。上野衆四千、信濃より六千、合せて一万八千の内、鳶《とび》が巣《す》に千、また長篠城奥平押へに千置きて、残る一万六千をもつて、七万あまりの人数の節所《せつしよ》を三つまで構へ、柵《しやく》の木を三重《みへ》ふりて待ち構へてゐるところへ面《おもて》もふらずかゝるは、敵四人にこなた一人のつもりなれども、節所と柵の木とを考ふればこれまた敵に十万の加勢なり。喩へば、十七万の人数の籠りたる城を一万六千にて攻めたるごとくなり。信玄公つねの智略にも、千籠りたる城をば一万の人数にて攻めん、と定め給ふ。「五千にてはことあやふし」とある御出語は定めて長坂長閑、跡部大炊助少しも失念あるまじきところに、若き屋形のしかも心の剛強にましますを、「前代より強く」と諫め申す。信玄公より強くあそばせば、それがはや強み過ぎたるといふことなり。

過ぐれば必ず怪我ありといふ。怪我あれば、それを名付けて負けたると申す。負くればよき者をみな失はれて、猿のやうなる男ばかり多く残り居て、よき侍の、不思議に命助かりて、大勢の中に五人、十人あるを、人並の猿男どもよきひとを猜み、討死したる侍衆の手柄をいひだし、「今ここに残る衆はまへの衆の足もとほどもなき」と取り沙汰すれど、さいふ猿侍は、三十に余り四十に及べども、よろしく放し討ちの成敗《せいばい》ものを一度仕つりたることなし。それを恥しきと存ぜず、口ばかりきくひとは何事もせず、終にはその者六十、七十までもよきことなくて果つるを、世間に申しなす臆病武者このひとなり。

　かやうの者をば信玄公大きに嫌ひ給ひ、信州上田原合戦ありて後、外様近習只来《ただらい》五左衛門と申す者、「三十七、八まで我は何もせずしてひとの褒貶《ほうへん》を申す」とて、信玄公立腹《りつぷく》ましく〳〵、日向大和・内藤修理正両人をもつて、七度使を立てられ、七度目に書付けを指《さ》し下し給ふ。その趣《おもむき》は、「その方こと数度のせりあひ合戦に何にても終にしかるべきこと覚えず。十度ことに逢ふて九度はづるゝとも、せめては一度心操《こころばせ》あればひとの褒貶も尤もなり。侍の、褒貶なければ一段無穿鑿《ぶせんさく》なるものにて候へば、各々傍輩《はうばい》中の褒貶は侍衆嗜《たしな》みのもとなれば、ゆく〳〵予が戈《ほこ》さきの強くなる道理にて、某《それがし》も憶意《おくい》はよろこぶといへども、この只来五左衛門は、旗本において我が代に今まで幾度のせりあひ、大合戦あるいは城を攻めとる時一度の手柄もなくして、諸傍輩の取り沙汰仕つり、ひとに腹を立たするは大悪党人なり」とあそばして、二十人衆に仰せ付けられ、すなはちからめとり、相川のはたにて縛頸《しばりくび》を斬られ申す。長坂長閑はよく覚え給ふべし。

右の只来五左衛門がやうなる侍は、地謡男《ぢうたひ》と名付けたり。子細は、猿楽の、太夫をのけて脇《わき》・つれ・笛・大筒・小筒・太鼓・狂言にいたるまで、家職を励ます者は、いづれもひと役いたす。勿論そのうちにて上手ばかりもなければ甲乙もあるものなるを、無嗜《ぶたしなみ》にて何の役もせぬ猿楽が、素人《しらうと》の所へ来りて、「今の太夫は下手で」「上手で」、脇・つゞみ・笛・太鼓いづれをも「よき」「あしき」の沙汰をいふて、「その方は」とひとが問へば「我等は地謡の役なり」と申す。うたひをよく謡《うた》はゞ、わきかつれか立役《たちやく》をすべきことなれども、自慢の謡もへたなれば何もならずして、おのれが無能をば取り置きて、ひとの芸の善悪ばかりいふて、素人の前にては芸者ぶりをして、能の時は地謡のなかにゐる猿楽のごとく、人並なる男のうちにて少し口のきいたる者が、鼻元ばかりに思案あれば、我が身の三十、四十になるまでもよきことなきをば知らずして、ひとの善悪を申し、「貴殿は何をなされたる」と傍輩達に問はれては、「ことにあふたらば是非《ぜひ》仕つらん」といふて、五十になるまで何のこともせで、ひとに悪しういはるゝを「大事もなき」と申すを地謡武士とこれをいふ。また、大事なし侍とも申すべし。

衰ゆる家にては、この地謡男や利根《りこん》にて臆病なる男や馬嫁にて臆病なる男や惣別《そうべつ》悪しき者の繁昌するは、きずのある大将の下にて出頭人《しゆつとうにん》が君のためを思はぬ故ぞかし。かやうなるをさして末になりたる家とは申すぞ。

その方長閑子息長坂源五郎、信玄公の御意に違《ちが》ひ候こと、先づ大形は四箇条なり。一、せがれの利根《りこん》過ぎたるを信玄公嫌ひ給ふとて、硯箱のうへに料紙《れうし》のあるを紙・硯御用の時、上の紙に取りそへ、筆台のふたばかりもちて参り、つくりばかをいたすこと。一、落合彦助と土屋平三郎をすゝめあはせ喧嘩をさせ、佞人《ねいじん》意地むさきこと。一、川中島合戦の時、二十人頭《がしら》・小人頭《こびとがしら》各々よく付き奉るなかに、原大隅一入《ひとしほ》手柄の儀を長坂源五郎猜《そね》むとて、信玄公仰せらるゝは、「家に久しき侍の、ことに我が心やすくつかふ者どもは、諸人我に忠節仕つる者をば、ひごろ傍輩仲わろくとも懇《ねんご》いたし、我が前へよく取りなしてこそ我を思ふなれ。喩へば親の長閑が煩《わづらひ》を治したる薬師《くすし》をば定めて馳走仕つらん。そのごとく大切に存ずる主の用に立ち、手柄をしたる者の、しかも小者頭にてあるに、随分《ずいぶん》だてをする侍が、我に奉公したる原大隅を憎むは、よく〳〵信玄に長坂源五郎は表裏あり」と仰せられつること。一、その後古籠屋《ふるろうや》小路《かうぢ》勝沼殿の半衆《はしたしゆう》と無行儀のこと。これ申すまじき儀なれども、何事につきても、以来のたくらべのためにかくの分《ぶん》なり。

さてまた大将の一方むきなるをばきずありと申す。強からんところをばよく強うあそばし、弱からんところをばよく弱く、こはからん所をばよくこはく、やはらかならんところをばよくやはらかに、かくの如くなるはよき大将と申す。かやうなる大将のしたにては、若き衆、是非と武辺を心がくる故、忠功・忠節の衆をばうらやましがるものなり。うらやましければ、必ずその手柄なるひとを崇《あがむ》るものなり。喩へば、よき児《ちご》・若衆《わかしゆ》を是非と望めば、その若衆の親類までを馳走するなり。また、物をよく書き習はんと思ふひとは、御右筆衆を馳走する。心にその君を大切に思ひ、「是非この君の用にたゝん」と存ずる侍は、必ずその君へ忠節したるひとを馳走する。その君を思はずして、恩ばかり受けて用に立つことを心がけぬ侍は、その家にて君に忠功・忠節したるひとを猜むものなり。この儀をよく御覧じわけ給へ、長坂長閑老、跡部大炊助殿。

就中《なかんづく》右に申す長篠合戦に、「馬場美濃守・山県三郎兵衛・内藤修理正《しゆりのかみ》三人、三箇条の諫めを申したる」と阿部加賀守が語り候。

一、「大敵にあふては隠遊《かくれあそび》をなさるゝものと聞き及び申し候間、先づ甲州へ馬を入れ給ひ、信長・家康きほひかゝつて後をしたひ申さば、信濃の内まで入れたて一合戦なされば、そこにては敵大軍なりとも、勝頼公の御勝ち必定ならん」と申すに、長坂長閑申すは、「新羅三郎公より武田始まりて信玄公まで二十七代の間、敵を見て引き籠み給ふことなきに、二十八代目勝頼公の御代に剣をまはし給はんこと如何《いかゞ》」と申すにつき、勝頼公その儀に任せ、引き入れ給はず。

次に馬場美濃申すは、「さらば長篠の城を我攻《がぜ》めにあそばし候はゞ、味方手負ひ・死人ともに千とつもりて候。子細は、この長篠の城に多うして鉄炮《てつぱう》五百丁あらん。しからば一時攻めには、始めの鉄炮にて五百討死、二番目にてはあはて打ちなるべし。これは手負ひ五百、さてこそ手負ひ・死人ともに千とは申せども、その内また手負ひ・死人少しはなきことも御座あるべし。それをしほに御馬を入られ、尤も」と申す。また長坂長閑申すは、「味方一騎討たるれば、かたき千騎のつよりと承るに、この大敵をひきうけ、味方千の失墜《しつゝゐ》は如何《いかゞ》」と申せば、これも勝頼公、長閑儀を尤も思《おぼ》し食《め》す。

また馬場美濃申すは、「さらば城を攻め落し、掃除をいたし、城に屋形を置き奉りて、逍遥軒《せうえうけん》さまを始め御親類衆を悉くうしろに陣をとらせ申し、惣人数は御旗本の先備へにして、山県と内藤と拙者《せつしや》と三頭《かしら》、川を越し、時々のせりあひをして長陣《ながぢん》をはるにつきては、味方は信州より人夫の運送近し、敵は河内・和泉の人数《にんじゆ》もあれば、長陣ならずして、終には信長引き申すべし」とあるところに、長坂長閑申すは、「それは馬場美濃悪しき分別なり。信長ほどの大将がたゞ引き候はんや。押しかけて軍《いくさ》をする時、如何《いかん》」と長閑いへば、馬場美濃申さるゝ、「そこにては合戦をなされで叶《かな》はぬこと」といへば長閑申すは「あなたにしかけられて合戦なされんも、こなたよりすゝみ給はんも、ひとつ道理にて候」と申し上ぐれば、長閑儀を勝頼公大きに合点《がてん》ましく〳〵て、「御旗・楯《たて》なしぞ、明日の合戦のばすまじき」と御誓文《ごせいもん》なり。御旗は八幡太郎義家公の御旗なり。楯なしとは新羅三郎公の御具足なり。

この誓文なされてより、よくもあしくも変改《へんがへ》なき武田の大将の作法なれば、勝頼公御誓文の上は各々家老「尤《もつと》も」と申す。天正三年五月二十一日に合戦ありて、三時《みとき》ばかりたゝかふて柵《しやく》の木際《きぎは》へ押つめ、右は馬場美濃、二番に真田源太左衛門・同兵部介、三番に土屋右衛門尉、四番に穴山、五番に一条殿、以上五手、左は山県を始めて五手、中は内藤これ五手、いづれも馬をば大将と役者と一備へのなかに七、八人乗り、残りはみな馬をば後にひかせ、おりたつて鑓《やり》をとつて一備へぎりにかゝる。右の方《かた》土屋衆と一条殿衆・穴山衆は、信長家の家老佐久門右衛門が方の柵《しやく》の木《き》を二重まで破るといへども、味方は少軍なり、敵は多勢なり。ことに柵の木三重まであれば、城攻めのごとくにして、大将ども悉く鉄炮にあたり死する。

されども山県三郎兵衛首《しるし》をば、志村といふ被官があげて、しかも甲府へ持ち来り、敵にとられず。信長このとき付入《つけいれ》にいたすならば、なか〳〵国の滅却《めつきやく》疑ひあるまじ。これとても信玄公御在世の時、信濃の人数を一万五千づゝ某《それがし》にさしそへて置き給ふ。兼《かね》てつもりより二千少なく信濃に残るは、北条殿に気遣ひ、上野・駿河勢多く立たざる故なり。さてその仕置、当年ゆきあたりて二千越後の押へに置き、一万千をめしつれ駒場まで御迎ひに参るを、敵奥深く存知候は、偏《ひと》へに信玄公未来までも手柄をなさるゝ心なり。

信長家には、この長篠合戦を信玄公に勝ちたるとて、塚をつきて信玄墳《づか》と名付くること、これ西国への覚えのためなり。また小身にても家康誠《まこと》多く、強みを心がけ、全き弓取なれば三河にては信玄に勝ちたるとさのみいはず。

惣別《そうべつ》、信長家にはあつたら弓取の虚言《そらごと》多し。子細は、義元に勝ちたる時も今川の人数六万に勝ちたるといふ。そもそも末代にも分別なされよ、三河・遠州・駿河三箇国にて何として人数六万あるべし。しかも小国なれば大づもりにもきう〳〵二万四千の人数なるを、ありやうに申せばなほもつて手柄なれども、いらざるうそにて、義元合戦などのためしまれなる本《ほん》の手柄まで浅く存ずるなり。

また信長長篠にて柵《しやく》の木《き》を結《ゆ》ひ給ふこと、強敵《がうてき》にあふて智略賢き誉れなるを、武田武者馬を入るゝといふ儀、それも虚言なり。長篠合戦場、馬を十騎とならべて乗るところにてなし。ことに信玄公の御時、四年以前に元亀三年壬申《みづのえさる》極月《ごくげつ》二十二日に、遠州三方が原にて、敵の大将家康三十一歳の時、信長衆も佐久間右衛門・平手・大垣卜全・安藤伊賀守・林・水野を始め各々来りてこの合戦にあふ。三方が原あしがゝりなけれども、これにさへ馬を入れず候。それは敵にても家康衆よく存ずべし。尾州にても平手討死なれば、この衆は定めて知り候はん。馬をならべて入るとあるは、まづ無案内なる批判なり。家康方九手に備へて、平手ともに十手なるが、家康うち酒井左衛門尉手に鑓あはずしてくづるゝ。その余は九手ながらにて鑓のあふに、馬上にての鑓を鑓と申すべく候や。これもつて武家に未聞《みもん》の取り沙汰なり。

また信玄衆犀ケ崕《さいががけ》へ落ちたると申す批判も、無穿鑿《ぶせんさく》にて我が味方を誹《そし》る心なり。子細は、家康衆・信長武者退《の》くところを信玄衆追ふてゆかば、先づ浜松方犀ケ崕へ飛びこみたらんにこそ武田方の軍兵も崕へ飛びこまんずれ。敵右へ逃ぐるに、何とて甲州勢左の犀ケ崕へ飛び入らん。たとへ飛び入りても、それが武士の弱みになることにてもなし。たゞ町人の批判に相似たる儀なり。

惣別《そうべつ》、信玄公の合戦は、働き前に取りかけんと思ふ国の絵図をもつて、各々侍大将打ち寄り、その国の嶮難《けんなん》の場を沙汰して、一の手・二の手・横鑓・脇備《わきぞな》へ・後備《うしろぞな》へ・小荷駄《こにだ》奉行《ぎやう》・ところによりてまぼる旗・遊軍《いうぐん》・押勢《おさへぜい》などゝ申すことわり候ひて、卒爾《そつじ》に崕などへころび落る儀、いづかたにてもさのみこれ無し。さやうにいたすを甲州の軍法といふ。但し刈り田などに行き、人夫の一、二人は在郷《ざいがう》などにて、自然穴《あな》へ落ることもあるべし。三方が原合戦の刻《きざみ》、崕へ落ちたる武田武者一人もなく候。家康武者もみだりに逃げたる衆なければ、結句《けつく》馬場美濃守は、「浜松衆の躯《むくろ》みな勝負をして死する故、こなたへ向きたる」と、信玄公御前にて家康衆を残らず誉め候。信長衆佐久間右衛門は、合戦にあはず浜松の城へ逃げ入る。その外《ほか》六、七手は、その夜に吉田・岡崎まで落ちつると聞く。これは三方が原の儀、馬を入るといふにつきてのこと。

さて長篠にて柵《しやく》の木もうち合せての儀は、勝頼若く候とも少勢なりとも、信長公老功にて大軍なれども合戦ちとあそばしにくうして柵をふり給へば、馬入るとあるはかざりことばかと見え候。

長篠へ信長首途《かどで》の発句《ほっく》は、

松風にたけたぐひなきあしたかな

といふ。百韻の内に、山県を始め各々武田の家の家老をことごとく入れ、武田調伏《てうぶく》の連歌《れんが》をあそばしたると聞ゆる。覚えの信長、若き勝頼の、しかも少人数なるにこれほど大事にいたすは、これたゞ信玄公の名高き故なり。

右信玄墳《づか》のこと、信長・家康ほどの弓取たちが、両大将よりあふて三年さきに死去ある信玄に勝ちたるといふて西国へひゞかするは、大国までもはゞかる信玄の御威光《ごあくわう》強し。

そもそも信玄公の他界ましますは、天正元年 癸 酉《みづのととり》四月十二日、すなはち都妙心寺に石塔あり。長篠合戦は天正三年乙亥《きのとゐ》五月二十一日なり。これほど大きに違《ちが》ふたるを、信玄公に勝てば、覚えの信長公、後の武功より長篠合戦はるゞうへと思はるゝは、偏《ひと》へに信玄公の、武勇・誉ればかりにてもなく、万事にととのほりたる名大将の故なるに、それより勝頼公強く働かんとあそばし、強みを過ごして遅れを取りなさるゝ。勝頼公強過ぎて、国を破り給はんこと疑ひあるまじい。悪しき侍の軽薄に誉め奉るを、よきことと思し食すは、全躰《ぜんたい》牛が尾の剣をねぶり、舌をきらして死するを知らず候にひとしければこそこの本を「四君子犛《みやうごの》牛巻」とは名付くるなり。件《くだん》の如し。

天正三年乙亥《きのとゐ》六月吉日　高坂弾正之を記す

長坂長閑老

跡部大炊助殿

参《まゐる》

品第十四　領国を失い家中を亡ぼす四人の武将四　強過ぎる武将のこと

長篠の合戦のありさま　付けたり　信長公、家康公の智謀の深いこと、同じく三方が原の合戦の物語

一、第四に、強過ぎる武将は、気性が激しく、癇が強く、大体において弁舌もさわやかではっきりものをいい、智恵はひとにまさり、何事につけても柔弱さを嫌い、いつもは短気なこともなく、少しも騒々しさがなく、いかにもものの静かで、あなどりがたい。それゆえ、家老は諫言するにも、「なにか柔弱なことをいって機嫌を損わないであろうか」と恐れるので、十箇条のうち、五箇条はどうやら口に出すものの、内心遠慮があるからその五箇条も三箇条は道理がよく通らないもののいいになる。そこで主君は、「家老のいうことはすべて囈言《たわごと》である」と考え、自分の思慮だけをもとにしたわがままな考えばかりをもつことになる。しかし、先代の父が名高いすぐれた武将なので、父に対する礼儀として、しぶしぶながらまず家老を召し集め、たびたび相談はするものの、気性の激し過ぎる武将のことであるから、各々のいうことがひとつも役に立たない。その様子を見て、目先だけの分

別しかなく、前後を考えずにその場その場だけの思案をする、心根が陋劣《ろうれつ》で、姦邪《かんじゃ》な者がでしゃばってきて、先代の家老ばかりが意見を述べていたのをうらやましく思っていたので「代がわりを機に主君のお気に入りとなり、家老衆の仲間になりたい」と考え、邪悪な心根の者どうし口裏をあわせて、何事も主君の気に入るようにつとめる。彼らは旧い家柄の家臣なので、学問も少しはあり、古人の言葉をひいても強くあるべきことばかりを、よく思慮もせずに申し上げ、主君の気に入るように諫言する。それを聞いて主君は、「やはり自分だけではなかった。家臣のなかにも自分と同じ考えの者がおり、さらには古人の言葉をも聞かせてくれるところからして、いずれにしても自分の考えは少しも悪くない」とお思いになる。その古言とは「途中の受用、虎の山によるが如し」である。虎は猛獣であるから餌を捕えようとしてところきらわず山中を自在に走り廻るが、それを剛強な武将に喩えた言葉である。「後代の武将は、先代の武将より一段と剛強なはたらきがないとひとは誉めません。先代の武将と同じですと、柔弱であるといわれ、武士はもちろん地下人《じげ》、町人にまでも侮《あなど》られ、少しも下知に従わなくなります」などといい、この諫言で、あろうことか、ますます強くなり過ぎてしまうのである。

どの家中でも勝ちを失った武将のことは誉めはしても軽んずる。信濃の平賀成頼は「なかなかの名武将である」との評判であったが、武田家二十六代信虎公に敗れ討死したので、その名は後代に伝わらなかった。越後の長尾為景は、きちんとした武将のいない各自ばらばらの一向宗の越中の国侍と戦って討死したので、嫡子の謙信の十分の一も諸国に名が知られていない。信濃の更科の村上義清は「かなりな名武将である」といわれていたが、武田家二十七代信玄公に敗れ、領国を捨てて越後へ逃げ、自分より年若の謙信を頼ったのでひとびとは村上義清を誉めないのである。しかし、「謙信は、越中・加賀の軍勢に敗れたのに、なぜ評判が高いのだろうか」と思うであろう。謙信は戦いに敗れてのち思案をめぐらし、「加賀・越中の武将のいない各自ばらばらの国侍に対して、北条氏康や武田信玄に対するようにまっとうに戦ったために敗れたのだ。一揆の軍勢には、てんでんばらばらな戦いかたをすべきなのだ」といい、家中の武士を勝手気ままに攻めさせたので、翌年の合戦では大いに勝ち、加賀の尾山まで敵方を追いつめた。これは尋常でない合戦の上手というべきであって、日本国において末代までも手本となるであろう。しかし下々の者はその武勇がわからず、〽さても越後の輝虎様は、関東おもてはお照らしあるげな、加賀の鐘にはお曇りあり候〳〵、と謡いはやしている。

また信玄公が死歿されて後、尾張の織田信長は、日本国における謙信に次ぐ戦いに秀でた武将の手本であるとされている。信長は六年このかた京を治めているので、戦いにおける剛勇さの数からすれば謙信がまさっているものの、信長こそすぐれた武将であるとよぶ者が多い。しかし信長についても、下々の者は、〽一に憂きこと金崎《かねがさき》、二には憂きこと志賀の陣、三に福島・野田の退きぐち〳〵、と謡いはやしている。越前の金崎の合戦のとき、三河の家康は信長の援軍として若狭へ軍勢を出した。一方、浅井長政が越前の朝倉義景を援けて金崎の後備えをすると聞いて、信長は家康を捨てて軍勢を退《ひ》いたが、家康は若狭勢を思い通りに討ち破り、静かに退いた。家康の戦いぶりは、若年であるが剛勇なふるまいであると近隣諸国の評判になった。家康二十六、七歳のときであったが、武田家でも「信長に十倍もまさる剛勇さである」との評判であった。

　また野田・福島の合戦のとき、信長は、美濃の土岐家の譜代の家臣稲葉一鉄を総大将に任じ、信長譜代の武将に対して「稲葉一鉄の命令に従え」と命じ、自筆の手形を稲葉一鉄に与えた。信長譜代の武将たちが「美濃の家臣の指揮に先方《さきかた》勢として従うのは口惜しい」と立腹したのももっともであった。一方、敵勢は、大坂・堺の軍勢に、阿波・播磨からも加勢があった。しかも敵方は武将をもたない者たちの寄り集まりなので、どんながさつな策略で、いつ戦いを仕掛けてくるかわからなかった。信長の旗本は木幡山にあったが、稲葉一鉄は慎重を期して、陣のまわりすべてに堀を掘り、柵を作り、莚《むしろ》や菰《こも》を張って内部が見えないようにし、「篝火を焚いてはならない」、「夜廻りの声を立ててはならない」と命じた。信長譜代の武将たちは、「陣で篝火を焚かず、夜廻りの声も立てず、相手の国侍はたかが一向宗の半俗の徒であるのに柵を作り、莚を張って用心するとはなんということだ」とののしり、上下ともに稲葉一鉄の悪口をいった。

信長は、「比叡山の軍勢が敵となり、また越前衆が後詰めとして出陣した」という注進を聞いて、比叡山坂本での朝倉義景との合戦に懲りたのか、飛脚を寄越しただけで、早々に岐阜へ引き退いた。報せを聞いて、野田・福島の先方勢が夜中に退いたとき、稲葉一鉄がさきに命じておいたことがすぐれた策であったことがわかり、悪口をいった武将もみな稲葉一鉄の指揮を誉めた。信長は、その時まだ若かったが、すぐれた武将であって、「ひとを見る目をもっておられる」と信玄公の家中でも、信長を誉めた。

これらの武将のなかでも、信玄公は、十六歳の年の十二月の初陣から、五十三歳の年の四月十二日に死ぬときまで、包囲した城の囲みを解いたり、あるいは敵勢の攻撃を聞いて先方勢を捨てて甲斐に逃げ帰ったりしたことは、日本国の諸仏諸神に誓って一度たりともなかった。旧いことは、当主の勝頼公は御存知ないであろうが、長坂長閑老はよく知っているはずである。このように剛勇な武将であったから、敵方の領国のひとびとも信玄公を謡いはやすようなことはなかった。これほどにすぐれた剛勇な武将は、前代にもほとんどなかった。これからもそれほど多くないであろう。それでいて、信玄公は、文武二道に嗜みがあり、物事を優美に、しかも押えるべきことを厳格に処置されたから、戦いに勝っても敵の武将を誹《そし》らず、勝ちを収めては一層慎重に領国の国境に気を配られた。三河では設楽郡、美濃では土岐・遠山、遠江では二俣、相模では真庄、上野《こうずけ》では石倉・鷹巣、越中では神保・椎名、飛驒では江馬、信濃では越後との境のおのおのに、「用心をきびしくせよ」と命ずる書状を遣わす処置をきちんとなされたのである。

また、天文十三年(一五四四)に信濃の戸石での合戦のとき、甘利虎泰・飯富虎昌・板垣信方・小山田昌辰ら、信玄公の主だった武将が村上義清に斬り崩され、武田勢は総敗北を喫し、とくに先方衆の侍大将である甘利虎泰が討死し、旗本からの検使役横田高松も討死した。横田高松の子息康景は当時二十歳であったが、朝の戦いで村上家の高名な足軽大将小島五郎左衛門を組み打ちに討ち取り、深手を負って退いた。その他、朝の戦いで、横田高松の同心衆のうちすぐれた武士二十人あまりが傷を負い、あるいは討死したので、軍勢を返して再び戦ったとき、横田高松は誰よりも早く討死したのである。

それゆえ、この合戦は信玄公の負けであったが、山本勘助と加藤信邦とがよく戦況を見通し、諸住虎定・小山田昌辰・日向《ひなた》是吉・今井清冬の四人を中心に盛り返し、敵勢三百二十人余りを討ち取り、ようやく合戦の場を制圧した。世に戸石崩れといわれ、この合戦は大体において信玄公の負けであったが、武田勢が合戦の場を制圧したので、結局のところ村上勢の敗北で、これも信玄公の勝利であった。負け戦《いくさ》さではどうしても合戦の場を制圧することはできないであろう。考えのない者は、すぐれた武士が大勢討死したから信玄公の負けであるというが、昔屋島の磯の合戦で、義経公は二千余騎の旗本衆を僅か八十三騎にまで討ち取られたが、合戦の場を制圧したので、平家方は敗れ、義経公の勝ちとなったことがある。総じて、合戦は、唐土・日本国における昔の合戦によって判断すべきであろう。とはいえ、戸石の合戦は、信玄公の代における最も不手際な合戦であった。このとき、信玄公は、一大事らしい様子を少しも見せず、帰陣して後も何の処罰も行なわず、能芸役者を集め、七日間能芸を興行して見物した。若いときから、信玄公はひとびとの考えるところをはるかに超え出ていたのである。

というのは、信玄公は、合戦のことばかりかというと能芸を好み、和歌を詠み、漢詩を作り、優雅で風流で遊山・物見に熱中するかと思うと、諏訪の春芳・甲斐の八田村新左衛門・京の松木珪琳などの地下人、町人を召し寄せられる。側近く召し出されるようになってこの者たちが高慢になるかと思うと、信玄公の言葉が多くかかるほど、慇懃になり、武士たちを敬う。信玄公は、また、大工をも大切にし、数百両の金子を与えて京にのぼらせ、今出川殿の肝煎りで飛驒守の称号を受けさせたので、武士たちに無礼な態度をとるのかと思うと、小者や中間衆にまで腰が低く、礼を尽くす。このように、ひとびとを召し使うので、番匠小路は大工の飛驒守が請け負って建て、大工町や銀町の町人や地下人についても、八田村・春芳・珪琳がそれぞれ世話役となり、地下人も細工職人も家業が繁昌し、武士たちも不自由することがなかった。『三略』に、「四民の暮らしが貧しければ国が窮乏し、豊かであれば国が安楽となる」とあるが、それにあたるであろう。また、信玄公は一向宗の実了師慶を崇敬していたが、実了は計策のために他の領国へ行くと、二、三度目には必ず日向宗立《ひなたそうりゅう》を伴い、その領国を味方にした。これも、『三略』に「計策でなければ事を定め、疑いを晴らすことができない」とあるのによるのだが、強過ぎる武将は、計策や武略のような智略を臆病に似ているといって嫌う。その心根を強過ぎるというのである。

過ぎてはよくないことをわたしがものの喩えをひいていうのを聞いて、きっちりと論難なされよ、長坂長閑老、跡部勝資殿。まず土は、世の中で重宝なもので、田畑も家も土の上に作り、土はひとを助けるが、風を防ごうとして崖際に家を建てたりすると、長雨で崖が崩れ、重宝な土が命を奪うのは、土が多過ぎて禍いとなったのである。また水は、ひとびとの食物の用意に不可欠であり、すべてに重宝なものであるが、大水のときは迷惑する。これもまた過ぎると禍いとなるのである。火も、ひとびとの役に立つ重宝なものだが、過ぎると火事となり、迷惑する。風は、炎天下の風ほど有難いものはないが、吹き過ぎると大風となり、ひとに害を与えることが多い。土水火風も過ぎると禍いを生む。それゆえ、武将が強過ぎると、大身・小身を問わず多くの家臣を非業の死に追いやることになる。すぐれた家臣を無理な合戦で失うのは、国持ちの武将にとって大きな損失である。

総じて、武士はみな同じようにみえるが、四つに分けられる。第一は剛勇で思慮も才覚もある上の武士、第二は剛勇で気の利いた中の武士、第三は戦場での武功を望み、戦うことを心がける下の武士、第四は人並みの武士である。

第一の剛勇な上の武士は、平生はもちろん、合戦のときはなおのこと、他人にかまわずふるまい、前もって自分のはたらきを思慮工夫し、その場に臨んでは応変の機転によって武功をたて、他人に少しも頓着しない。第二の気の利いた中の武士は、上の武士に負けまいと機転をきかせて走り廻り、上の武士に劣らないようにみえる。第三の下の武士は、自分にはとくにこれという思慮はないが、上や中の武士が行ったら自分も行こうと、上や中の武士から目を離さずについてまわる。その他の第四の武士は、みな人並みの武士である。

百人の武士のなかに上の武士は二人、中の武士は六人、下の武士は十二人、残り八十人は人並みの武士である。人並みの武士のうちとくに心がけの劣る武士を世間では臆病な武士とよぶ。敵勢を前にして腰が抜け、動けなくなる武士は真に臆病な武士であるが、これは剛勇な武士より稀であって、武士千人のうち一人、二人いるかいないかである。

また右の、上・中・下のすぐれた武士に匹敵する者は、軍勢千人の陣立てであれば、徒《か》歩《ち》の者や小者のなかに二、三十人はいる。そのことは勝頼公も御存知であろう。長坂長閑老、跡部勝資殿はなおのことよく知っているはずである。原美濃守の小者ほっせん、小幡山城守の小者藤右衛門、多田淡路守の小者新六、これらの者がたびたびの武功を立てていることからみても、雑役をつとめる悴《かせ》侍や小者のなかにも武功のあるすぐれた者がいるのである。

わたしのみるところでは、武士はさらに四つに分けることができる。聞きなされ、長坂長閑老、跡部勝資殿。第一は少しも愚かなところのない剛勇な武士、第二は愚かで剛勇な武士、第三は賢くて臆病な武士、第四は愚かで臆病な武士である。

賢くて剛勇な武士は、世間のひとびとに憎まれる。賢くて臆病な武士は、ひとびとの気に入るように立ち廻るから引き立てるひとが多い。愚かで剛勇な武士は、武功を立ててもそれを知るひとがほとんどいない。愚かで臆病な武士は、ひとびとから嬲り者にされるものの、結局は多くのひとびとに受けいれられる。

また、国持ちの武将が愚かであって、すぐれた家老のいる家中は、鉄炮を打ちかけてくる敵にも似た家中である。敵対しているときはあなどりがたいように聞いているが、和議がなりたって武将の様子をみると、「たいしたことはない、これなら敵方として戦っても勝てたであろう」と思う。鉄炮は、一町内外の距離では恐ろしいが、組み打ちになると、弾薬《たま》をつめる隙もないのに似ている。一方、武将がすぐれていて、よい家老のいない家中は、練達の剣術者に似ている。敵対しているときは、家中にすぐれた家臣がいないからたいしたことはないと聞いているが、和議がなりたって武将と交際すると、すぐれたことをいうので、「この武将の前では軽率なことはいえない、もし敵方となったら大変なことになるであろう」と思う。剣術者の噂を他国で聞いていたときはたいしたことはあるまいと思っているが、実際に手合わせをすると一太刀も敵わないと知るのに似ている。それゆえ、こうしたことを前もって思慮しておかないと大変なことになる。勝頼公が、それぞれの場合に適切に対応されるように長坂長閑老、跡部勝資殿はよく思慮することが肝要である。

ことに強過ぎる武将は、前もって考えず、なにごとにも剛強にふるまおうとするので家臣の武士も、前もって考えることなく、ちょっとした小ぜり合いにも討死する者が多く出る。そして右に述べた上・中・下合わせて二十人の剛勇な武士はみな討死する。というのは多くのなかから選ばれた武士は、前もって考えず、ひたすら剛強にと心がけるから、討死する以外ない。たとえ生き残っても、身体が不自由になるほどの深手を負い、その後は思うような武功もたてられず、死んだも同然になる。百人のうち残った八十人の武士は人並みの武士ばかりで、何事もいい加減に考え、よく知っていることも知らないふりをし、わが身ばかりを大切にして、「強過ぎる武将のもとで討死し、妻子と別れることになるよりは隠居しよう」と考え、財産を貯えるために仮病をつかい、軍役を怠り、武具も備えず、

「露顕するのではないか」と恐れて出頭人に賄賂をさし出す。古人の言葉に「俗世のひとびとのありさまはあたかも檻に入れられた猿のさまに似ている」というのは、保身をはかってあがきまわる武士のふるまいをいったものである。

このような武士が、奉公の忠節、忠功もないままに知行を欲しがるのは、土蔵破りの盗人にも劣る。盗人は、ことが露顕すれば一命を失うのだが、このような武士は、命を懸けることもなく、三十を過ぎ四十に及んでも、武士としてのはたらきひとつないのに、所領を望むのは、盗人のなかでも、とくに卑怯未練な盗人である。ここをよく聞いてほしい、長坂長閑老。名武将のはたらきによって大合戦に勝つときには、人並みの盗人武士でも捨て頸の一つや二つは拾ってくることもあり、また、すぐれた大剛の武士が敵を討ちそこねることもある。ここが国持ちの武将のよく分別すべきところである。こうしたことについての信玄公の判断の確かさは、日本国はいうまでもなく、唐土にも稀かと思われる。強過ぎる武将は、自分のはたらきばかりを気にして、分別のある判断を少しもしない。

天も、右にいう人並みの猿武士が身分不相応の邪欲に駆られてあがきまわるのを憎むので、強過ぎる武将はこのことを聞き出して、彼らをすべて追放する。すぐれた武士は討死し、残った旧くからの武士は追放され、家臣が足りなくなって、結局は人並みの猿武士にも劣る地下人を召し出し、近習と名づけて召し使うことになる。彼らは、心は猿に似て、はれの場に出たことがないから以前の家臣よりも作法を知らず、その分だけ家中は悪くなり、手のつけようもないありさまとなる。これはひとえに武将が強過ぎて十のことを十勝とうとするからである。信玄公は在世のとき、「十のうち六、七の勝ちが十分な勝ちである。十のうち十の勝ちにはかえって損失がともない、その後一分の勝ちをうることもできなくなる」とわたしにばかりでなく、家老衆すべてに対し、たびたびいわれた。そのとおり、駿河の義元公が増長して信長に敗れ討死して後、すぐれた家臣は脇におしやられた。氏真公が猿武士を大切にしたため、家臣はよい作法を失い、小身の厩別当の三田村がひとつ三千貫で買った茶碗を、氏真公の側近衆が争って観たがり、三田村茶碗と名づけ、「この茶碗を買ったのは七度の鑓の武功にもまさる」と誉めた。作法も知らぬ猿武士が、身のほどもわきまえず、大身衆や富裕な者の真似をして堺の武野《たけの》紹鷗《じょうおう》の流れをくむ茶の湯を愛好したためである。

武将が強過ぎると、いつも勇み気負ってばかりいてついにはつまずき、失錯をまぬかれない。失錯があると戦いに負け、すぐれた武士の大部分が討死してしまう。すぐれた武士が討死すると、猿武士ばかりが残って家中の作法が悪くなる。作法が悪くなると戦いに一層弱くなる。弱くなれば、強過ぎる武将も弱いと評判されることになる。だからこそ右に強過ぎる武将もついには柔弱な武将と同じになってしまうと書きしるしたのである。こういう武将は誰かと尋ねるに、武田家二十八代四郎勝頼公である。長篠の合戦で判断をあやまり、去年天正二年（一五七四）十二月の備立ての談合を破って、待ち戦《いく》さで勝てる相手に、気負ってこちらから攻めたのは沙汰の外である。

というのは、敵方の武将は、四十二歳で武勇も思慮も十分にある信長とその子息の信忠、信雄の三人、および海道一の武将といわれる家康、これも三十四歳で十分な思慮をもっている。しかも嫡子の信康は、十七歳だが三十歳の武士にもまさる剛勇さの持ち主で、父の家康にさえ非難を浴びせかけるほどの才気にみちた武将である。以上合わせて五人の武将、十四箇国半の軍勢が相手であった。しかし三箇国分の軍勢をそれぞれの国境に備えとして残してあるであろう。その主なものは中国の毛利勢に対する備えである。越前は七年前、永禄十二年（一五六九）六月二十八日に、信長、家康の二人に敗れ、自国の備えに手一杯で、信長の領国を侵略する力はない。越前勢に対する備えは四千人で足りよう。伊賀その他の領国に一万人、中国に一万人、合わせて二万四千人の備えを残すとして、ざっと三箇国の軍勢にあたる。これらを引き、残りに家康の領国を合わせ、十一箇国半となる。大・中・小の国を均《なら》し、一国八千人として概算すると、まず九万二千人は堅い。

一方、味方の領国は、信濃・甲斐・駿河の三箇国、それに遠江の半分と上野《こうずけ》の半分を合わせて一国、その他三河の一郡、美濃の二郡、越中の二郡、飛驒の半国、武蔵のうち少し、これらを合わせて中の領国一国ほどである。以上五箇国の軍勢は右のように見積ると四万人であるが、信玄公在世中の措置により信濃は軍勢が多く、平均をやや上廻るが、駿河は小国で僅か五千人であるから、武田家の総動員数は四万八千人である。小田原の北条家の総動員数に比べて二万二千五百人少ない。北条家は七万五百人と聞いている。信玄公の代の家老衆の概算はこうであった。わたしの死後もそなたたちの心覚えのためにと思って書きしるしておく。長坂長閑老、跡部勝資殿。

さて、今度の長篠の合戦では、信長の総勢は、九万二千五百人というものの、堅く見積るならば七万余人というところであろう。というのは遠方の敵勢に対するときは動員数を減らすのがつねだからである。

一方、味方は、遠江は家康と分け合っているので、遠江の軍勢は動かせない。駿河は、信玄公死歿以後三年というもの、北条氏政の動向が敵か味方か不分明なので、北条勢に対する用心のため、駿河の軍勢も動かせない。上野の軍勢も、武蔵が氏政と分け合っているので残して置く。三河・美濃・飛騨・越中は、国境であるから加勢が必要なほどで、とてもこれらの軍勢を呼び寄せることはできない。信濃の軍勢は、越後の謙信が旧くからの手強い大敵であるうえ、最近は加賀・越中をふくめ六箇国を手中に収めていることでもあり、越後勢に対する備えとして一万三千人の軍勢を配置するのは信玄公以来の措置である。冬の合戦に武田の軍勢が多いのは、越後勢に対する備えが不要になるからである。

そこで、今度の長篠の合戦での勝頼公の軍勢は、甲斐の軍勢は、上野原に加藤景忠を残すだけで他はすべて出陣し、その数八千人、上野の軍勢が四千人、信濃から六千人、合わせて一万八千人であった。そのうち鳶が巣山に千人、長篠城の奥平氏に対する備えとして千人を置き、残り一万六千人の軍勢で、七万余人の敵の軍勢の、しかも要害を三つも構え、柵を三重に作って待ち構えているところへ、脇目もふらずしゃにむに攻め込んだのは、敵四人に味方一人のつもりであろうが、要害と柵を考えるならば、これは敵方に十万人もの援軍である。それゆえ、まるで十七万人の軍勢の立て籠る城を一万六千の軍勢で攻めるようなものであった。信玄公のつねの智略は、千人立て籠っている城を一万人の軍勢で攻めようとする策と定められていた。「五千人では危うい」といわれていたのを、長坂長閑老、跡部勝資殿もおそらく忘れてはいまい。そうであるのに若年の、しかも剛強な心根の武将に、「先代よりも強く」と諫言するからそこで勝頼公は信玄公より強くふるまおうとする。それがはや強過ぎることである。

過ぎると必ず失錯がある。失錯があれば負けとなる。合戦に負ければすぐれた武士はみな討死し、猿のような武士ばかりが大勢残る。たまたま生き残ったすぐれた武士も、大勢にまじって五人、十人といるのだが、人並みの猿武士はすぐれた武士を猜《そね》み、討死した武士の武功をいい出して、「生き残った者は彼らの足元にも及ばない」などと評判する。そういう猿武士は、三十を過ぎ四十になっても、放し討ちに処せられた者を討ち取ったことすらないのに、それを恥とも思わず、口ばかり達者で、武功に無縁のまま六十、七十までもべんべんと生き残る。これこそ世間にいう臆病武士なのである。

こういう武士を信玄公は大いに嫌った。信濃の上田原の合戦の後、外様近習の只来《ただらい》五左衛門という者、「三十七、八歳まで、自分はなんのはたらきもないのにひとの褒貶ばかりする」と信玄公は立腹され、日向《ひなた》是吉・内藤昌豊の二人を前後七回使者として遣わされ、七度目に書付けを与えた。その趣旨は、「その方は幾度ものせり合いや合戦についにこれという武功をたてたことがない。十度合戦に出て、九度は討ちはずしたにせよ、せめて一度の武功があれば、ひとを褒貶するのももっともである。武士は、ひとの褒貶がないと、より一層努めることを怠りがちである。それゆえ傍輩仲間の褒貶は武士の嗜みのもとであり、ひいては武田家の軍勢が強くなる道理であるから、わたしも内心では歓迎している。しかし、その方は、わたしの代になって今まで幾度ものせり合いや合戦、あるいは城攻めに旗本の一員として加わりながら、一度の武功もない。それでいながら傍輩の褒貶をし、ひとびとの怒りを招いている大悪党である」とのことであった。信玄公は二十人衆に命じて直ちに搦《から》め捕り、相川の川原で、縛り首を斬った。長坂長閑老はよく覚えておいでであろう。

この只来五左衛門のような武士を地謡武士という。というのは、能芸では、太夫は別格として、ワキ・ツレ・笛・大鼓《おおつづみ》・小鼓《こつづみ》・太鼓・狂言方にいたるまで、家芸に励む者は、誰もが一役を果す。もちろん、上手な者ばかりではないから、なかには巧拙がある。ところが芸がなく何の役もしない能芸役者が素人のところへきて、「いまの太夫は上手だ」とか「下手だ」とか、ワキ・鼓・笛・太鼓について「どうだ」とか「こうだ」とかいう。「あなたは」と相手が聞くと、「わたしは地謡の役である」という。謡が上手であるならば、ワキかツレのような立役《たちやく》をするはずなのだが、自慢の謡も下手なのでそれすらできない。自分の無能無芸を棚にあげて、ひとの芸のよしあしばかりいい、素人の前ではひとかどの能芸役者ぶっているが、いざ上演となると地謡のなかにいる。この能芸役者のように、人並みの武士でしかないくせに、少しばかり弁舌がたつ武士が、浅薄なうわべだけの思慮で、自分には三十、四十になるまで、なんの武功もないことに気づかず、ひとのよしあしを批判する。「あなたはどんなはたらきをしたのか」と傍輩に問われると「ことにあうならば必ずひとはたらきしてみせよう」というのだが、五十になってもなんの武功もなく、ひとから非難されても「大事ない、気にするほどのことではない」などという武士を地謡武士あるいは大事なし武士というのである。

家中が衰えると、こうした地謡武士や利口で臆病な武士、愚かで臆病な武士など、総じてよからぬ家臣ばかりがはびこるようになる。これは、欠点のある主君のもとで出頭人が主君武将のためを思いはからわないからである。こういう家中をさして家運の傾いた家中という。

長坂長閑老、そなたの子息源五郎が信玄公の御意に背いたことが四箇条ほどある。一、源五郎が利口過ぎるのを信玄公が嫌うからといって、紙と硯を持って来るように命じられたとき、硯箱の上にあった料紙と硯箱の蓋だけもって参上し、わざと愚か者のふりをしたこと。一、落合彦助と土屋昌直をそそのかし、喧嘩させたのは、姦智にたけた陋劣な心根であること。一、川中島の合戦のとき、二十人頭・小者頭の各々は信玄公によくつき従い、なかでも原虎吉はすぐれた武功をたてたが、源五郎はこれを猜んだ。そのとき信玄公は次のようにいわれた。「旧い家柄の家臣であって、なかでもとくにわたしが心を許して召し使っている者の場合には、わたしに忠節を尽くしてくれたならば、日頃は仲が悪くても親しく接し、わたしの前で誉めることこそ、わたしを真に思ってくれるということだ。喩えば、親の長閑の病気を治した医者には、必ず礼を尽くすであろう。そのように大切に思う主君の御用に立ち、武功を立て、小者頭として奉公している原虎吉を憎むとは、一人前の家臣ぶっていても源五郎には表裏がある」といわれたこと。一、その後、武田信友の侍女と密通したこと。これらのことは本来いうべきことではないが、なにごとも今後のためであると考え、ここに書きしるして置く。

さて、また一方に偏った武将を欠陥のある武将という。強かるべきときには強く、弱くあたるべきときには弱く、威厳あるべきときには威厳を、慈悲深くあるべきときには慈悲深い武将をすぐれた武将という。こうした武将のもとでは、若年の武士は、なにはともあれ戦いにおけるはたらきを心がけるから、忠功・忠節の武士を羨ましがる。羨ましがるから、武功のある武士は尊敬される。喩えば、美しい稚児若衆をぜひにと望めば、稚児若衆の親類縁者までもてなすであろう。また、上手な字が書きたいと願う者は、能筆の者をもてなすであろう。そのように、主君を大切に思い、「なんとしても主君の御用に立ちたい」と願う武士は、必ず主君に忠節のあった武士をもてなす。主君のためを思わず、知行ばかり取って、御用に立つことを心がけない武士は、主君に忠功・忠節のあった武士を猜む。このところをよく見分けてほしい、長坂長閑老、跡部勝資殿。

阿部勝家が語るところによれば、長篠の合戦に際して「馬場信春・山県昌景・内藤昌豊の三人が、三箇条の諫言をした」という。

第一は、「大軍の敵と相対したときは、正面切っての合戦を避けるのが常道と聞いているゆえ、ひとまず甲斐へ軍勢を帰し、信長・家康が勢いにのって後を追ってきたならば、信濃まで敵勢をひき入れて合戦すれば、敵勢がどんなに大軍であろうとも、勝頼公の勝利は疑いないであろう」というと、長坂長閑は、「武田家が新羅三郎義光公に始まって以来二十七代信玄公にいたるまで敵勢をみて軍勢を退《ひ》いたことはない。二十八代勝頼公の代になって軍勢を退くのはいかがかと思う」といった。勝頼公は、長閑の意見に賛成し、軍勢を退かなかった。

第二に、馬場信春がいうには、「それでは軍勢を長篠城に向け、長篠城をしゃにむに攻めかけてはどうか。味方の死傷者が合わせて千人ぐらいは出よう。というのは、長篠城内には多く見積って鉄炮が五百挺あるであろう。一時に攻め寄せるならば、最初の鉄炮で討死する者五百人、二度目はあわてて撃ちだから負傷者五百人、合わせて死傷者が千人であるが、これよりやや少なくてすむかもしれない。いずれにせよ、長篠城の攻撃を機に軍勢を退かれるのがよろしいであろう」といった。すると長坂長閑は、「味方の一騎が討たれれば敵方の千騎が勢いをうるといわれている。この大軍を相手に、城攻めで千人の味方を失うことには賛成できない」というと、勝頼公は、これも長閑の意見をもっともと思われた。

第三に、馬場信春は、「それでは長篠城を攻め落とし、敵勢を追い出して、勝頼公が城内に陣取り、武田信綱はじめ親類衆はその後に陣を張り、総勢を旗本の先備えとして、山県と内藤と馬場の三人が川を越え、時々せり合いをして持久戦に持ち込むならば、味方は信濃が近く、人夫による運送に便だが、敵方は河内・和泉の軍勢も加わっており、持久戦に堪えられず、ついに信長も兵を退くであろう」と建議した。すると長坂長閑は、「馬場信春の策はよくない。信長ほどの武将が無為に軍勢を退くだろうか。攻め寄せてきたときにはどうするのか」という。馬場信春は「そうなれば合戦しないわけにはいくまい」と答える。長坂長閑が「相手方から仕掛けられて合戦するのも、こちらから仕掛けるのも同じ道理であろう」というと、勝頼公は大きくうなずいて、「御旗および楯無しの鎧に誓って明日の合戦は延ばすまい」と誓文を立てられた。御旗は八幡太郎義家公の御旗であり、楯無しの鎧は新羅三郎義光公の御具足である。

この誓文を立てられて後は、よくもあしくも、一切変更しないのが武田家の武将の作法であるから、勝頼公が誓文を立てられると、家老衆はみな「承知いたしました」と賛同した。天正三年（一五七五）五月二十一日に合戦があり、六時間ほど戦って、柵の際まで攻め込んだ。右翼は一番手馬場信春、二番手真田信綱、同昌輝、三番手土屋昌次、四番手穴山信君、五番手一条信龍、以上五手。左翼は山県昌景はじめ五手。中央は内藤昌豊はじめ五手。いずれも馬には武将をはじめ、主だった者七、八人が乗り、残りは馬を後に牽《ひ》かせ鑓をふるって徒歩《かち》で一備えごとに敵方に斬り込んだ。右翼の土屋衆、一条衆、穴山衆は、信長勢の家老佐久間信盛衆の柵の木を二重まで破ったが、味方は少勢、敵方は多勢であり、ことに柵は三重まであり、まるで城攻めのときのように武将たちは鉄炮に当って討死した。しかし山県昌景の頸は家来の志村宮内丞が取り、敵勢に奪われることなく甲府に持ち帰った。信長がこのとき付けいって攻め入ってきたならば、甲斐国の滅亡は疑いなかったであろう。信玄公は在世中に信濃に一万五千人の軍勢をわたしに添えて配置しておかれた。信濃に残った軍勢がふだんより二千人少なかったのは、北条家の動きを警戒して、上野・駿河の軍勢の大部分が出陣しなかったからである。かねてのこの配置が威力を発揮し、わたしは二千人の軍勢を越後に対する備えに残し、一万一千人の軍勢を率いて、信濃駒場《こまんば》まで迎えに出たのを、敵方はあなどりがたく思い用心したのである。これはひとえに、信玄公が死後までも武功を立てられたのである。

信長家では、この長篠の合戦を信玄公に勝ったと称し、塚を築き、信玄塚と名づけた。これは西国における評判をとるためであった。一方、小身ではあっても、家康は嘘が少なく、剛勇を心がけるすぐれた武将なので、三河では信玄公に勝ったとはいい伝えなかった。

総じて信長の家中では合戦をめぐっての嘘が多い。というには、今川義元に勝ったときも今川家の軍勢六万に勝ったという。しかし、合戦があってから時がたっているとはいえ、よく考えてほしい。三河・遠江・駿河三箇国でどうして軍勢が六万もあろうか。この三箇国はどれも小国であるから、多く見積ってもぎりぎり二万四千の軍勢である。ありのままにいえばなおさら武功であるのに、いらざる嘘をいうから桶狭間の合戦のように類《たぐい》まれな、真の武功までも浅薄に聞えるのである。

また、信長が長篠の合戦で柵を作ったのは、強敵に対するすぐれた智略であるが、武田方の軍勢が騎乗で攻めこんだというのも嘘である。長篠の合戦場は、馬を十騎も並べて駈けられるところではない。ことに四年前、信玄公在世中の元亀三年（一五七二）十二月二十二日の遠江の三方が原での合戦は、敵方の武将が三十一歳の家康であり、信長家中からも佐久間信盛・平手汎秀・大垣卜全・安藤守就・林信勝・水野信之らが加わっていた。三方が原は、騎乗の邪魔になる場所ではなかったが、この時でさえ騎乗で攻めはしなかった。これは敵方でも家康勢はよく知っているであろう。尾張勢も平手汎秀が討死したのだから、その軍勢は必ず知っているはずである。武田勢が馬を並べて攻め入ったというのは事実を知らない者の批判である。三方が原の合戦のとき、家康方は軍勢を九手に備え、平手汎秀の勢をあわせて十手であったが、家康方の酒井忠次は鑓合わせに敗れ、備えを乱して退いた。そのほか九手すべてと鑓を合わせたのだが、騎乗での戦いを鑓を合わせるというだろうか。武士の間ではいまだかつて聞いたことがない。

また信玄方の軍勢が犀《さい》が崖《がけ》へ落ちたという批判も、事実を知らない批判で、かえって味方を貶《おとし》めるものである。というのは、家康・信長方の軍勢の退くところを信玄方の軍勢が追っていったのだから、まず浜松勢が犀が崖に落ちたのであれば、武田勢も続いて飛び込んだであろう。敵勢が右手へ逃げていくのに、どうして武田勢が左手の犀が崖へ飛び込もうか。たとえ飛び込んだにもせよ、それがどうして武士の弱みになるであろうか。これは戦いを知らない町人の批判に類している。

総じて信玄家では、合戦の前に攻め入る領国の絵図をかこんで武将たちが寄り集まり、難所を検討したうえで、一の手・二の手・横鑓・脇備・後備・小荷駄奉行・一定のところに立てて守る旗の位置・遊軍・予備の軍勢などを決定するのだから、軽率に崖へ転び落ちるなどということは、どの合戦でもありえないことである。このように前もって策をたてるのが武田家の兵法である。稲を刈るべく田などへ行き、人夫の一人、二人が郷村で穴に落ちるようなことはあるであろうが、三方が原の合戦のとき犀が崖に落ちた武田方の武士は一人もいない。家康方の武士もむやみに逃げた者はいなかった。馬場信春は、「浜松勢はみな戦って死ぬから、死骸がすべてこちらをむいている」と信玄公の御前で家康衆をすべて誉めた。信長家中の佐久間信盛は合戦に敗れて浜松城に逃げ込み、その他の六、七手の軍勢も、その夜のうちに吉田・岡崎まで逃げ落ちたと聞いている。右は、三方が原の合戦のとき、武田勢が騎乗で攻めたという評判があるので書きしるした。

さて長篠で柵を作って対戦したのは、勝頼公は若年の上に少勢であり、信長公は老練でしかも多勢であるものの、まともには戦いにくいので柵を作ったのであろう。武田勢が騎乗で攻めこんだというのは、言葉のあやであろうかと思われる。

長篠へ出陣する時の信長の発句は、

松風にたけたくひなきあしたかな

であった(「竹比《たけたぐ》ひなき」と「武田首無き」が懸詞になっている)。百句のうちに山県昌景をはじめ、武田家の武将すべての名を入れた武田家調伏の連歌を詠んだという。老巧の信長が、若年のしかも少人数の勝頼公に対して、これほどの大事をとったのは、ひとえに信玄公の名声のゆえである。

右の信玄塚のことといい、信長、家康ほどの武将が二人一緒になって、三年前に死歿した信玄公に勝ったといって、西国に喧伝したのは、唐土にまで伝えられる信玄公の威光の強さを示している。

信玄公が死歿したのは天正元年(一五七三)四月十二日のことで、京の妙心寺に石塔がある。長篠の合戦は天正三年(一五七五)五月二十一日である。これほど年月が離れているのに、老巧の信長公が信玄公に勝ったといって、その後の武功よりも長篠の合戦の武功をはるかにまさるとされたのは、信玄公が武勇だけでなくすべてにすぐれた名武将であったからである。それなのに勝頼公は信玄公よりも剛強にふるまおうとして、強過ぎて敗北を喫した。勝頼公は強過ぎるゆえ、このままでは領国を滅ぼすのは必定である。よからぬ家臣が軽薄に誉めるのをよしとされるのは、犛牛《みょうご》が、舌が切れて死ぬのも知らずに、尾にある剣をなめ続けるにひとしい。そこでこの品を「四君子犛牛の巻」と名づける。

天正三年（一五七五）六月吉日

高坂弾正忠昌信記す

長坂長閑老

跡部勝資殿へ

解説

佐藤正英

『甲陽軍鑑』は、武田信玄（一五二一―七三）・武田勝頼（一五四六―八二）を中心とした甲斐国（いまの山梨県）の武士をめぐる全二十巻・五十九品におよぶ壮大な規模の歴史物語である。信玄・勝頼二代にわたる数多くの合戦のいきさつやありさまをはじめ、為政にかかわる事績、武将としてのあるべき心構えなどが、説話や伝承、記録文書に基づいて語られている。戦いに明け暮れる武士の姿態が生き生きと描き出されており、「武士道」という言葉がはじめて見出される文献としても知られるが、たんなる兵法書にとどまらない。やや未整理なところがあるにせよ、『甲陽軍鑑』は、鎌倉時代初期の『平家物語』や、室町時代初期の『太平記』とならぶところの、戦いに敗れ、滅びた武士の江戸時代初期の歴史物語である。兵法書・軍学書に分類されてきた在来の読まれ方はあまりに一面的であり、ただされるべきであろう。

『甲陽軍鑑』の「甲」は、甲斐をさす。「陽」は、万物が豊かに成長し、稔る意のことばで、「甲」を修飾している。「軍鑑」は、戦いの歴史物語の意である。「鑑」には、歴史物語が世俗世界を映し出す鏡であり、後代のひとびとにとっての戒めであることが含意されていよう。

『甲陽軍鑑』の大部分は、信玄の老臣であった高坂昌信（一五二七―七六）の筆録という体裁をとっている。高坂昌信（香坂虎綱とも）は、甲斐の石和の農民の出身で、十六歳のとき信玄に見出されて近習に取り立てられ、幼名を春日源五郎といった。二十四歳で百五十騎を与えられて侍大将になり、三十歳のころに海津城代となって信濃の川中島周辺を支配した。長篠の合戦に際しては、上杉謙信への備えとして一万三千の軍勢を率いて、海津城にとどまったが、敗北の報らせを受けて信濃の駒場に駆けつけ、勝頼の軍勢を甲府に送りとどけている。それから三年後、信玄と同じ膈（胃癌・食道癌）を患って五十二歳で歿した。勝頼自刃の四年前のことである。

高坂昌信歿後の記述である「勝頼記」（『甲陽軍鑑』品第五十四―品第五十九）は、父方の甥である春日惣次郎が書き継いだ体裁となっている。『甲陽軍鑑』の追補である『甲陽軍鑑末書』は、大蔵彦十郎が春日惣次郎の筆録を援けたと伝えている。大蔵彦十郎は、高坂昌信の配下の武士であり、能芸役者でもあった。

これらの筆録を現在のかたちに補訂・編纂し、その講説につとめたのが、小幡景憲（一五七二―一六六三）である。祖父の小幡虎盛は、海津城の二の丸を守る武将であった。小幡景憲は、徳川氏に兵学者として仕え、門下に北条氏長（一六〇九―七〇）や山鹿素行（一六二二―八五）を輩出した。『甲陽軍鑑』が兵法書として知られるのは、小幡景憲の重用によるところが多い。『甲陽軍鑑』は江戸時代を通じて広く読まれ、十八種もの版本があったと伝えられる。

　本書は『甲陽軍鑑』五十九品のうち、口書（はしがき）から品第十四までを収めた。全体の四分の一にも満たない量であるが、講談を想起させるような特有の語りくち、収録文書の範囲の広さ、話題の豊かさ、愚かでも利口過ぎてもならず、弱くても強過ぎてもならない国持ち武将のあるべきありようを細密に描き出す鋭さ、絶え間のない戦いの日々を生き、死んでいくひとびとに対する深い共感など、『甲陽軍鑑』の語り伝える世界の魅力を感じとることができよう。いずれにせよ、戦いに敗れ、滅びた武田氏をめぐる歴史物語の主題のすべてがなんらかのかたちでとりあげられ、語られている。そのいくつかについて説明を加えておくとしよう。

　甲斐源氏である武田氏は、新羅三郎義光を祖とする。義光は、前九年の役で安倍頼時・貞任と戦った源頼義の三男で、楯無しの鎧は義光の具足である。頼義の長男は八幡太郎義家であり、義家の日の丸の旗が武田家に伝わっている。なお、「疾《とき》こと風の如く、徐《しづ》かなること林の如く、侵し掠《かす》めること火の如く、動かざること山の如し」と大書した孫子の旗は、いつも武田勢の陣頭に立てられたが、信玄は自分の死後、この旗を用いないように遺言したと伝えられる。

信玄は武田家十九世の主である。父は武田信虎（一四九四―一五七四）、母は武田氏の同族である西郡の大井信達《のぶさと》の息女である。信玄は長男で幼名を太郎勝千代といったが、信虎は次男の信繁を偏愛し、父子の間に感情の軋轢が生じたという。信玄は十六歳で元服し、信濃守大膳《だいぜん》太夫晴信《たゆうはるのぶ》となり、京の三条左大臣公頼の次女を娶った。

天文十年（一五四一）二十一歳のとき、信玄は父の信虎を甲斐から追放した。信濃の小県の海野氏との戦いから帰った信虎は、娘婿である駿河の今川義元を訪問すべく、国境を出たが、そこで関が閉ざされたのである。この出来事は日本国中の噂となり、信玄自身も親不孝を恥じて、一生『論語』を手にしなかったと伝えられる。『論語』には親孝行を説く逸話が数多くしるされていたからである。

信玄は、領主として、秀でた為政手腕の持主であった。釜無川は、甲斐盆地の田畑を荒廃させる暴れ川であったが、「信玄堤」とよばれる堤防を築き、治水に成功している。天文十六年（一五四七）、二十七歳のときには、『甲州法度之次第』五十五箇条（一説には二十六箇条）を定めている。鎌倉幕府の『御成敗式目』に基づくところの、土地の所有や権益をめぐる争いに対処する為政の基本法規であるが、自身の振舞について法度に反していると見做されるならば申し出でよ、事柄によっては道理に従うであろうと明言している条には、為政に対する信玄の姿勢が窺える。

『甲陽軍鑑』は、巻頭の品第一に、『甲州法度之次第』を収め、漢文のままに残して置くようにととくにことわっている。本書では書き下し文に改めたかたちで収録したが、歴史物語の冒頭に信玄による為政の法規を掲げたことは、武将や武士をはじめとする領民にとって、戦いは不可避な出来事であったにせよ、あくまで為政の一部であることが『甲陽軍鑑』の語り手にはっきり認識されていたことを示していよう。

山本勘助（勘介、晴幸とも）が信玄に出仕したのは、信玄二十三歳のときであった。勘助を推挙した板垣信方は、信玄の傅役として、信虎追放に力を尽した武将である。勘助は、明応二年（一四九三）に駿河の山本に八幡宮の神人である山本貞幸の四男として生まれた。源助貞幸と称したが、三河の牛窪の牧野家の家臣大林勘左衛門の養子となり、勘助と改めた。二十歳のとき兵法者を志して諸国流離の旅に出たが、仕官が叶わず、駿河先方衆の庵原忠胤のもとに寄寓していた。信玄に出逢ったときは五十二歳になっていた。

信玄は、小者一人すら持たない勘助を百貫の知行で召し抱え、馬・弓・槍・小袖・小者を遣わし、挨拶に参上した勘助から直かに駿河の情勢を聞くと、その場で二百貫の知行を与えた。勘助は、その後、信玄の側近の武将の一人として、信濃の高遠城・龍ケ崎城・内山城などの城攻めの戦いに活躍し、五十五歳のときには、五百貫を加増されて、足軽七十五人を率いる足軽大将となった。

他国者で新参の勘助に対する信玄の信頼の厚さは異様である。勘助は、片眼で、指もそろっていず、足は片足で、色は黒く、ひどい醜男であった。信玄はひとを見抜く炯眼の持主である。武将としての勘助の力量、知識、胆力のほどは、出逢ったときに直ぐに感得されたであろう。だがそれにとどまらない。信玄は父と不和で、父を追放している。信頼できる家臣は何人もいるが、心を許してたよることのできるひとはいない。信玄は聡明であってものが見えてしまう。孤独なのである。武士・武将を統括する国持ちの武将は決断を迫られる事柄が多く、そのことに堪えなくてはならない。勘助は、父より一歳年上の老武士である。信玄は、勘助のうちに、自己の半身でもある父を見出したのであろう。勘助の異形は、封印せざるを得なかった父に対する情愛のゆがみの形象であり、切羽つまった状況に陥ったときに下す勘助の決断は、信玄にとっていつも極限の拠りどころだったのであろう。『甲陽軍鑑』の筆録者である高坂昌信には、同じ信玄の側近として、こうした信玄の心情が痛いほどに感じとれた。そのことが、『甲陽軍鑑』における勘助をめぐる突出した説話群となっているのであろう。

高坂昌信は、〽高坂弾正逃げ弾正、というざれ歌を引いて、自己が武田家の武将のなかの第一の臆病者であると語ることができる屈折した意識の持主である。『甲陽軍鑑』における信玄は、たんに理想的な武将として讃美されているだけではない。信玄が抱えこまざるをえなかった孤独への深い詠歎が讃辞の奥深くに流れていて、読み手を魅するのである。

信玄は三十歳のとき、信濃の村上義清を戸石城に攻めるが、甘利虎泰・横田高松らの武将が戦死し、敗れ、勘助の策謀により辛うじて危地を脱した。しかし翌年には、真田幸隆の謀略により戸石城を攻め取り、二年後には塩田城を攻略し、村上義清は越後の上杉謙信を頼り、五回におよぶ川中島の合戦が始まった。

最大の激戦は永禄四年（一五六一）の第四回の合戦である。信玄は海津城に一万二千人の軍勢を置き、妻女山に拠る一万三千人の謙信の軍勢の背後を襲わせ、八幡原に陣取った本陣八千人で挟撃する作戦に出た。勘助の「啄木鳥《きつつき》の戦法」である。しかし、謙信勢は夜陰に紛れて妻女山を出て、信玄の本陣から僅か二キロほどの地点に身を潜めていた。夜が明けたとき、勘助は自己の兵法が敗れたことを知った。本陣を守るべく足軽衆を率いた勘助は討死した。六十九歳であった。

勘助については『甲陽軍鑑』以外の資料がなく、架空の存在ではないかという説が江戸時代からあったが、「市河文書」のなかの信玄の書状に勘助の名が見出され、実在が確定したものの、その容貌や事績をめぐっては史実であるか否かを疑う見解は依然多い。しかし勘助はあくまで戦いをめぐる歴史物語の核を形作る存在であり、勘助なくして『甲陽軍鑑』という歴史物語は存立しえないといわざるをえない。
床几《しょうぎ》に坐った信玄のところへ、白頭巾で頭を包み、三尺ばかりの刀を抜き持ち、月毛の馬に乗った謙信が一文字に近づき、切っ先はずしに三刀切った。信玄は立って太刀を軍配団扇で受けた。中間頭《ちゆうげんがしら》の原虎吉が槍で謙信の馬を突き、棒立ちになった馬は、走り去った。軍配団扇には八つの刀傷があったと『甲陽軍鑑』は語っている。有名な信玄と謙信の一騎打ちの説話である。

この合戦で、信玄は弟の信繁を失った。品第二には、信繁が嫡子の信豊に与えた信繁家訓が収録されている。自己の家中の悪事を他の家中の者に対し語ってはならないという戒めはともあれ、帰宅のときは前以て使者を遣わすべきである。留守の者の行儀に油断があれば叱責せざるをえないが、些細なことを問い糺すことは好ましくないといった細心の戒めが見出され微笑を誘う。鎌倉時代から戦国時代にかけて多くの武将の家訓が伝存しているが最も充実した内実をもつ家訓である。

序文をしるしているのが、禅宗の僧であることもあってか、『論語』や兵法の書として知られる『三略』とならんで、禅宗の語録である『碧巌録』からの引用文が目を惹く。品第四は、臨済宗に帰依した信玄が、三十一歳で剃髪し、法性院機山信玄と名乗り、坐禅を修したいきさつが伝えられている。織田勢に恵林寺を焼かれたとき、山門楼上の燃え盛る焰の中で「安禅必らずしも山水を須《もち》ひず、心頭を滅却すれば火おのづから涼し」という偈を唱えて示寂した快川紹喜をはじめ、多くの禅僧が信玄の周辺に集まっていたさまが窺われる。

信繁家訓の引用文は『甲陽軍鑑』の語りの要所でも用いられていて、筆録者の用意周到さが知れるとともに、当時の思想のありようを告げている。信玄は、禅宗の僧だけでなく、京から逃れてきた天台宗をはじめとする各宗派の僧を保護したが、どこの領主も受け入れたことのない一向宗の僧を御伽衆に加えたことを誇らしげに語っている。

川中島の合戦のとき、早朝からの戦いで、信玄も、嫡子である義信も二か所の傷を負っていた。甘糟景時が後備え千人を率いて迫ってくるのを見た信玄は、千曲川を越して退くように義信に命じた。義信は、父上こそさきに越されよ、といって辞した。信玄は千曲川を越え、三町退いて備えを立て直した。合戦が終って後、義信は、退くべきでない陣立てを引き退いたと信玄を非難して、父子の間が険悪になった。

いったんは和解したものの謀叛の企てが露顕して、義信は座敷牢に入れられ、永禄十年(一五六七)、三十歳で自害した。信玄には、七男六女があったが、義信は長男で、正室は今川氏真の妹であった。義信は今川氏と深い関係にあり、そのことが義信の幽閉をもたらしたのであろうとされる。事情はともあれ、信玄は甲斐の領主としての自己を貫くべく、後継者である嫡子を死に追いやらざるをえなかった。一層深くなった信玄の孤独を支えてくれる存在はもはやどこにも見出せなかった。

品第十一から品第十四までは、「領国を失い家中を亡ぼす四人の武将」という題をもつひとかたまりの物語を形作っていて、『甲陽軍鑑』のなかでも、白眉の物語として知られているが、義信は第二の利口過ぎる武将として語られている。第四の強過ぎる武将として取り上げられているのが、四郎勝頼である。

信玄は、元亀三年(一五七二)、遠江の三方が原の合戦で家康と戦って勝つが、翌年、三河の野田城を攻めているとき、発病し、帰国の途次死歿した。五十三歳であった。天下を治める信玄の野望は潰えた。

武田家二十世となったのは勝頼である。勝頼の母は、信玄によって滅ぼされた諏訪頼重の息女である。勝頼は諏訪氏を継いで信濃の高遠城主となった。信長の養女であった勝頼の正室が生んだ男子を信玄は信勝と名付け、自己の正式の後継者に指名した。勝頼はいわば信勝までの中継ぎであった。

非の打ちどころのない、偉大な武将である信玄を父とする勝頼は、厳しく、辛い立場に置かれていた。老臣たちをはじめ、下々の者までもなにかにつけて、信玄と比較してあれこれと論評する。信玄よりさらに強くなければひとびとは誉めない。十のうち六、七の勝ちが十分な勝ちであると信玄はいったが、勝頼はよかれあしかれ十のうち十の勝ちを得ようとせざるを得なかったと『甲陽軍鑑』は伝えている。

勝頼は、長篠の合戦で、三重の柵を構えた信長・家康勢と戦って惨敗し、馬場信春・山県昌景らの老臣を失った。七年後の天正十年（一五八二）、信長・家康勢が甲斐に攻めこんだとき、長坂長閑・跡部勝資らの家臣は相次いで離反した。『甲陽軍鑑』は長坂長閑・跡部勝資に宛てて書きしるされている。勝頼は、天目山麓の田野で、妻女や信勝とともに自刃し、武田家は滅んだ。三十七歳であった。

『隠遁の思想』にひき続き伊藤正明氏に、また町田さおり氏に大変御面倒をおかけしました。感謝いたします。

本書は、筑摩書房刊『日本の思想9』（一九六九年一月二十日刊）所収の「甲陽軍鑑」を底本とし、これに大幅な訂正を加え、新たに「品第一」から「品第十一」までを増補したものである。

平安朝の生活と文学 池田亀鑑

服飾、食事、住宅、娯楽など、平安朝の人びとの生活を、『源氏物語』や『枕草子』をはじめ、さまざまな古記録をもとに明らかにした名著。（高田祐彦）

紀貫之 大岡信

子規に「下手な歌よみ」と痛罵された貫之。この評価は正当だったのか。詩人の感性と論理的実証によって新たな貫之像を創出した名著。（堀江敏幸）

現代語訳 信長公記（全） 太田牛一 榊山潤訳

幼少期から「本能寺の変」まで、織田信長の足跡をつぶさに伝える一代記。作者は信長に仕えた人物で、史料的価値も極めて高い。（金子拓）

現代語訳 三河物語 大久保彦左衛門 小林賢章訳

三河国松平郷の一豪族が徳川を名乗って天下を治めるまで、主君を裏切ることなく忠勤にはげんだ大久保家。その活躍と武士の生き方を誇らかに語る。

雨月物語 上田秋成 高田衛／稲田篤信校注

上田秋成の独創的な幻想世界「浅茅が宿」「蛇性の婬」など九篇を、本文、語釈、現代語訳、評を付しておくる〝日本の古典〟シリーズの一冊。

一言芳談 小西甚一校注

往生のために人間がなすべきことは？ 思いきった逆説表現と鋭いアイロニーで貫かれた、中世念仏者たちの言行を集めた聞書集。（臼井吉見）

古今和歌集 小町谷照彦訳注

王朝和歌の原点にして精髄と仰がれてきた第一勅撰集の全歌訳注。歌語の用法をふまえ、より豊かな読みへと誘う索引類や参考文献を大幅改稿。

枕草子（上） 清少納言 島内裕子校訂・訳

芭蕉や蕪村が好み与謝野晶子が愛した、北村季吟の注釈書『枕草子春曙抄』の本文を採用。江戸、明治と読みつがれてきた名著に流麗な現代語訳を付す。

枕草子（下） 清少納言 島内裕子校訂・訳

『枕草子』の名文は、散文のもつ自由な表現を全開させ、優雅で辛辣な世界の扉を開いた。随筆文学屈指の名品は、また成熟した文明批評の顔をもつ。

現代語訳 藤氏家伝
沖森卓也／佐藤信／矢嶋泉訳

藤原氏初期の歴史が記された奈良時代後半の書。藤原鎌足とその子貞慧、そして藤原不比等の長男武智麻呂の事績を、明快な現代語訳によって伝える。

古事談（上）
源顕兼編
伊東玉美校訂・訳

鎌倉時代前期に成立した説話集の傑作。空海、道長、西行、小野小町など、奈良時代から鎌倉時代にかけての歴史、文学、文化史上の著名人の逸話集成。

古事談（下）
源顕兼編
伊東玉美校訂・訳

代々の知識人が、歴史の副読本として活用してきた名著。各話の妙を、当時の価値観を復元して読み解く。現代語訳、注、評、人名索引を付した決定版。

江戸の戯作絵本1
小池正胤／宇田敏彦／中山右尚／棚橋正博編

驚異的な発想力・表現力で描かれた江戸時代の漫画「黄表紙」。そのうちの傑作50篇を全三冊で刊行。読めば江戸の町に彷徨い込んだような錯覚に！

江戸の戯作絵本2
小池正胤／宇田敏彦／中山右尚／棚橋正博編

いじり倒すのが身上の黄表紙はお上にも一切忖度なし。幕府の改革政治も徹底的に茶化す始末。しかし作者たちは処罰され、作風に変化が生じていく。

江戸の戯作絵本3
小池正胤／宇田敏彦／中山右尚／棚橋正博編

黄表紙作者の手にかかれば、あの忠臣蔵も残念なお話に。井上ひさしがSF的と評した『莫切自根金生木』など、目を見張る名作17本を収録。

古事記注釈 第四巻
西郷信綱

高天の原より天孫たる王が降り来り、天照大神は伊勢に鎮まる。王と山の神・海の神との聖婚から神武天皇が誕生し、かくて神代は終りを告げる。

風姿花伝
世阿弥
佐藤正英校注・訳

秘すれば花なり――。神・仏に出会う「花」（感動）をもたらすべく能を論じ、日本文化史上稀有な、奥行きの深い幽玄な思想を展開。世阿弥畢生の書。

不動智神妙録／太阿記／玲瓏集
沢庵宗彭
市川白弦訳・注・解説

日本三大兵法書の『不動智神妙録』とそれに連なる二作品を収録。沢庵から柳生宗矩に授けられ山岡鉄舟へと至る、剣と人間形成の極意。（佐藤錬太郎）

万葉の秀歌　中西進

万葉研究の第一人者が、珠玉の名歌を精選。宮廷の貴族から防人まで、あらゆる地域・階層の万葉人の心に寄り添いながら、味わい深く解説する。

解説 徒然草　橋本武

『銀の匙』の授業で知られる伝説の国語教師が、「徒然草」より珠玉の断章を精選して解説。その授業実践が凝縮された大定番の古文入門書。（齋藤孝）

解説 百人一首　橋本武

灘校を東大合格者数一に導いた橋本武メソッドの源流と実践がすべてわかる！　名文を味わいつつ、語彙や歴史も学べる名参考書文庫化の第二弾！

江戸料理読本　松下幸子

江戸時代に刊行された二百余冊の料理書の内容と特徴、レシピを紹介。素材を生かし小技をきかせた江戸料理の世界をこの一冊で味わい尽くす。（福田浩）

萬葉集に歴史を読む　森浩一

古の人びとの愛や憎しみ、執念や悲哀。萬葉集には、数々の人間ドラマと歴史の激動が刻まれている。考古学者が大胆に読む、躍動感あふれる萬葉の世界。

自己への物語論的接近　浅野智彦

人は自分自身について物語ることで自己を産み、同時に「語り得ないもの」を隠蔽する——。自己の生成・変容を「物語」から読みといた鮮烈な論考集。

ヴェニスの商人の資本論　岩井克人

〈資本主義〉のシステムやその根底にある〈貨幣〉の逆説とは何か。その怪物めいた謎をめぐって、明晰な論理と軽妙な洒脱さで展開する諸考察。

現代思想の教科書　石田英敬

今日我々を取りまく〈知〉は、4つの「ポスト状況」から発生した。言語、メディア、国家等、最重要論点のすべてを一から読む！　決定版入門書。

記号論講義　石田英敬

モノやメディアが現代人に押しつけてくる記号の嵐。それに飲み込まれず日常を生き抜くには？　東京大学の講義をもとにした記号論の教科書決定版！

忠誠と反逆　丸山眞男

開国と国家建設の激動期における、自我と帰属集団への忠誠との相剋を描く表題作ほか、幕末・維新期をめぐる諸論考を集成。（川崎修）

気流の鳴る音　真木悠介

カスタネダの著書に描かれた異世界の論理に、人間ほんらいの生き方を探る。現代社会に抑圧された自我を、深部から解き放つ比較社会学的構想。

五輪書　宮本武蔵　佐藤正英校注／訳

苛烈な勝負を経て自得した兵法の奥義。広く人生の修養・鍛錬の書として読まれる。『兵法三十五か条の書』『独行道』を付した新訳・新校訂版。

草莽論　村上一郎

草莽、それは野にありながら危急の時に大義に立つ壮士である。江戸後期から維新前夜、奔星のように閃いた彼らの生き様を鮮烈に描く。（桶谷秀昭）

（見えない）欲望へ向けて　村山敏勝

英文学の古典とセジウィック、バトラー、ベルサーニらの理論を介し、読む快楽と性的快楽を混淆させ、クィア批評のはらむ緊張を見据える。（田崎英明）

中国の思想　村山吉廣

論語・老荘ほか、諸子百家などの古典に始まる中国三千年の思想を、各時代の社会背景も踏まえ、改めて〈総合的知〉として捉え直した名著。（湯浅邦弘）

近代日本の中国認識　松本三之介

江戸の儒学から、明治維新・日清戦争を経て、東亜協同体論の構想まで、日本人の中国観の変遷を追う。〈他者理解〉に再考を促す渾身の思想史講義。

河鍋暁斎　暁斎百鬼画談　安村敏信監修・解説

幕末明治の天才画家・河鍋暁斎の遺作から、奇にして怪なる妖怪満載の全頁をカラーで収録、暁斎研究の第一人者の解説を付す。巻頭言＝小松和彦

柳宗悦コレクション（全3巻）　柳宗悦

民藝という美の標準を確立した柳は、よりよい社会の実現を目指す社会変革思想家でもあった。その斬新な思想の全貌を明らかにするシリーズ全3巻。

柳宗悦コレクション1 ひと　柳宗悦

白樺派の仲間、ロダン、ブレイク、トルストイ……柳思想の根底を、彼に影響を及ぼした人々との出会いから探るシリーズ第一巻。（中見真理）

柳宗悦コレクション2 もの　柳宗悦

柳宗悦の「もの」に関する叙述を集めたシリーズ第二巻。カラー口絵の他、日本民藝館所蔵の逸品の数々を新撮し、多数収録。（柚木沙弥郎）

柳宗悦コレクション3 こころ　柳宗悦

柳思想の最終到達点「美の宗教」に関する論考を収めたシリーズ最終巻。阿弥陀の慈悲行を実践しようとした宗教者・柳の姿が浮び上がる。（阿満利麿）

琉球の富　柳宗悦

表題の「琉球の富」をはじめ、柳宗悦が沖縄文化のすばらしさについて綴った主な論考を収録。先の大戦で灰燼に帰した美の王国が、いま蘇る。（松井健）

民藝図鑑 第一巻　柳宗悦監修

民藝の美しさを示すために日本民藝館の総力を結集して作られた図録。本巻では日本の陶磁、染織、民画、金工、木工等を紹介。全三巻。（白土慎太郎）

民藝図鑑 第二巻　柳宗悦監修

朝鮮陶磁を中心に琉球の織物、日本の染物、民画、簞笥等を収録。解説執筆には柳の他、芹澤銈介、柳悦孝、田中豊太郎ら民藝同人も参加。（土田眞紀）

民藝図鑑 第三巻　柳宗悦監修

スリップウェア、古染附等の外邦工藝と、日本の編組品、沖縄の染物・陶器、アイヌの工藝を収録。柳宗悦が全力を注いだ生前最後の作品。（柴田雅章）

新編 民藝四十年　柳宗悦

最良の民藝の入門書『民藝四十年』に、柳が構想していた改訂案を反映させ、十五本の論考を増補。この一冊で民藝と柳の思想の全てがわかる。（松井健）

総力戦体制　山之内靖　伊豫谷登士翁／成田龍一／岩崎稔編

戦後のゆたかな社会は敗戦により突如もたらされたわけではない。その基礎は、戦時動員体制において形成されたものだ。現代社会を捉え返す画期的論考。

増補 死者の救済史　池上良正

未練を残しこの世を去った者に、日本人はどう向き合ってきたか。民衆宗教史の視点からその宗教観・死生観を問い直す。「靖国信仰の個人性」を増補。

神話学入門　大林太良

神話研究の系譜を辿りつつ、民族・文化との関係を解明し、解釈に関する幾つもの視点、神話の分類、類話の分布などについても詳述する。（山田仁史）

アイヌ歳時記　萱野茂

アイヌ文化とはどのようなものか。その四季の暮らしをたどりながら、食文化、習俗、神話・伝承、世界観などを幅広く紹介する。（北原次郎太）

異人論　小松和彦

「異人殺し」のフォークロアの解析を通し、隠蔽され続けてきた日本文化の「闇」の領野を透視する。新しい民俗学誕生を告げる書。（中沢新一）

聴耳草紙　佐々木喜善

昔話発掘の先駆者として「日本のグリム」とも呼ばれる著者の代表作。故郷・遠野の昔話を語り口を生かして綴った一八三篇。（益田勝実／石井正己）

民間信仰　桜井徳太郎

民衆の日常生活に息づく信仰現象や怪異の正体とは？　柳田門下最後の民俗学者が、日本人の暮らしの奥に潜むものを生き生きと活写。（岩本通弥）

差別語からはいる言語学入門　田中克彦

サベツと呼ばれる現象をきっかけに、ことばというものの本質をするどく追究。誰もが生きやすい社会を構築するための、言語学入門！（礫川全次）

汚穢と禁忌　メアリ・ダグラス　塚本利明訳

穢れや不浄を通し、秩序や無秩序、存在と非存在、生と死などの構造を解明。その文化のもつ体系的宇宙観に丹念に迫る古典的名著。（中沢新一）

宗教以前　高取正男　橋本峰雄

日本人の魂の救済はいかにして実現されうるのか。民俗の古層を訪ね、今日的な宗教のあり方を指し示す、幻の名著。（阿満利麿）

霊魂の民俗学　宮田　登

出産・七五三・葬送など、いまも残る日本人の生活儀礼には、いかなる独特な「霊魂観」が息づいているのか。民俗学の泰斗が平明に語る。（林淳）

南方熊楠随筆集　益田勝実編

博覧強記にして奔放不羈、稀代の天才にして孤高の自由人・南方熊楠。この猥雑なまでに豊饒な不世出の頭脳のエッセンス。（益田勝実）

奇談雑史　宮負定雄　佐藤正英／武田由紀子校訂・注

霊異、怨霊、幽明界など、さまざまな奇異な話の集大成。柳田国男は、本書より名論文「山の神とヲコゼ」を生み出す。日本民俗学、説話文学の幻の名著。

贈与論　マルセル・モース　吉田禎吾／江川純一訳

「贈与と交換こそが根源的人類社会を創出した」。人類学、宗教学、経済学ほか諸学に多大の影響を与えた不朽の名著、待望の新訳決定版。

日本人　柳田國男編

一握りの人間に付き従う大勢順応の国民性はいったいどこから生まれたのか？　柳田國男とその弟子たちが民俗学の成果を結集し、挑む。（阿満利麿）

身ぶりと言葉　アンドレ・ルロワ＝グーラン　荒木亨訳

先史学・社会文化人類学の泰斗の代表作。人の生物学的進化、人類学的発展、大脳の発達、言語の文化的機能を壮大なスケールで描いた大著。（松岡正剛）

世界の根源　アンドレ・ルロワ＝グーラン　蔵持不三也訳

人間の進化に迫った人類学者ルロワ＝グーラン。半生を回顧しつつ、人類学・歴史学・博物館の方向性、言語・記号論・身体技法等を縦横無尽に論じる。

モンテーニュからモンテーニュへ　クロード・レヴィ＝ストロース　真島一郎監訳　昼間賢訳

「革命的な学としての民族誌学」と「モンテーニュへの回帰」。発見された二つの講演録から現れる思考の力線とは——。監訳者の長編論考も収録。

民俗地名語彙事典　松永美吉　日本地名研究所編

柳田国男の薫陶を受けた著者が、博捜と精査により日本の地名に関する基礎情報を集成。土地の記憶を次世代へつなぐための必携の事典。（小田富英）

ちくま学芸文庫

甲陽軍鑑《こうようぐんかん》

二〇〇六年十二月十日　第一刷発行
二〇二五年九月二十日　第十二刷発行

著者　佐藤正英（さとう・まさひで）
発行者　増田健史
発行所　株式会社　筑摩書房
東京都台東区蔵前二―五―三　〒一一一―八七五五
電話番号　〇三―五六八七―二六〇一（代表）
装幀者　安野光雅
印刷所　株式会社精興社
製本所　株式会社積信堂

ISBN978-4-480-09040-9 C0112